澳洲坚果油加工技术

杜丽清 戴涛涛 帅希祥 张 明 主编

中国农业科学技术出版社

图书在版编目(CIP)数据

澳洲坚果油加工技术 / 杜丽清等主编 . -- 北京：中国农业科学技术出版社, 2024.12. -- ISBN 978-7-5116-7200-1

Ⅰ.TS225.1

中国国家版本馆 CIP 数据核字第 2024P8G042 号

责任编辑　史咏竹
责任校对　马广洋
责任印制　姜义伟　王思文

出 版 者	中国农业科学技术出版社
	北京市中关村南大街 12 号　　邮编：100081
电　　话	(010) 82105169 (编辑室)　　(010) 82106624 (发行部)
	(010) 82109709 (读者服务部)
网　　址	https://castp.caas.cn
经 销 者	各地新华书店
印 刷 者	北京建宏印刷有限公司
开　　本	185 mm×260 mm　1/16
印　　张	13.5
字　　数	321 千字
版　　次	2024 年 12 月第 1 版　2024 年 12 月第 1 次印刷
定　　价	69.00 元

◆ 版权所有·翻印必究 ▶

《澳洲坚果油加工技术》

编写人员

主　　编：杜丽清　戴涛涛　帅希祥　张　明
副 主 编：李铃东　李　娅　张宇晗　涂行浩
编写人员：杜丽清　戴涛涛　帅希祥　张　明
　　　　　李铃东　李　娅　张宇晗　涂行浩
　　　　　邓　旭　乔　健　陈　妹

作者单位

中国热带农业科学院南亚热带作物研究所
南昌大学
湛江市休闲农业工程技术研究中心

前　言

澳洲坚果（*Macadamia integrifolia*），又称夏威夷果、澳洲核桃、昆士兰坚果等，为山龙眼科澳洲坚果属常绿乔木果树，原产于澳大利亚昆士兰州东南部和新南威尔士州北部、南纬25°~31°的沿海亚热带雨林，后引种到南非、亚洲等地。中国约在1910年引入澳洲坚果，最早引种在我国台北植物园作为标本树，1979年中国热带农业科学院南亚热带作物研究所开始进行澳洲坚果的引种试种研究，经过多家科研单位多年研究与推广，截至2023年，中国澳洲坚果种植面积已超过500万亩，居世界第一位，成为全球最大和增长最快的澳洲坚果种植国家，主要分布在云南、广西、广东、贵州等省份。

澳洲坚果果实由果皮、果壳和果仁组成，果壳坚硬，果仁是可食部分，呈乳白/浅黄色，口感酥脆细腻，风味独特，不含胆固醇，是品质上乘的食用坚果之一，享有"干果皇后"的美称。澳洲坚果果仁营养丰富，油脂含量65%~80%，远高于花生（约45%）、腰果仁（约47%）、核桃（约63%）等坚果，用来开发澳洲坚果油具有独特的优势。

油脂是人体所需的重要营养素之一。植物油作为油脂消费必需品，与人们的生活息息相关。然而，我国是食用油短缺大国，国内油料作物仅能提供植物油消费总量的35%左右，油脂严重依赖进口。我国市场上食用油主要以大豆油、菜籽油和花生油为主，但随着粮油安全问题的凸显、耕地红线的制约，发展木本油料具有独特的优势，且2023年中央一号文件中也明确指出要大力发展木本油料产业，以缓解目前粮油供需矛盾。澳洲坚果作为一种新兴且发展迅速的热带木本油料作物，用来开发澳洲坚果油不仅可以切实增加植物油供给、保障国家粮油安全，还可以提升澳洲坚果的附加值、促进澳洲坚果产业振兴，对乡村振兴也起到十分重要的作用。

近年来，随着《国民营养计划（2017—2030年）》《"健康中国2030"规划纲要》等一系列政策的发布，营养健康消费成为主流趋势，对食用油的供给也提出了更高的要求，在满足人体必需脂肪酸和能量需求后，更希望"吃得营养，吃得健康"。澳洲坚果油因富含不饱和脂肪酸和多种脂质伴随物（角鲨烯、植物甾醇等），且能降低人体胆固醇水平，因而成为符合人们健康理念的"营养油"，受到消费者的欢迎和喜爱。

本书为作者多年科研工作的积累和对国内外最新相关研究进展的总结。虽然编写人员竭力求精，但因水平有限，资料收集难以覆盖全面，书中的数据、结论和建议仅供读者参考，不足之处在所难免，敬请不吝赐教。

编　者

2024年10月

目　　录

第一章　澳洲坚果和澳洲坚果油 ······ 1
第一节　澳洲坚果概述 ······ 1
第二节　国内外澳洲坚果发展概况 ······ 2
第三节　澳洲坚果油概述 ······ 9
参考文献 ······ 10

第二章　澳洲坚果制油技术 ······ 13
第一节　压榨法制油技术 ······ 13
第二节　浸出法制油技术 ······ 17
第三节　水剂法制油技术 ······ 20
第四节　超临界 CO_2 萃取制油技术 ······ 23
第五节　亚临界萃取制油技术 ······ 25
参考文献 ······ 27

第三章　澳洲坚果油的组成特性 ······ 29
第一节　品种对澳洲坚果油组成特性的影响 ······ 29
第二节　产区对澳洲坚果油组成特性的影响 ······ 43
第三节　加工方式对澳洲坚果油组成特性的影响 ······ 52
参考文献 ······ 63

第四章　澳洲坚果油降血脂功效及其应用 ······ 65
第一节　澳洲坚果油降血脂功效 ······ 65
第二节　澳洲坚果油凝胶制备技术及应用 ······ 82
第三节　高油基澳洲坚果酱制备技术及应用 ······ 115
参考文献 ······ 138

第五章 澳洲坚果油精炼技术 ············ 141
第一节 油脂精炼的方法 ············ 141
第二节 油脂精炼的安全操作规程 ············ 153
第三节 澳洲坚果油品质控制体系 ············ 156
参考文献 ············ 160

第六章 澳洲坚果蛋白制备技术 ············ 162
第一节 植物蛋白概述 ············ 162
第二节 澳洲坚果蛋白的结构 ············ 165
第三节 澳洲坚果蛋白的提取分离技术 ············ 168
第四节 澳洲坚果蛋白的功能特性 ············ 172
参考文献 ············ 174

第七章 澳洲坚果乳饮料生产技术 ············ 176
第一节 植物蛋白乳概述 ············ 176
第二节 澳洲坚果乳饮料概述 ············ 186
第三节 全组分澳洲坚果乳饮料加工技术 ············ 189
参考文献 ············ 191

第八章 澳洲坚果蛋白肽制备技术 ············ 193
第一节 植物基多肽概述 ············ 193
第二节 植物基多肽加工技术 ············ 197
第三节 澳洲坚果蛋白肽加工技术 ············ 200
参考文献 ············ 205

第一章　澳洲坚果和澳洲坚果油

第一节　澳洲坚果概述

澳洲坚果（*Macadamia integrifolia*），也被称为夏威夷果、澳洲核桃或昆士兰坚果，属山龙眼科澳洲坚果属，常生长在年降水量1 000~2 000 mm的潮湿地区，适宜在土层厚、肥沃、排水好、富含有机质、pH值5.0~6.5的土壤生长。澳洲坚果原产于澳大利亚昆士兰州东南部沿海及新南威尔士州北部的热带雨林，现主要种植于中国、南非、肯尼亚、巴西、马拉维、澳大利亚和美国等地。由于澳洲坚果树根系浅，抗风能力弱，故其生长缓慢，中等大小，株高可达12~15 m，在雨量充沛、日照充足、无霜期的条件下，定植4~5年后开始挂果。

截至目前，已鉴定出22个澳洲坚果种属，但可食用且已被商业化栽培的仅有2个种属，即全缘叶澳洲坚果和四叶澳洲坚果以及它们的杂交种，其中全缘叶澳洲坚果因其果仁品质及加工性能优良而成为商业化最大的品种。全缘叶澳洲坚果的果实外形呈圆形，外壳光滑；四叶澳洲坚果的果实外形为纺锤形，外壳较为粗糙。值得注意的是，部分澳洲坚果品种含有大量氰化物，不适于食用，其中有一种澳洲坚果中生氰糖苷含量（9.6 mmol·g^{-1}）是全缘叶澳洲坚果和四叶澳洲坚果的60倍，须经浸泡或蒸煮后才可食用。澳洲坚果的形态与结构见图1-1。

图1-1　澳洲坚果的形态与结构

澳洲坚果果实包括三部分——果皮、果壳和果仁。果壳坚硬，果仁是可食部分，呈乳白/浅黄色，口感香甜，酥脆细腻，不含胆固醇，且营养价值高，含油量65%~80%，并含有丰富的蛋白质和一些微量营养素，是品质上等的食用坚果之一。澳洲坚果的大部分脂肪是不饱和脂肪，主要以单不饱和脂肪酸的形式存在，而饱和脂肪酸含量仅占14%左右。果仁中蛋白质含量约9%，氨基酸组成比例均衡，包括除色氨酸以外的所有人体必需氨基酸，是一种优质的植物蛋白来源。此外，果仁中含有多种人体必需微量营养素，如钾、镁、钙、磷以及少量的铁、锌、硒、锰、钠和铜，还含有烟酸、维生素B_1、核黄素、维生素C、叶酸和维生素E，其他生物活性成分包括植物甾醇、多酚。在澳洲坚果果仁中，植物甾醇含量约为0.12%，主要是β-谷甾醇，同时还含有微量菜油甾醇；多酚含量约为0.16%，包括2,6-二羟基苯甲酸、3′,5′-二甲氧基-4′-羟基苯乙酮等。由此可见，澳洲坚果果仁是一种营养丰富的食物来源，具有巨大的开发利用价值。

我国在20世纪初引入澳洲坚果，80年代开始商业种植，现已在云南、广西、贵州和广东等地区大量种植，截至2023年，我国澳洲坚果种植面积已超过500万亩（1亩≈667 m^2，余同），占世界种植面积的65%左右，已成为全球最大和增长最快的澳洲坚果种植国家。目前，我国澳洲坚果以初级加工产品为主，包括开口壳果、果仁等，精深加工发展相对滞后，澳洲坚果的附加值没有得到更好的提升，一定程度上制约了澳洲坚果产业的发展。因此，开展澳洲坚果的深加工迫在眉睫。

第二节　国内外澳洲坚果发展概况

一、澳州坚果利用价值的研究

澳洲坚果是一种高油香脆、营养丰富的食用坚果。果仁可生食或烤制，烤后口感细腻酥脆，伴有奶油香味，风味绝佳。其油脂含量极为丰富，高达73%以上，而花生仁油脂含量仅为45%，腰果仁为47%，杏仁为51%，即便是以高油脂著称的核桃也仅含63%。澳洲坚果含多种脂肪酸，其中，油酸占总脂肪酸的55%~67%，棕榈油酸占15%~22%，棕榈酸占6%~9.5%，硬脂酸占2%~5.5%，二十碳烯酸占1.5%~3.8%，花生酸占1.5%~3.5%，亚油酸占1%~5.5%，异油酸约占3%，肉豆蔻酸占0.5%~2.0%，山嵛酸占0.1%~1.5%，月桂酸含量少于0.5%，不饱和脂肪酸占比高达80%以上，此类成分对健康至关重要。不饱和脂肪酸不仅是人体内关键物质前列腺素和凝血恶烷的前体，还能维护细胞膜的流动性，确保正常行使生理功能。此外，它能促进胆固醇的酯化，有效降低血液中胆固醇和甘油三酯水平，改善微循环，还能激活脑细胞，提升记忆与思维能力，是营养与保健的优选食材，食用澳洲坚果对人体健康大有裨益。

澳洲坚果营养价值高，已广泛应用于干果、糕点、食用油及化妆品等领域。尽管市场价格不菲，但由于澳洲坚果适宜种植的地域窄，产量有限，产品仍供不应求。此外，澳洲坚果的副产品同样具有较大的利用价值。其果皮富含鞣质，是生产鞣皮的优质原料，同时，果皮粉碎后还可作为家畜饲料，实现资源的再利用。果壳不仅可以用作燃料、制作活性炭，粉碎后还可制成环保的塑料填充物。澳洲坚果的木材也极具价值，呈微红色，其纹理细腻，质地坚硬，不仅是家具的优选，也是工艺品制作的上乘之选。然而，目前这些副产品仅用作澳洲坚果树育苗的培养基料，其潜在价值尚未得到充分开发。

此外，澳洲坚果作为常绿果树，其树形高大美观，枝叶翠绿茂盛，花序低垂，花色柔美，呈乳白或粉红色，芳香四溢，花期长达1个月，具有一定观赏性。种植澳洲坚果能有效利用我国热带荒山资源，促进快速开发与利用，不仅有助于提升农业经济效益，而且对生态环境的恢复与保护具有深远意义。同时，通过推广种植澳洲坚果，可有效地扩大森林覆盖面积，提高土地资源的利用效率，并促进生物多样性的保护与提升。

综上所述，澳洲坚果营养价值高，具有一定保健功能，其果壳和果皮利用潜力大，且可用于园林种植观赏、遮阴，一定程度上可以提高人们的生活品质。同时，澳洲坚果有着广阔市场前景与良好的经济效益，为发展农业新质生产力、促进农民增收及满足市场需求注入了强劲动力。

二、澳洲坚果的起源和分布

澳洲坚果原分布于澳大利亚新南威尔士州北部和昆士兰州东南部一狭窄地带。近几年，有学者对112个澳洲坚果栽培品种选育品系及野生品系进行了基因组重新测序，研究结果显示，部分夏威夷栽培品种源自澳大利亚昆士兰州东南部的包尔山。在澳洲坚果中，最主要的4个属为全缘叶澳洲坚果（*M. integrifolia* Maiden & Betche）、四叶澳洲坚果（*M. tetraphylla* L. A. S. Johnson）、三叶澳洲坚果（*M. ternifolia* F. Mueller）和詹森澳洲坚果（*M. jansenii* C. L. Gross & P. H. Weston），它们的分布范围各不相同，主要生长在亚热带雨林低地以及沿海山谷和山麓地带，部分分布区重叠，物种之间存在自然杂交现象，尤其是全缘叶澳洲坚果与四叶澳洲坚果之间。三叶澳洲坚果的分布从桑福德山谷一直向北延伸，与全缘叶澳洲坚果的分布区域有所重叠。詹森澳洲坚果是澳洲坚果原始分布最北端的物种，目前仅在布尔布林国家公园内发现一个包含约60株的种群，该种群距离最近的全缘叶澳洲坚果种群大约150 km。此外，全球第一株人工种植的澳洲坚果很可能是在1858年由布里斯班市植物园的时任院长Walter Hill在植物园内种下的。尽管澳洲坚果起源于澳大利亚，但其规模化商业种植的真正兴起却是在夏威夷。

澳洲坚果主要种植在中国、南非、肯尼亚、巴西、马拉维、澳大利亚和美国等地。近年来，全球澳洲坚果的种植面积呈现出较快的增长趋势。相关数据显示，中国的种植面积最大，截至2023年，澳洲坚果种植面积已超过500万亩，位列世界第一。南非、澳大利亚、肯尼亚和马拉维也是澳洲坚果的主要种植国家，其种植面积分别为75.2万亩、49.5万亩、43.4万亩和16.8万亩。与此同时，云南省作为中国澳洲坚果主要种植地区，收获面积达130万亩，年产量高达7.48万吨。这些数据清晰地表明了澳洲坚果在全球范围内的种植分布情况，以及中国在该领域的重要地位。

三、澳洲坚果生物学特性及栽培生理研究

澳洲坚果是原产于澳大利亚的山龙眼科澳洲坚果属常绿乔木果树，其中，全缘叶澳洲坚果与四叶澳洲坚果为两个主要的可食果种，尤以全缘叶澳洲坚果的栽植最为普遍。其根系较浅，抗风能力弱，遇到 7 级以上的大风便可能遭受损害，适宜在年平均降水量 1 000~2 000 mm 的亚热带及热带气候地区生长。同时，澳洲坚果种植须优选排水保水佳、土层超 1 m、pH 值为 5.0~6.0 的土壤环境，以确保其茁壮成长。除了对生长环境有一定要求，澳洲坚果对营养元素缺乏表现较为敏感——在富含磷的土壤中或过量施用磷肥时，磷一定程度上会改变土壤的 pH 值，同时与铁形成不溶性的化合物，降低铁的有效性，致使澳洲坚果出现缺铁性症状。此外，澳洲坚果的生长速度相对缓慢，在适合的条件下，其寿命长达 100 多年。

不同地区澳洲坚果花期不同，其对气候变化较为敏感，显著受温度影响。澳洲坚果的花朵呈总状花序，花枝自然下垂，且为雌雄完全花，可实现自花传粉。其花序长度可达 10~30 cm，最长可超过 60 cm，每个花序上着生 150~400 朵小花，但坐果率普遍不高。这一现象背后有多重因素。首先，尽管澳洲坚果的花粉在开花前一天和开花第一天就已经成熟，但这两个时期的花粉萌发率仅为 45%~84.5%。这意味着即使在花粉成熟的阶段，仍有相当数量的花粉发生败育。败育的原因可能是澳洲坚果部分自花传粉，出现了部分自交不亲和性，坐果率降低。异花传粉可有效提高坐果率。事实上，混合品种块状种植区较单品种果园，树株产量显著提升 31%~190%，显现出多样化的种植优势。

澳洲坚果果实由外果皮、果壳与核仁构成，干重比约为 42∶37∶21。就食用部分果仁而言，其营养成分丰富多样，以全缘叶澳洲坚果为例，其油脂含量平均高达 78.21%，糖质含量为 5.80%，相较于四叶澳洲坚果，其脂质含量更为丰富，且达到一级品（脂质含量 72% 以上）的比例也更高。四叶澳洲坚果及种间杂交品系在糖质含量上往往比全缘叶澳洲坚果高出 2%~3%。在产量方面，澳洲坚果单株的年产量稳定在 30~60 kg，为种植者带来了可观的经济回报。

澳洲坚果树的栽培常采用低密度种植并控制树高。澳洲坚果树生长能力强，能快速形成浓密的树冠，株高 12~15 m。如果不控制树高，将会导致病虫害防治时喷雾效率低下，从而影响防治效果。此外，过于稠密的树冠会导致土壤侵蚀，并使树冠下部的结果枝减少，对澳洲坚果的产量与品质造成负面影响。因此，须定期对树冠进行合理的管理和修剪。另外，果园的光截获率也对澳洲坚果产量有较大影响。澳洲坚果树从开始结果起，当光截获率低于 94% 时，随着树龄的增长，产量呈现出上升趋势；而当光截获率超过 94% 或者果园过于郁闭，产量则会开始下降。这时，就需要采取一系列修剪管理措施，如提干、落头、疏枝和间伐等，来优化果园的产量状况。这些修剪措施不仅有助于改善树冠的通风和光照条件，还能提高病虫害防治的效果，确保澳洲坚果的优质高产。

澳大利亚等国家的种植园中通常采用机械对澳洲坚果树进行修剪或截顶。然而，这些措施在实施后的 1~2 年内会对澳洲坚果的开花和坐果产生不利影响。由于我国引进和种植澳洲坚果的时间相对较短，对澳洲坚果树整形修剪技术的研究相对滞后，因此，

在生产实践中应适当进行花期修剪,保持树冠内部通透,以解决花量高而坐果率低的问题。在修剪过程中,应根据不同品种的生长性状特点进行修剪——对于生长势旺、直立性强的澳洲坚果树,应培育成塔状、中心主干分层形的树冠;对于生长势较弱的澳洲坚果树,则应培育成具有几个大主枝骨架的球形树冠。

总的来说,通过对澳洲坚果生理学特性的了解,可根据澳洲坚果树生长发育条件,进一步优化树冠结构,为其制造良好的生长环境,提高光能利用效率,从而实现澳洲坚果的高产和优质。目前,我国已成为世界上最大的澳洲坚果种植区之一,其广泛种植于云南、广西、广东、贵州等省区。随着种植技术的不断进步和市场需求的持续增长,澳洲坚果产业将逐渐成为当地推动经济发展、乡村振兴的新兴产业之一。

四、澳洲坚果繁殖技术研究

澳洲坚果种苗的繁殖方式包括有性繁殖和无性繁殖。

(一)有性繁殖

澳洲坚果的种子能长期保存,故可进行种子繁殖。在培育新苗时,一般选用成熟度高、籽粒饱满、体积较大且未受病虫害侵扰的澳洲坚果种子作为种源,同时,优先选择生长旺盛、产量稳定且高产的植株作为母株,以确保遗传品质。某些澳洲坚果品种的种子萌发率和成苗率相对较高,例如'294'和'桂热1号',其成苗率高达90%。然而,澳洲坚果的种子繁殖方式也面临一些问题,如生长周期较长、后代容易发生变异以及遗传稳定性差等,这将会大大增加种植者的时间和经济成本。因此,在实际生产中,澳洲坚果种子繁殖更多被用来培育砧木苗。通过对多个砧木品种的比较,发现澳洲坚果品种'695'作为砧木表现良好,这为澳洲坚果的种植提供了更多的选择和可能性。综上所述,种子繁殖是一种可行的繁殖方式,但考虑到其存在的局限性,种植者在选择繁殖方式时应综合考虑多种因素,以确保澳洲坚果的高产和优质。

(二)无性繁殖

澳洲坚果树的培育方法是嫁接法,它包括选择种子、培育砧木苗和嫁接等步骤。种子源自繁茂高产、健康无病的母株,另外,采用四叶澳洲坚果品种砧木可提高耐寒抗病力,为顺利嫁接奠定坚实基础。早春与晚秋气候宜人,是最佳嫁接时机,利于培育苗愈合与生长。嫁接技术方面,常采用枝接与芽接,成功的关键在于确保结合面的长度达到或超过 1.5 cm,过短的切面往往难以形成有效的愈合。此外,国外引入的补片芽接法在春季树皮易于剥离时实施,也较为成功。在嫁接操作过程中,需遮阴防晒,保持湿度,并及时去除砧芽,确保养分集中供给接穗生长。接穗通常在嫁接后 15~25 d 内开始萌芽,若萌芽较多,则选留一株生长最为强健的枝条,其余予以去除。当苗木高达 70 cm 时应进行打顶处理,以刺激侧枝的萌发,从而培育出具有多次分枝、结构紧凑的优质苗木。

澳洲坚果树也可用扦插法繁殖,其繁殖的关键在于光照、温度、湿度以及扦插介质的透性等因素。扦插育苗的技术要点包括选好插穗、剪枝保管、剪穗要求、促进生根、建好苗床、适时扦插和插法得当7个步骤。选穗时须选择品种优良、生长健壮、生根能力强、1~2年生的枝条。剪枝应在阴天、小雨天或晴天早晚进行,剪好后及时捆扎并浇水,尽快运回室内或阴棚下,以减少脱水。剪好的插穗要及时捆扎,并及时浇水,以保持枝叶湿润不脱水,但不能渍水,同时,还应将捆扎的枝条尽快运回室内或阴棚,以减少水分蒸发。通常,剪取的穗长应控制在15~20 cm,每枝穗上保留3~4个节,同时确保顶端保留1~2对叶片。剪取时,使用利刀平整地切割上下剪口,上剪口距第一个节3~4 mm,下剪口紧靠基部节。然后,对剪取的插穗进行促根处理。为了加速穗条生根过程,可采用萘乙酸和吲哚丁酸等生长激素处理。生长激素溶液的适宜浓度须根据穗条的具体情况灵活调整,对于难以生根的品种可以适当提高溶液的浓度,以增加刺激效果,而对于容易生根的品种,则应使用相对较低的浓度以避免过度刺激。一般采用50~200 mg·kg^{-1}浓度的粉剂对穗条进行处理。在促根处理后需要建立苗床。扦插苗床长5~10 m,宽1.0~1.5 m,高0.3~0.4 m,其四周采用砖修砌。苗床底部铺设一层约10 cm厚的碎石,其上再覆盖一层5~10 cm厚的粗沙,最上层则铺设一层河沙与煤渣的混合物。为确保扦插苗在适宜的光照条件下苗壮成长,苗圃上方还应架设高度约为2 m的阴棚,其透光度约40%。此外,扦插床上还须设置支架,并用塑料薄膜覆盖,以确保透光、保温、保湿。扦插床外围应设置排水沟,防止雨水积涝。

五、澳洲坚果病虫害防治研究

澳洲坚果常面临病虫害的侵袭,若未能及时采取有效防控措施,将会影响坚果树的生长,对澳洲坚果的果实品质及产量造成不利影响。其常见的病虫害有速衰病、炭疽病、茎干溃疡病、花疫病和果实虫害。

澳洲坚果树受速衰病侵扰时,其病变主要体现在坚果树顶部,初期叶片由绿色转为灰白色,若病情加剧,叶片则由灰白变棕红,病株根部渐黑,叶枯枝萎,甚至死亡。炭疽病发病初期主要体现在枝干、叶子、果实等部位,初期会出现许多大小不一的浅绿色斑块,随着病害加剧,病斑面积逐渐扩大,叶子上出现黄斑并脱落,果壳出现黑褐色,影响果实发育,对树体造成严重损害。澳洲坚果树幼苗期易出现茎干溃疡病,该病害由病原真菌引起,当幼苗感染茎干溃疡病后,其叶片会显现出明显的黄化迹象并逐渐脱落,同时树茎部分会出现营养吸收障碍,导致整体营养不良,进而对幼苗的生长发育造成影响。花疫病常发生在湿度大、低温多雾的天气,发病高峰期一般在每年的1—2月,此时澳洲坚果易受真菌感染。花疫病初期澳洲坚果花柄上会出现斑块,随着病变加剧,病斑颜色渐深直至坏死,花朵枯萎脱落,果实结果率降低。澳洲坚果果实成熟时极易出现虫害,危害果实的主要害虫有果螟、卷蛾等。病虫会在果仁内排放毒素,引发果仁的腐败与脱落,在病虫的侵虐下,果实难以在枝茎上正常生长,甚至还会影响澳洲坚果树的生长发育,影响经济效益。

应根据树种所得病害进行针对性防治。针对速衰病常采用定期修剪树冠、灌根处理和追肥处理3种方法。修剪树冠,及时避免病害蔓延;同时,采用根腐灵300倍液或黄腐酸钾60倍液灌根处理,提高澳洲坚果的速衰病抵御能力;最后,再对其追肥,为果树的生长提供充足营养,加速澳洲坚果恢复。针对炭疽病病害则应调控湿度,及时清理种植区地面，提高坚果树的光照及通风，多雨高温季节须提前做好排涝工作，炭疽病发病初期可喷洒代森锰锌1 000倍液、多菌灵800倍液或氧氯化铜悬浮剂800倍液等。茎干溃疡病的防治要密切关注种植区气候情况，种植技术人员要针对植株不同生长阶段可能发生的病虫害，认真落实检查与防治，及时发现发病初期的植株，并采取针对性防治措施，控制病害进一步蔓延。花疫病的防治应对果树定期修剪，及时清扫枯枝落叶，澳洲坚果花期出现花疫病可喷洒500倍液敌菌丹或800倍液苯莱特，加强对种植区的防护。虫害的防治应针对澳洲坚果的生长周期实施精准管理。在澳洲坚果树虫害暴发之前对其施用4 000倍液氰戊菊酯或2 000倍液氯氰菊酯，抑制虫害的发生；果树结果时，须及时清理果实表面的虫卵，预防虫害扩散；果实收获后，须及时清理树下杂草，促进澳洲坚果根部生长发育。

澳洲坚果栽培须严格遵循技术、环境及日常管理规范。由于澳洲坚果从栽培到采收全程面临病虫害风险，防控不力将损害果实品质与产量，影响农户收益，因此，病虫害防治至关重要。技术人员应敏锐监测病虫害，结合气候环境创新管理，引入激励机制促进各方参与，技术与策略并进，确保防控有效持续，提升坚果品质与产量，保障农户经济收益，推动产业健康发展。

六、澳洲坚果采后加工技术研究

澳洲坚果采收之后，应立即对其进行加工处理，每一道加工工序的质量把控都至关重要，特别是干燥工序的控制对果仁品质及坚果储存稳定性具有极大影响。澳洲坚果的果仁、果皮、果壳均可加工成为相关产品。

（一）澳洲坚果果仁加工产品

1. 澳洲坚果油

澳洲坚果仁含有丰富的油脂，可制取澳洲坚果油，其油中含12种脂肪酸，总不饱和脂肪酸含量高达80%以上，主要有棕榈油酸、油酸、11-二十碳烯酸、异油酸4种。饱和脂肪酸含量相对较低，主要有棕榈酸、硬脂酸、花生酸等。澳洲坚果油色泽清澈透亮，散发着自然清香，不仅具有很高的食用价值，而且具有较好的保健功效，能有效调节血糖与血脂水平、抗衰老、降低患肿瘤的风险、预防风湿性关节炎等。澳洲坚果油的制取工艺主要有压榨法、溶剂萃取法、水剂法、超临界CO_2萃取法、亚临界萃取法等。此外，澳洲坚果油因其易吸收、高保湿等特性，已被广泛用于保湿面膜、面霜、手工皂、舒缓按摩油、护发精油和护手霜等产品的开发。

2. 澳洲坚果开口笑

澳洲坚果的主要加工产品是开口笑，其生产流程包括脱果荚、分级、青果脱皮、壳果清洗、壳果浮选、沥水风干、智能色选、分拣、烘干、分级、开口和包装等多个关键步骤。在这一系列工序中，焙烤的温度与时间控制及包装储存方式的选择尤为重要。同时，采用充氮包装技术能显著延长产品的保质期。近年来，有研究提出采用两次真空处理并结合脱氧剂包装的方法，该方法能够进一步提高澳洲坚果产品的储存性能，并适用于规模化生产。此外，不同品种的澳洲坚果在加工过程中会表现出显著的差异性。在初加工阶段，尤其是脱青皮后，各品种烘干所需时间不同，这会导致混合果烘干后的水分含量存在显著差异，进而对后续的开口、破壳取仁等工艺步骤产生重要影响。因此，在实际生产中，应根据具体品种特性调整加工参数，以确保产品品质的稳定。

另外，澳洲坚果开口笑可通过调味丰富口感和风味，包括原味、芥末味、奶油味、奶油蜂蜜味及咸蛋黄味等。澳洲坚果开口笑是我国澳洲坚果产业的主要加工产品，其主要产区在云南，开口笑壳果产品占据了约90%的市场份额。

(二) 澳洲坚果副产物的综合加工利用

1. 果　粕

果粕，作为澳洲坚果油制取后的副产品，传统上多被视为废弃物处理，仅有少数被用作饲料，整体利用效率低下。然而，果粕中含有丰富的脂肪、蛋白质、碳水化合物等营养成分，同时还富含多糖，直接丢弃无疑是一种资源的巨大浪费。因此，探索果粕的深加工利用途径，对于提升澳洲坚果的整体利用价值及效率具有重要意义。

近年来，科研工作者们对澳洲坚果粕的营养成分进行了深入分析，采用索氏提取法、凯氏定氮法及蒽酮—硫酸法等测定了其脂肪含量（17.22%）、蛋白质含量（24.90%）、碳水化合物含量（24.78%）以及种类多达17种、总量达17.84%的氨基酸，这些发现为果粕的多元化利用提供了科学依据。在蛋白质与多肽的制备领域，已有研究者成功从澳洲坚果粕中分离出澳洲坚果糖肽，并通过β-消除法去除糖链获得多肽；同时，采用碱溶酸沉法、盐溶法及Tris-HCl法等多种方法有效提取了澳洲坚果蛋白质，其中碱溶酸沉法在得率和蛋白质含量方面表现优异。此外，在食品方面，以果粕粉为主要原料制作的饼干，不仅保留了坚果的浓郁香气，还赋予了饼干酥脆的口感，让澳洲坚果粕得到充分利用。

2. 青　皮

澳洲坚果的果皮，是果实的最外层部分，呈青绿色，俗称果荚。在加工过程中，果皮主要通过手工或机械的方式被去除，而大量剥离后的青皮往往被视为废弃物直接丢弃，这不仅造成了资源的极大浪费，还可能对环境构成潜在威胁。

当前，澳洲坚果青皮在我国主要被用于堆肥。将澳洲坚果青皮发酵肥与其他肥料按配比制成堆肥，应用于茶园土壤改良，能够显著提升土壤的营养状况，进而促进茶叶的产量与品质双提升。这一应用不仅可推动茶叶产业的可持续发展，也有效拓宽了澳洲坚果青皮的利用途径。澳洲坚果青皮还含有生物活性成分，其提取物可用于制作杀虫剂、除草剂和抗氧化剂，提取物浓度越高，其杀虫效果越好。同时，青皮中的多酚类物质因其较强的抗氧化能力，被视为制备天然抗氧化剂的宝贵来源，可用于推动健康食品及化妆品行业的发展。另外，在食品创新方面，澳洲坚果青皮也被巧妙地融入绿茶制作中，赋予了绿茶独特的清新香甜风味。

综上所述，澳洲坚果青皮的多元化利用不仅有助于提升资源利用效率，减少环境污染，还能在农业、食品等多个领域发挥积极作用，推动相关产业的绿色升级与创新发展。

3. 果 壳

澳洲坚果壳质地坚硬，其质量约占壳果重量的 2/3，是澳洲坚果的加工过程中的副产物。通常，果壳多被用作燃料或简单地焚烧处理，这不仅会导致资源浪费，还会污染环境。随着科学技术的进步和环保意识的增强，人们也在不断探索果壳的资源化、能源化和高值化利用。

由于澳洲坚果壳含碳量高、坚硬且表面致密，它常用于制备活性炭、生物质炭及吸附剂，所制成的吸附剂比表面积大、化学稳定性好、机械强度高且易于再生。另外，澳洲坚果壳可以作为辅料制作露酒；果壳内的棕色素可与其他物质按一定比例混合，制成天然染发剂；果壳中纤维素和木质素制成的天然摩擦剂，可用于制作牙膏等日化产品，减少对牙齿的损害；随着创意与技术的融合，澳洲坚果壳甚至可用于制作有机花盆、果盘、室内摆件乃至刹车片等。综上所述，澳洲坚果壳的利用前景广泛，可通过加工果壳副产品变废为宝，提高澳洲坚果的商业价值。

第三节 澳洲坚果油概述

澳洲坚果作为一种新兴且发展迅速的热带木本油料作物，用来开发澳洲坚果油不仅可以切实增加植物油供给、保障国家粮油安全，也可以提升澳洲坚果的附加值，促进澳洲坚果产业振兴，对乡村振兴有十分重要的意义。同时，随着《"健康中国 2030"规划纲要》等一系列政策的发布，营养健康消费成为主流趋势。对食用油的需求也提出了更高的要求，在满足人体必需脂肪酸和能量后，更希望"吃得营养，吃得健康"，澳洲坚果油因富含不饱和脂肪酸和多种脂质伴随物（角鲨烯、植物甾醇等），且能降低胆固醇，契合现代健康理念，深受消费者青睐与喜爱。

澳洲坚果油油质滑润，色泽清澈透亮，熔点低，是从果仁中提取出来的非挥发性脂肪，其烟点为 200 ℃，闪点为 300 ℃，因此被国外广泛用作食用油。澳洲坚果油含有丰富的脂肪酸，其中，油酸占总脂肪酸的 55%~67%，棕榈油酸占 15%~22%，棕榈酸占 6%~9.5%，硬脂酸占 2%~5.5%，二十碳烯酸占 1.5%~3.8%，花生酸占 1.5%~3.5%，亚油酸占 1%~5.5%，异油酸约占 3%，肉豆蔻酸占 0.5%~2.0%，山嵛酸占 0.1%~1.5%，月桂酸含量少于 0.5%。由此可见，澳洲坚果油最丰富的脂肪酸是单不饱和脂肪酸，其次是饱和脂肪酸和多不饱和脂肪酸。澳洲坚果油含有多种活性成分，如生育酚、角鲨烯、植物甾醇、多酚等，这些化合物在人体内发挥着重要的生理功能：生育酚可抑制油脂的过氧化作用，保护细胞免受氧化应激的损伤；角鲨烯有助于改善血液循环和微循环，激活细胞活力，提高组织供氧能力；植物甾醇可以抑制肝脏中胆固醇的生物合成，抑制肠道内胆固醇的吸收，减少冠状动脉硬化和心脏病等心脑血管疾病的发生；多酚具有较好的 DPPH 和 ABTS 自由基清除能力，可用于消炎、抗菌、预防心血管疾病。另外，澳洲坚果油含有丰富的植物甾醇和棕榈油酸，透皮吸收性好，有助于促进细胞新陈代谢和皮肤恢复，保持皮肤滋润，可补充因皮肤老化而流失的油脂，是护肤美发的理想基础油之一。长期食用澳洲坚果油，对人体健康十分有益。

澳洲坚果油制取方法多样，包括传统的压榨法和浸出法，以及新兴的水剂法、超临界 CO_2 萃取法和亚临界萃取法等。压榨法可分为热榨法和冷榨法。在热榨过程中，会因高温处理，易导致油脂氧化、功能成分破坏，还可能生成反式脂肪酸及油脂聚合体等有害物；同时，会使饼粕蛋白质严重变性，仅适合用于饲料加工，且适口性较差。因此，冷榨法更适用于澳洲坚果油加工。冷榨法作为一种传统油脂制取方法，其投资成本低，工艺简单，可有效避免高温处理对澳洲坚果油产生的不利影响，相较于热榨法能更大程度地保留油脂中的天然营养成分、风味物质和活性物质。浸出法利用有机溶剂对油料进行充分浸泡，工业上常用"六号溶剂"对油脂进行提取。该方法出油率高，且油料在封闭的浸出器内以低温、无泄漏的方式进行浸泡和提取，提取效率高，溶剂可回收利用，成本低，蛋白质变性程度小，但油脂和饼粕中会有一定的溶剂残留。水剂法则是运用澳洲坚果果仁中非油成分的亲水性与油脂密度的差异，实现油脂与蛋白质的有效分离。该方法在提取过程中不使用易燃有机溶剂，且提取条件温和，环境友好，所得毛油质量高。但水剂法在提取过程中会产生大量水包油乳化液。超临界流体萃取法是以超临界流体为溶剂，从固体或液体基质中提取油和其他天然化合物等，常使用 CO_2 作为超临界萃取介质。超临界 CO_2 萃取的澳洲坚果油营养物质保留良好，提取效率高、色泽浅、酸价和过氧化值低，品质好，且无溶剂残留，但该方法所需压力高，设备投入大，不利于连续化作业，限制了其工业应用。亚临界萃取法是近20年逐渐发展起来的新型油脂提取方法，其是利用亚临界流体作为溶剂，在亚临界状态下溶出植物油脂，并通过减压回收，达到溶剂与油脂分离的目的。目前，常用的亚临界溶剂主要有丁烷、丙烷、四氟乙烷等。与超临界流体萃取法相比，亚临界萃取法所需压力较低，设备简单，成本低，可以进行连续化工业制取。与压榨法和浸出法相比，亚临界萃取法在较低温度下进行，因而油脂色泽浅、酸价和过氧化值较低，避免了功能性天然成分的破坏，可简化后续的精炼工艺，且最大限度保留了蛋白质的活性。澳洲坚果油的提取方法多种多样，每种方法都有其独特的优势和适用范围，应根据实际情况选用合适的提取方法。

对大部分油料来说，无论经压榨法还是浸出法处理，所得油均为毛油，含较多蛋白质、胶质、游离脂肪酸及色素等，须精炼后方能食用。精炼过程包括脱胶、脱酸、脱色、脱臭等步骤，旨在去除色素、游离脂肪酸、磷酸等杂质，提升油品质量。脱胶工艺能够有效去除磷脂等水溶性物，脱酸可分离游离脂肪酸，脱色可清除色素及残余杂质，脱臭则可消除原料中天然存在或加工过程中产生的不良气味。这一系列工艺的协同作用，不仅减缓了油脂氧化速度，延长了货架期，还提高了澳洲坚果油的品质、稳定性和风味，可满足市场对于高品质油脂的需求。

参考文献

杜丽清，2020. 澳洲坚果初加工技术［M］. 北京：中国农业科学技术出版社.
耿建建，陶亮，岳海，等，2021. 澳洲坚果果壳综合利用研究综述［J］. 热带农业科技，44（2）：41-47.
贺熙勇，聂艳丽，吴霞，等，2022. 云南澳洲坚果产业高质量发展的建议［J］. 中国南方果树, 51 (4): 205-210.

黎庆钊, 2023. 澳洲坚果病虫害及其防治措施 [J]. 农村实用技术, (11): 111-112.

李翠萍, 聂艳丽, 李月, 2023. 云南省澳洲坚果生产动态变化分析 [J]. 浙江农业科学, 64 (6): 1511-1514.

李昊洋, 吴疆翀, 王丽娟, 等, 2024. 澳洲坚果种质遗传结构和亲缘关系研究进展 [J]. 世界林业研究, 37 (3): 22-27.

刘晚传, 黄建雄, 詹金蝉, 等, 2022. 华南地区常见澳洲坚果砧木品种的优选 [J]. 林业与环境科学, 38 (6): 95-101.

牛俊乐, 黄斌, 沈伟, 等, 2023. 澳洲坚果种苗繁殖技术研究 [J]. 中国果菜, 43 (11): 62-66.

彭日欣, 唐清苗, 吴子佳, 等, 2019. 夏威夷果的营养价值及加工制品研究现状 [J]. 农产品加工 (20): 77-79, 82.

彭志东, 杨广学, 解存玺, 2019. 云南原味澳洲坚果开口产品加工生产中的关键质量控制点 [J]. 热带农业科技, 42 (2): 21-24, 35.

钱开胜, 2022. 广西：澳洲坚果新品种"桂热1号"推广面积已达4万公顷 [J]. 中国果业信息, 39 (8): 50.

钱莹, 张晶, 宋云禹, 等, 2018. 冷榨植物油营养功能性成分的研究进展 [J]. 农产品加工 (15): 62-64, 68.

尚怀国, 周泽宇, 施蕊, 等, 2021. 澳洲坚果青皮发酵肥对茶园土壤养分和茶叶品质的影响 [J]. 南方农业学报, 52 (7): 1877-1886.

帅希祥, 2023. 澳洲坚果油组成、营养及其油凝胶体系构建和应用 [D]. 南昌大学.

宋海云, 张涛, 王文林, 等, 2021. 澳洲坚果果仁脂肪酸分析及评价 [J]. 食品研究与开发, 42 (21): 128-136.

涂行浩, 杜丽清, 魏芳, 等, 2021. 澳洲坚果中棕榈油酸理化性质及功效研究进展 [J]. 农业研究与应用, 34 (4): 35-43.

万继锋, 曾辉, 邹明宏, 等, 2021. 八个澳洲坚果品种成年树抽梢、开花结果特性及栽培要点 [J]. 热带农业科学, 41 (3): 43-47.

万继锋, 邹明宏, 陈菁, 等, 2022. 澳洲坚果种质资源数量分类研究 [J]. 果树学报, 39 (10): 1798-1812.

向媛源, 王文林, 宋海云, 等, 2021. 去糖基化对水溶澳洲坚果糖肽结构和抗氧化性的影响 [J]. 食品与发酵工业, 47 (11): 98-103.

熊健, 2019. 澳洲坚果新品种昌宁1号 [J]. 农村百事通 (15): 33.

徐影影, 苗永军, 赵文革, 等, 2024. 核桃油加工技术及抗氧化技术对其氧化稳定性的影响 [J]. 中国油脂 (1): 1-11.

杨帆, 付小猛, 陶亮, 等, 2023. 澳洲坚果起源、育种及种质资源研究现状 [J]. 中国果树 (11): 1-7, 26.

赵丹, 姜家泰, 刘云飞, 等, 2021. 澳洲坚果分品种加工工艺的研究 [J]. 江西农业学报, 33 (4): 86-90, 97.

赵锦波, 李春颖, 赵柏辉, 等, 2023. 澳洲坚果营养功能文献综述 [J]. 中国食品工业 (24): 69-73.

MAESTRI D, CITTADIN M C, BODOIRA R, et al., 2020. Tree nut oils: Chemical profiles, extraction, stability, and quality concerns [J]. European Journal of Lipid Science and Technology, 122 (6): 1900450.

MAI T T P, HARDENR C M, ALAM M M, et al., 2021. Phenotypic characterisation for growth and nut characteristics revealed the extent of genetic diversity in wild macadamia germplasm [J]. Agriculture, 11 (7): 680.

SHUAI X, DAI T, CHEN M, et al., 2021. Comparative study of chemical compositions and antioxidant capacities of oils obtained from 15 macadamia (*macadamia integrifolia*) cultivars in china [J]. Foods, 10 (5): 1031.

TU X H, WU B F, XIE Y, et al., 2021. A comprehensive study of raw and roasted macadamia nuts: Lipid profile, physicochemical, nutritional, and sensory properties [J]. Food Science & Nutrition, 9 (3): 1688-1697.

第二章 澳洲坚果制油技术

油脂是澳洲坚果果仁中的主要成分,占果仁重量的70%以上,不饱和脂肪酸含量高,且富含有生育三烯酚、甾醇、多酚等多种功能性营养成分,长期食用大有裨益。同时,澳洲坚果油作为棕榈油酸含量较高的植物油,其与人类皮脂结构相似,对皮肤有很强的渗透性,可广泛应用于功能性食品、化妆品以及医药行业。因此,如何高效制取澳洲坚果油成为研究的热点。目前,植物油的制取方法多样,如压榨法、浸出法,以及近年来逐渐发展起来的水剂法、超临界CO_2萃取法和亚临界萃取法等。其中,压榨法和浸出法为传统方法,水剂法、超临界CO_2萃取法和亚临界萃取法为新兴制油技术。本章将着重从制油技术概述、制油工艺及影响因素三方面对各项技术进行介绍。

第一节 压榨法制油技术

一、概 述

压榨法是指借助机械外力使油料细胞破裂,将油脂从中挤压出来的制油方法,其中最常见的是螺旋挤压法。澳洲坚果油料在外界压力作用下经历体积缩减与密度增加的过程,其内部与外部的空隙随压力增强而逐渐减小。这一过程促使油料表面的游离油脂在压力驱动下,从高压区域流向低压区域,形成压榨过程中的油脂排放。压榨法工艺简单,在我国历史悠久。《诗经》中就有关于榨油的记载,如"有瞽有瞽,在周之阶,设业设虡,崇牙树羽,应其小笙,芳其鼓之"。这首诗描述了周朝的乐官在宫廷中榨油的场景。在春秋战国时期,榨油已经成为一种普遍的加工技术,而且人们已经开始使用榨油所剩下来的油渣饼作为肥料和饲料。到了汉代,榨油技术得到了进一步的发展和提高,成为一种比较成熟的行业。在唐宋时期,油料已经成为一种商品,有了专门从事榨油行业的作坊和商人。在明清时期,榨油技术更加精细,出现了多种不同的榨油方法,如压榨法、锤捣法、蒸煮法等。

根据压榨前物料是否经过预热处理,可大致分为冷榨法和热榨法。热榨法是将油料烘焙之后再进行压榨,压榨后得到的毛油经过滤或离心分离。热榨法的高温处理会使澳洲坚果内部发生一系列物理或化学变化,破坏油料细胞,使蛋白质变性,并降低油脂黏度,从而提高出油率,同时,得到的油气味较香,颜色较深。冷榨法是指所用油料不经高温蒸炒预处理,在低于60 ℃(高水分油料为低于50 ℃)的条件下借助机械压力将油脂从原料中压榨出来的工艺。传统上,澳洲坚果油的提取是通过冷榨进行的,其工艺简单，投资成本低，所得油色泽鲜艳，风味纯正。冷榨法在加工过程中不需要加热，通常采用液压榨油机和螺旋榨油机。

液压榨油机的运作采用静态压榨技术，以便维持压榨环境的低温状态，以便保留油分中的热敏性营养成分，确保这些营养元素不被高温破坏。同时，它还能促进蛋白质的天然结构得以完好保留，避免变性，从而产出高品质的冷榨澳洲坚果油。液压榨油机结构简单，产出的油饼品质优良且能耗较低，然而，它也不可避免地面临着饼中残油偏高、产能受限、生产模式不连续、压榨流程冗长、操作烦琐以及人力需求大的挑战。目前主要用于小规模生产和实验室研究。但有研究表明，对澳洲坚果进行微波预处理，可使液压机的榨油效率提高 50% 以上。

螺旋榨油机的工作原理在于其螺旋轴的巧妙设计，通过螺旋导程的逐步缩短或根圆直径的渐进增大，实现了榨膛内部空间的有效压缩，从而产生强大的压榨效应。在此过程中，油脂被高效地从榨笼的微细缝隙中挤压而出，同时，剩余的残渣则被压缩成碎屑状的饼片，连续不断地从榨轴的末端排出。该方法显著提升了榨油过程的连续性和处理效率，能够在较短时间内完成大量原料的动态压榨，有效提高出油率，并显著降低了人工操作的劳动强度。然而，值得注意的是，高强度的压榨过程也可能导致榨膛内温度上升，进而可能引发料胚中蛋白质的变性，这是其在实际应用中需要关注的一个问题。

从营养学的角度来看，冷榨法提取的油质量更好，油呈金黄色，色泽清晰，具有独特的澳洲坚果香气和风味，含有较多的生物活性物质，如必需脂肪酸、生育酚和植物甾醇等。冷榨过程中，无须使用溶剂或化学干预，既环保又安全，为消费者提供了更高品质的饮食选择。同时，它是在室温和常压的操作条件下获得的，因此，澳洲坚果自身的风味和微量营养成分（如维生素 E、植物甾醇和多酚）被很好地保存了下来，它们具有良好的抗氧化性能。

冷榨法更适用于含油量较高的种子，如澳洲坚果、花生、大豆、芝麻、葵花籽等。由于冷榨是在较低温度下进行，澳洲坚果油中的生育三烯酚、植物甾醇等生物活性物质破坏程度低，因而冷榨法制得的澳洲坚果油具有良好保健特性。另外，澳洲坚果中存在的多酚、甾醇等成分也有助于保护其免受氧化反应，不仅对人体健康有益，还可延长其保质期。然而，值得注意的是，采用冷榨法制油时，压榨后仍有大量的油脂残留在澳洲坚果饼粕中。

二、压榨法制油工艺

（一）工艺流程

压榨法制取澳洲坚果油工艺流程步骤如图 2-1 所示。

（二）工艺步骤

（1）油料验收：验收澳洲坚果时，要求供应商提供权威检验合格报告，选取颗粒均匀、饱满、外壳无裂缝或破损的澳洲坚果。

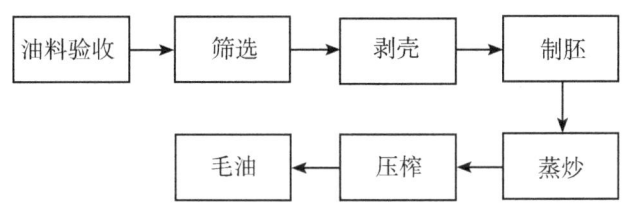

图 2-1　压榨法制油工艺流程

（2）筛选：在筛选澳洲坚果的过程中，须清除其在收获、晾晒、运输及储藏各阶段中可能混入的石块、铁块、泥土、植物茎叶及其他非目标种子等杂质，使澳洲坚果总残留杂质不超过 0.5%，通过筛选、磁选及去石等操作，确保澳洲坚果的纯净度与高品质。

（3）破壳取仁：利用澳洲坚果专用破壳取仁设备对澳洲坚果进行破壳取仁，并去除变质果仁。

（4）制胚：先将澳洲坚果仁破碎至 4~8 mm 粒径，增加油料的接触面。再对破碎后的澳洲坚果仁进行水分和温度调节，提升油料的可塑性，运用对辊或多辊式滚筒轧胚机碾轧，将澳洲坚果仁制成薄片。

（5）蒸炒：经过轧胚处理的澳洲坚果，其细胞结构初步受损，油脂得以扩散。蒸炒过程中，借助水分与温度的共同作用，不仅能促使料胚中的蛋白质发生变性，还能使其结构由紧密转为松散，促使油脂细滴浮现于表面，便于高效制取油脂。若采用冷榨法制取澳洲坚果，则此步骤可省略。

（6）压榨：压榨时，从进料口加入物料，借助压力挤压，使油脂从物料内部迁移出来。注意操作过程中可适当增大压力，但要确保不超过安全阈值，以提高出油率。

三、影响因素

压榨法制取澳洲坚果油效果受料胚的结构性质、压榨条件及设备选择等多重因素影响。

（一）料胚的结构性质

料胚结构包含了机械构造与内在及外在特性的两个方面，具体体现在料胚的弹性、可塑性、蛋白质变性程度、粒度（粉末度）、孔隙率及成分含有率等方面。这些结构特性的优劣，主要受预处理的影响，同时也与油料作物本身的天然成分构成紧密相关。

1. 料胚结构的一般要求

对于料胚结构的一般性要求，主要包括以下几个方面。

（1）颗粒大小与均匀性：料胚应确保大小适中且保持高度一致性，提升压榨过程中的均匀受力，提高出油效率。

（2）内外结构一致性：料胚的内部与外部结构须具备良好的一致性，减少压榨过程中的应力集中现象，避免局部过度压碎或未充分压榨的情况发生。

(3) 减少完整细胞数量：尽可能减少料胚中完整细胞的数量，因为细胞的完整性可能阻碍油脂的有效释放，通过预处理工艺如破碎、研磨等，可以有效降低这一比例。

(4) 适宜的容重：在不影响料胚内外结构稳定性的前提下，料胚的容重应尽可能大，增加单位体积内的油脂含量，提升压榨效率。

(5) 降低油脂黏度与表面张力：通过预处理措施，如调整温度、湿度等条件，降低料胚中油脂的黏度和表面张力，以促进油脂在压榨过程中的顺畅流动和释放。

(6) 足够的可塑性：料胚需要具备足够的可塑性，即在外力作用下能够发生形变而不易破碎，使油料在压榨过程中形成更加紧密的饼层结构，提高出油率。同时，良好的可塑性也有助于减少压榨过程中的机械磨损和能耗。

2. 影响料胚结构性质的因素

影响澳洲坚果料胚结构性质的因素有很多，但对榨油效果影响最大的是澳洲坚果的可塑性。在含油率等条件相近时，其可塑性主要受水分含量、温度调控及蛋白质变性程度的影响。

(1) 水分含量：澳洲坚果料胚的水分含量与其可塑性呈正相关，即水分含量越高，料胚的可塑性越强。存在一个特定的水分含量点，被称为"最优水分"或"临界水分"，此时压榨出油的效果最为理想。然而，确定这一最优值并非单一因素所能决定，还须综合考虑温度、蛋白质变性程度等多种因素的复杂影响。因此，在实际操作中，应综合考虑以优化压榨效果。

(2) 温度调控：料胚温度调控至关重要，加热料胚可提升可塑性，冷却料胚则降低。此温度不仅关乎料胚出油效率与品质，还直接影响最终油与饼的优劣。故而，在榨取过程中，须精准调控温度至"最优值"，以确保最佳生产效果。

(3) 蛋白质变性程度：蛋白质过度变性会降低澳洲坚果料胚的塑性，如蒸炒过度会使料胚变硬，增加榨机负荷，影响出油效率与饼品质。蛋白质适度变性则是压榨取油的关键，标志着油料胶体结构的有效破坏，促进出油效率。压榨过程中，温度和压力的协同作用会促使蛋白质进一步变性。因此，适合的蛋白变性程度是保障良好压榨取油效果的关键。

（二）压榨条件的影响

除了澳洲坚果料胚本身的物理结构特性外，压榨条件同样对提升出油率起着至关重要的作用，如榨膛压力、压榨时长、压榨温度、饼层厚度及排油的顺畅度等。

1. 榨膛压力

压榨法制油需要综合考虑压力大小、料胚受压状态、施压速度及压力变化规律等多个因素，以实现最佳的压榨效果。

(1) 压力大小：压榨过程中，料胚的压缩是油脂高效制取的基石。此过程涉及料胚内外表面在压力作用下的紧密贴合，并伴随水分蒸发、凝胶体受压凝结，以及化学变化引起的密度变化等。随着压力的增大，料胚发生塑性形变，使油脂的榨取更为充分。然而，每种料胚均设有其特定的极限压力阈值，一旦超越此点，料胚的进一步压缩效果将显著减弱,形成"不可压缩"状态。在压榨过程中,总压力经由工作机构传递至料胚,一部分压力用于直接对抗油脂流动的阻力,确保油脂顺畅流出;另一部分压力则用于克服料胚内部凝胶骨架因变形而产生的抗力。值得注意的是,这两部分压力在压榨过程中并非固定不变,而是随着进程的推进而动态调整其分配比例。

(2) 料胚受压状态:料胚受压状态直接影响油脂的制取效果。静态压榨中,料胚位置相对固定,易导致油路过早闭塞和排油不均。而动态压榨则通过料胚在运动中的持续变形,不断打开油路,促进油脂快速排出。因此,动态压榨不仅降低了所需的最大压力,还缩短了压榨时间,成为工业应用中的优选方案。特别是动态瞬间高压技术,通过瞬间提高压力,进一步提升了压榨效率。此外,动态压榨过程中料胚间的摩擦发热也更为显著。

(3) 施压速度及压力变化规律:压榨过程中,压力的变化须与排油速度保持协调,以确保油脂的连续流出。突如其来的高压可能会迅速堵塞油路通道,从而对压榨效果造成不利影响。研究表明,理想的压力变化模式通常遵循指数或幂函数的渐进规律,这种平滑的压力变化有助于维持稳定的排油速度,提高压榨效率。

2. 压榨时长

压榨时长直接影响出油率,随着压榨时间的延长,出油率先升高后趋于平缓。具体来说,长时压榨利于油分充分释放,提升出油效率,但过长时间压榨非但出油率增幅有限,还会增加设备能耗,甚至会堵塞流油通道。因此,合理控制压榨时间是关键。

3. 压榨温度

压榨温度由蒸锅加热熟胚维持,熟胚与榨机部件摩擦及内部粒子摩擦产生的热量,不仅可以补偿金属体热损,还可以保持榨膛内的适宜温度,确保油脂低黏度状态。低黏度油脂在料胚中流动顺畅,运动阻力减少,有利于油脂的制取,提高出油效率。

压榨过程中,适当高温能优化料胚塑性、油脂黏度,促进酶失活,利于油饼储存。但压榨温度太高也会导致水分迅速蒸发,从而损害料胚的塑性,使油饼颜色加深并易于焦化。此外,高温还会加剧油脂的氧化过程,促使色素、蜡质等杂质溶解于油中,进而加深毛油的颜色。因此,在压榨过程中,温度的控制十分重要,须根据具体的压榨方式及油料特性进行灵活调整。对于静态压榨而言,由于其自身产热较少且耗时较长,往往需要外部加热与保温措施来确保压榨温度的稳定性与适宜性。这一做法不仅有助于维持料胚的良好塑性,还能在一定程度上提高压榨效率与油品质量。而动态压榨因自身产热充足,则需要冷却保温。理想的压榨温度范围为料胚入榨时的 110~130 ℃,但实际操作中,尤其是动态压榨,温度控制复杂,稍有不慎便易飙升,故应精细调控以确保最佳压榨效果。

第二节 浸出法制油技术

一、概 述

浸出法制油是基于溶剂对不同油料成分具有差异化溶解度的特性,通过萃取的方式将目标油脂组分从物料中有效分离出来。该过程的核心原理即利用溶剂的选择性溶解能力，实现油脂与其他非油分物质的分离。在静态条件下，油脂分子缓慢迁移，为分子扩散。分子扩散是一个以分子移动为特征的动态过程。在油料与溶剂的交互体系中，油脂分子会经历无规则热运动，这种运动促使它们从油料内部逐渐渗透并扩散至溶剂中。与此同时，溶剂分子则不断地向油料内部渗透，与油脂分子充分混合，从而在油料内外形成混合溶液，通常被称为混合油。这两部分溶液中的油脂浓度存在较大差异，驱动油脂分子自高浓度域向低浓度域持续迁移，直至系统达到动态平衡状态。但实际操作中，溶剂与油料相对运动频繁，促进了溶剂间的对流扩散。在油脂浸出工艺中，分子扩散与对流扩散协同作用，共塑物质传递机制。与分子扩散相比，对流扩散是溶液以小体积进行的转移，通过液体的整体迁移加速溶解物质的传递，对流扩散所传递的原料数量大大超过分子扩散。在浸出体系内，界面层以分子扩散为主导，实现局部高浓度油脂向溶剂的直接转移；而远离界面的液体区域，对流扩散占据主导，利用溶液流动增强全局物质传递效率。为优化浸出性能，须不断改变和调控溶液浓度梯度与流速，促使溶剂（或混合油）与油料在动态接触中高效浸出。具体策略包括利用液位差或泵施加外力，强化对流扩散作用，促使溶解油脂快速迁移至溶剂主体。

浸出法利用溶剂对油料成分的溶解性差异，根据料胚选用特定的溶剂，比如正己烷、环己烷、甲基戊烷等，将料胚与溶剂相互接触，使料胚中的油脂浸出，并将萃取出来的混合油与固体残渣过滤分离，混合油再经蒸发、汽提处理，依据沸点差异使溶剂汽化脱离油脂，完成油脂提纯。溶剂蒸气冷凝回收循环使用，节能环保。残渣经脱溶烘干，回收溶剂，得到脱脂粕，全程低残油、低劳动强度，粕质优良，但会导致一定的溶剂残留。

用于油脂浸出的溶剂，其特性至关重要。一是化学性质稳定，即与油脂和粕不发生化学反应，保持油脂的原始品质。二是介电常数应与油脂相近，使其能在常温或稍高温度下实现油脂的有效浸出。三是专一性，即这种溶剂应能专一地溶解油料中的油脂，而对非油物质则无溶解能力，保证提取油的纯净度。四是沸点低，具有良好的挥发性，以便在浸出油脂后能够轻松分离，并在较低温度下从粕中彻底去除。五是对设备无腐蚀性，从而避免溶剂腐蚀设备，延长设备使用寿命，降低生产成本。六是安全性，溶剂应无毒，且不易引发火灾或爆炸。七是溶剂在水中的溶解度宜低，在回收粕和油脂中的溶剂时，可以利用水蒸气进行有效分离。

二、浸出法制油工艺

（一）工艺流程

浸出法制取澳洲坚果油的工艺流程步骤如图2-2所示。

（二）工艺步骤

油料经过预处理后经输送装置导入浸出器中，进行溶剂浸提工艺。在此过程中，特定溶剂通过浸泡或喷淋方式确保充分渗透，促使油脂高效溶解于溶剂内，生成混合油

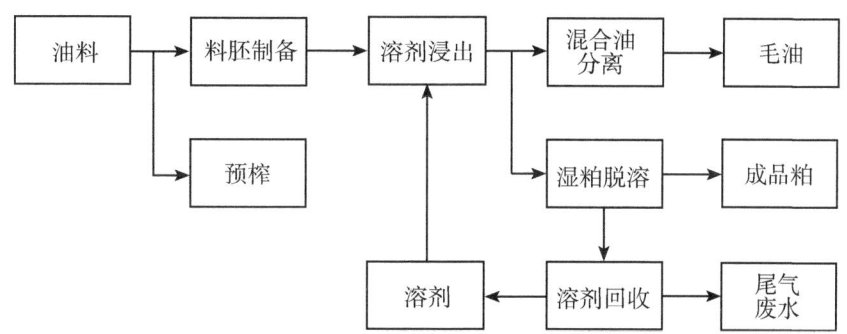

图 2-2 浸出法制油工艺流程

相。随后，混合油与固态粕（湿粕）被有效分离，现代油厂广泛采用旋液分离器来实现这一目的。该分离器巧妙利用混合油中各组分间存在的差异，在离心旋转的作用下产生强大的离心力，实现固体残渣与液体的分离。随后根据油脂与溶剂沸点的差异，通过加热蒸发，使溶剂大部分汽化并与油脂彻底分离。最后，为进一步清除可能残留的微量溶剂，还会采用水蒸气蒸馏处理，从而获得含溶剂量很低的浸出粗油，即浸出毛油。

同时，溶剂蒸气经冷凝回收，实现资源的循环利用。此外，脱脂粕也须经历脱溶烘干处理，通过加热蒸脱溶剂，转化为干粕，其间释放的溶剂蒸气同样被冷凝回收，确保整个生产流程的绿色高效。此浸出法制油工艺融合了高效提取与环保回收技术，展现了现代油脂加工领域的科学性与可持续性。

三、影响因素

浸出法制油的主要影响因素包括料胚的结构性质、浸出温度、溶剂用量等。

（一）料胚的结构性质

澳洲坚果料胚的结构特性，如含水量、颗粒大小、粉末度及内部孔隙结构等，对于促进油脂分子在料胚内部的快速扩散，提高浸出效率，具有至关重要的作用。这些结构性质不仅决定了溶剂在料胚中的渗透能力，还会直接影响到溶剂对油脂的有效溶解和提取过程。

溶剂的溶解特性决定了其主要作用于油脂而非水分（醇类溶剂除外）。由于料胚中过高的水分含量会占据细胞内部空间，形成屏障，阻碍溶剂有效渗透至细胞内部去溶解油脂，因而控制料胚保持适当的低水分状态显得尤为重要。通常而言，理想的料胚水分含量应控制在 7%~12%，但这一范围并非绝对，具体还须根据不同物料的特性进行微调。水分含量对油脂浸出效率有两方面的影响：一方面水分含量过高会削弱溶剂的渗透力，降低油脂溶出效率；另一方面水分过低则可能影响料胚的物理结构，导致油脂得率较低。因此，控制适当的水分含量，确保其在最佳范围内，是提升油脂浸出效果的关键策略之一。

料胚的颗粒大小直接关联到油脂与溶剂的接触面积。具体而言，采用较小粒度且松散度较高的料胚能够有效提高溶剂的渗透能力，促进油脂更高效地溶出。通常，将料胚的粒度控制在 0.3~0.8 mm 为宜，此粒度分布能有效增加料胚的总表面积，从而扩大与溶剂的接触界面，最终提升浸出速度及油脂的提取率。

此外，料胚细胞的破坏程度愈彻底，其内部结构的开放程度就越高，就越有利于溶剂更深入地扩散并渗透至料胚内部，从而更有效地溶解并提取出油脂。料胚应细小且内部空隙丰富，从而有利于溶剂在料坯中的快速扩散和深入渗透。相反，如果料胚中水分含量过高，会导致内部空隙被水分填满，从而阻碍溶剂的有效渗透，降低浸出效率。此外，高水分还可能导致料胚易于结团，进一步影响溶剂与油脂的接触面积，不利于油脂的充分提取。

（二）浸出温度

在油脂浸出过程中，提高浸出温度能够降低油脂的黏度，增强其流动性，从而有利于油脂更顺畅地从原料中溶出，并加速溶剂在料胚内部的扩散与渗透，最终提升浸出效率。然而，这一操作必须谨慎进行，因为浸出温度的上限受到所用溶剂沸点温度的严格制约。

为了确保溶剂在浸出过程中保持液态并有效发挥其溶解作用，浸出温度应严格控制在低于溶剂沸点的安全范围内。同时，为了最大化利用温度对油脂溶出和溶剂渗透的促进作用，浸出温度应尽量接近但不超过溶剂的沸点。这样的温度控制策略，既能保证溶剂的稳定性和有效性，又能显著提升油脂的浸出效率。

（三）溶剂用量

溶剂用量在油脂浸出工艺中是一个重要的参数，通常以"溶剂比"这一指标来量化，它的定义为在单位时间内，所使用的溶剂质量与被浸出物料质量的比值。溶剂比直接影响浸出过程中混合油的浓度、浸出效率以及物料中残余油脂的含量等多个关键指标。不同接触方式的浸出制油方法所需的溶剂比不同，喷淋式浸出所需的溶剂比相对较低，为 0.3~1.0。另外，增加单位时间内供给的溶剂量可以扩大料胚内外的浓度梯度，从而促进油脂更快地溶出，但溶剂的用量并非可以无限制地提高。当溶剂用量超过一定限度时，不仅会导致浸出设备的处理能力饱和，还可能引发混合油浓度的稀释效应，即最终得到的混合油中油脂含量相对减少，而溶剂含量增加，这不仅降低了浸出效率，还增加了后续溶剂回收与处理的难度和成本。因此，在实际操作中，应根据物料的性质、浸出设备的性能以及产品的具体要求，科学合理地确定溶剂比，以实现浸出效率与经济效益的最佳平衡。

第三节　水剂法制油技术

一、概　述

水剂法的原理是利用物料中的非油成分对油与水亲和力的差异以及油、水密度的不同将油脂与蛋白质同时分离出来的方法。水剂法制油过程中，油水混合体系在离心分离后一般可获得四相，最上层为油相，然后依次是乳相、水相和固相。该方法操作条件比较温和，提取率高，且蛋白质变性程度低，简单、经济、安全可靠。此外，水剂法不需要进行溶剂回收，也无须配备挥发性有机化合物排放监测和控制设备，还可同时回收蛋白质、碳水化合物和纤维等成分。

水剂法在提取过程中不使用易燃的有机溶剂，且提取条件温和，环境友好，所得毛油质量较高。但是，在此过程中会产生大量的水包油乳液，严重影响了油脂的提取。为了提高出油率，在水剂法过程中可以辅以一些物理处理，如微波、超声波等处理，进一步破坏油料细胞和乳化液。其中，水酶法制油工艺是在水剂法的基础上，在水相中加入单一或多种纤维酶、半纤维酶、果胶酶来破坏物料的细胞结构，从而使油脂更容易扩散出来，或者利用蛋白酶破坏乳化液结构，以进一步提高出油率。水酶法作为一种新兴的植物油提取技术，目前已用于玉米胚芽油、榛子油、葵花籽油、大豆油、芝麻油、菜籽油等植物油的提取。然而，水酶法仍有一定的缺陷，例如，反应时间长，破乳过程能耗高，且酶的成本高、性质不稳定，操作过程中不易控制。此外，蛋白酶的使用会造成蛋白质水解，导致发泡和乳化活性降低，不利于澳洲坚果蛋白的再利用。同时，在使用过程中，部分酶会失去活性，从而不利于重复使用，不适合工业化大规模生产。

除微波、超声波等辅助外，也可辅以其他可溶性物质来进一步提高水剂法的出油率。例如，在采用水剂法提取文冠果籽油时，添加蔗糖作为提取介质，可大大提高文冠果籽油出油率，在最优工艺条件下出油率可达70.9%；当使用1.5 mmol·L^{-1}的NaCl溶液作为提取介质时，出油率可达55.93%，远超仅以水相作为提取介质时的35.24%。此外，以山茶籽为原料，采用1.4 mol·L^{-1}碳酸钠溶液为提取介质，出油率高达88.8%。水剂法符合现代制油工艺的要求，这种方法安全可靠、对环境友好、简单易操作、制取条件温和且得到毛油品质较好，在制油领域得到了广泛的应用，同时该方法对饼粕中的营养物质损害较少，可以进一步加工利用。

二、水剂法制油工艺

（一）工艺流程

水剂法制油工艺流程如图2-3所示。

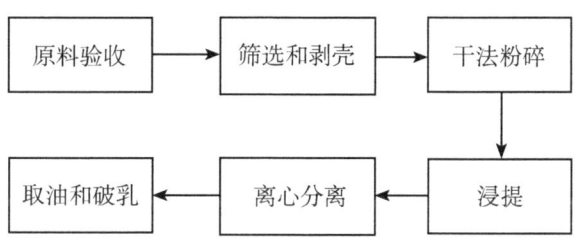

图2-3　水剂法制油工艺流程

（二）工艺步骤

澳洲坚果油水剂法的提取工艺包括原料验收、筛选和剥壳、干法粉碎、浸提、离心分离、取油和破乳多个步骤，其操作要点如下。

（1）原料验收：验收澳洲坚果时，要求供应商提供权威检验合格报告，选取颗粒均匀、饱满、外壳无裂缝或破损的澳洲坚果。

（2）筛选和破壳：在筛选澳洲坚果过程中，应先清除其在收获、晾晒、运输及储藏各阶段中可能混入的石块、铁块、泥土、植物茎叶及其他非目标种子等杂质，使澳洲坚果总残留杂质不超过0.5%，通过精细的筛选、磁选及去石技术，确保坚果的纯净度与高品质。随后，利用将澳洲坚果专用破壳取仁设备对澳洲坚果进行破壳取仁，并去除变质果仁。

（3）干法粉碎：在处理澳洲坚果果仁时，由于湿法研磨易促使形成稳定的乳化体系，从而不利于油脂的有效提取，降低出油率，故采用干法粉碎。可将澳洲坚果仁置于高速粉碎机中粉碎，得到无明显颗粒的澳洲坚果匀浆。

（4）浸提：将粉碎至适当粒度的澳洲坚果仁与蒸馏水按照一定固液比进行混合，形成均匀的料浆。随后，利用NaOH溶液及HCl溶液，调节该料浆的pH值至适宜范围。在适当温度下启动恒速搅拌器，以一定转速搅拌料浆进行提取。

（5）离心分离：将经过浸提处理的物料转移至离心或过滤设备中，使物料中的固体颗粒与液体成分有效分离。

（6）取油和破乳：离心或过滤结束后，静置一段时间，取上层清油，并将剩余的乳状层收集，并转移至-20 ℃条件下进行冷冻破乳处理。冷冻完成后，取出并立即置于40 ℃的水浴中加热2 h。加热结束后，将破乳后的乳状层进行离心处理，离心结束后取上层清油。最后将两部分清油合并，即为水剂法提取澳洲坚果油。

三、影响因素

料液比、离心转速、pH值和浸提温度都会对水剂法出油率产生影响。在实验室条件下，通常采用单因素结合正交或响应面优化试验来探究最佳工艺参数。单因素试验时，以出油率为考察指标，探究料液比、pH值、浸提温度、离心转速等对出油率的影响，确定单因素最佳工艺参数。随后，在单因素试验基础上，以出油率为考查指标，进行正交试验或者响应面试验，进一步优化澳洲坚果油水剂法提取工艺条件。同时，可根据正交试验或响应面试验数据，分析影响水剂法提取澳洲坚果油的因素优先顺序。笔者前期采用单因素结合正交优化试验，得出影响澳洲坚果油水剂法出油率的因素顺序依为料液比—离心转速—pH值—浸提温度，同时确定最佳提取工艺条件为：料液比1∶3、pH值6.0、浸提温度60 ℃、离心转速4 800 r·min^{-1}；在此条件下，水剂法提取澳洲坚果油的出油率可达79.3%。

第四节 超临界 CO_2 萃取制油技术

一、概述

自20世纪中期兴起以来,超临界 CO_2 萃取法(Supercritical CO_2 extraction method,SCFE)已成为一种新型、绿色油脂提取分离技术,可大大减少实验室及工业生产中对有机溶剂的依赖。超临界流体萃取技术的原理是利用超临界状态下的流体从固体或液体基质中提取油和其他天然化合物的过程。该技术常使用 CO_2 作为超临界萃取介质,既具备气体的高扩散性,又拥有液体的强溶解力,且具有惰性、无毒、不易燃、不易爆、纯度高和成本低等优点。同时,由于萃取是在相对较低的温度下进行,萃取物中的活性成分得以保存。CO_2 在超临界区域表现出低极性,因此非常适合提取亲脂性物质,而不适用于极性物质。

与常规提取方法相比,超临界 CO_2 萃取法克服了传统溶剂提取法易导致油脂氧化酸败、溶剂残留,以及压榨法产率低、工艺复杂等弊端。同时,超临界 CO_2 萃取法分离温度较低,通过调控温度和压力,能够选择性地溶解并分离出油脂及其他天然化合物,萃取的油脂澄清透明、色泽淡黄、酸价及过氧化值低,油脂品质好,出油率高。此外,超临界 CO_2 萃取法萃取耗时短,能够在不引入任何有害残留物的情况下完成萃取,能有效减少低温下热不稳定成分的变质,高效环保。这使得其在功能性植物油脂等的提取中展现出巨大潜力,不仅提升了产品质量,还促进了食品加工业的绿色发展。然而,超临界 CO_2 萃取法也存在一些缺点,如萃取压力大、设备要求高、成本高,且不利于连续化作业,限制了其在工业中的应用。如何降低成本以及提高连续化作业水平将是人们不得不面对的难题。

二、超临界 CO_2 萃取制油工艺

(一)工艺流程

超临界 CO_2 萃取法制油工艺流程如图2-4所示。

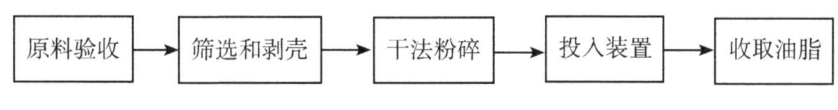

图2-4 超临界 CO_2 萃取法制油工艺流程

(二)工艺步骤

将适量粉碎后的澳洲坚果果仁投入浸出釜内,对浸出釜、分离釜进行加热,并对冷机和储罐制冷,确保系统各部分达到预设的操作温度。当温度条件满足后,开启 CO_2 钢瓶,对浸出釜和分离釜加压,当系统压力达到各自设定的参数值,立即关闭 CO_2 进

气阀，同时启动循环泵。循环泵的工作使得超临界 CO_2 在浸出釜与分离釜之间循环流动，持续对澳洲坚果果仁中的油脂进行高效萃取。待循环萃取完成，关闭循环泵。从分离釜中收集已经萃取的澳洲坚果油。有研究在萃取温度为 35 ℃、萃取压力为 45 MPa、分离釜温度为 45 ℃、分离釜压力为 6 MPa 条件下，萃取得到色泽浅、酸价及过氧化值较低，且多酚、生育三烯酚及甾醇等生物活性物质含量较高的澳洲坚果油。

三、影响因素

超临界 CO_2 萃取制油的主要影响因素包括萃取压力、萃取温度、分离釜温度和分离釜压力等。

（一）萃取压力

在一定萃取压力范围内，出油率随萃取压力的增加而增加。当萃取压力超过 45 MPa 时，澳洲坚果油出油率趋于平缓，而澳洲坚果油酸价随萃取压力增加而逐渐减小。在一定操作范围内，增大萃取压力会导致超临界 CO_2 密度相应增加，其密度的增加会促进油脂溶解，从而提高出油率。然而，当萃取压力达到某一临界值并继续上升时，酸价逐渐降低，表明在较高的萃取压力下油脂中游离脂肪酸的含量得到有效降低。当萃取压力达到 55 MPa 时，油脂酸价处于最低，考虑到实际操作的可控性，以及压力越大，实际操作的难度越大，对设备的要求则更高，综合出油率和酸价考虑，选择最佳萃取压力为 45 MPa。

（二）萃取温度

当萃取温度从 35 ℃升到 45 ℃时，澳洲坚果油得率逐渐上升，酸价变化不大，当萃取温度高于 45 ℃后，油脂得率明显降低，酸价略有升高。一方面，随着萃取温度的升高，萃取成分的挥发性会增大，扩散系数增大，从而加速分子的热运动，积极促进整个萃取过程的发生。另一方面，随着萃取温度的升高，超临界 CO_2 的密度和溶解度降低，不利于萃取过程的发生，从而会导致萃取效率的降低，而且萃取温度的升高，使更多的游离脂肪酸被提取出来，从而导致酸价增大。综合考虑，澳洲坚果的最佳萃取温度为 45 ℃。

（三）分离釜温度

在分离釜温度从 40 ℃升高到 50 ℃的过程中，澳洲坚果油得率呈上升趋势，当分离釜温度高于 50 ℃后，油脂得率呈下降趋势。当分离釜温度逐渐升高，CO_2 密度减小，油脂的溶解性降低，油脂就更容易被解析出来，从而收集到的油脂会增多。进一步提高分离釜温度，溶剂表面的张力会降低，被萃取物的挥发性增强，分子的热运动加快，促进油脂的扩散，油脂的溶解性提高，油脂就不容易从分离釜中解析出来，从而导致得率降低。随着分离釜温度的升高，促进了游离脂肪酸的溶解，所以酸价持续增大。综合考虑，澳洲坚果油的最佳分离釜温度为 45 ℃。

(四) 分离釜压力

随着分离釜压力的增大,坚果油得率及酸价均呈明显降低的趋势。分离釜中的压力增大,CO_2 密度增大,油脂的溶解性提高,使得油不容易从分离釜解析出来,更多地被带到另外一个分离釜中,导致分离釜中油得率降低。当分离釜压力较低时,澳洲坚果油较为浑浊,且酸价也偏高,油的品质较差。综合考虑,选择最佳的分离釜压力为 10 MPa。结果表明,当萃取条件为萃取温度 45 ℃、萃取压力 45 MPa、分离釜温度 45 ℃时,所制得的澳洲坚果油得率高,酸价适宜。

第五节 亚临界萃取制油技术

一、概 述

亚临界萃取技术是运用亚临界流体作为溶剂,在完全密闭、无氧环境及低压条件下进行萃取,是一种新型的提取与分离方法。该方法基于目标物与溶剂相似相溶的原理,使固体物料中的脂溶性成分转移到亚临界溶剂中,或从液态原料中通过液液萃取,使液态原料中脂溶性成分转移到亚临界溶剂中,再通过减压蒸发的过程将溶剂与目的产物分离,最终得到目的产物。亚临界萃取溶剂可选择丁烷、丙烷、二甲醚等。与超临界 CO_2 相比,亚临界溶剂操作条件温和。

在亚临界流体萃取过程中,液化丁烷与丙烷最为常用,其中,丙烷的沸点为 -42.07 ℃,丁烷的沸点为 -0.5 ℃。丁烷具有溶解亲脂性化合物的能力,是亚临界萃取植物油过程中常用的溶剂。此外,丁烷无色,可以认为是一种干净的溶剂,其在常温条件下为气态,解决了传统有机溶剂浸提法存在的溶剂残留问题。与超临界 CO_2 萃取法相比,亚临界流体萃取法的萃取条件更温和,压力低,能有效降低设备成本,更适宜连续化工厂作业。同时,由于亚临界丁烷对物料渗透能力强,萃取温度较低,萃取的油脂色泽浅、酸价及过氧化值低,可简化后续精炼步骤,且极大地缩短了萃取时间,最大限度地保留了油脂及脱脂粕中的生物活性物质,蛋白质变性程度低。

二、亚临界萃取工艺

(一) 工艺流程

亚临界萃取法制油工艺流程如图 2-5 所示。

(二) 工艺步骤

亚临界萃取澳洲坚果油须进行一系列操作步骤,以确保澳洲坚果油的品质。首先,澳洲坚果原料应执行严格的验收标准,确保澳洲坚果无霉变、品质上乘,对其进行细致的清理、筛选与剥壳,去除杂质与不合格品。随后,对澳洲坚果果仁进行干法粉碎,利用高速多功能粉碎机对澳洲坚果进行粉碎处理后,将粉碎的澳洲坚果果仁装入网袋,置

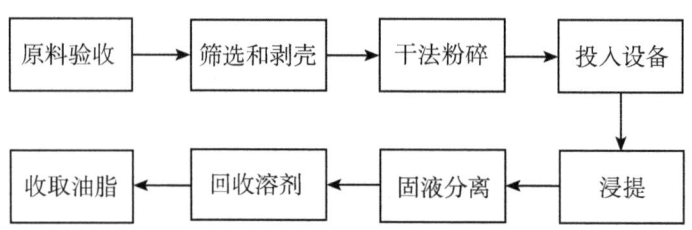

图 2-5 亚临界萃取法制油工艺流程

于密封的萃取罐中，启动亚临界萃取设备，并将萃取罐抽至真空状态，加入一定比例的亚临界溶剂，确保物料被溶剂完全浸没。然后，通过萃取罐加热装置将萃取罐内温度加热到设定温度进行萃取，萃取结束后，打开萃取罐与分离罐之间的阀门，将亚临界流体导入分离罐，在加热条件下通过减压蒸馏技术，利用真空泵及压缩泵将亚临界溶剂回收至溶剂罐，从而将澳洲坚果油及亚临界丁烷有效分离，得到亚临界萃取澳洲坚果油。

三、影响因素

亚临界流体浸出效率的影响因素主要有以下几个方面。

（1）溶料比：溶料比是指溶剂与物料之间的质量比。由于增大溶料比有助于增加溶剂与物料的接触面积和机会，理论上，溶料比越高，浸出效率越高。澳洲坚果油的提取，溶液料比为 5∶1 较好。

（2）搅拌速度：搅拌是浸出过程中的重要环节，它能促进溶剂与物料的充分混合，减少浸出过程中的外扩散阻力。通过搅拌，溶质分子能更有效地从物料内部扩散到溶剂中，从而提高浸出效率。

（3）萃取时间和次数：在生产澳洲坚果油的过程中，萃取时间和萃取次数都十分重要。适当的萃取时间和多次浸出可以进一步提取残留的有效成分，提高总浸出率。萃取时间为 18 min，萃取 4 次较优，澳洲坚果油的得率约为 80%。

（4）浸出温度与压力：浸出温度是影响分子运动速度的关键因素。提高温度能加速分子的热运动，进而提升扩散速度。然而，过高的温度可能会破坏活性成分，因此应将温度控制在适宜范围内，如 40 ℃ 左右。与此同时，温度的提升也会带来压力的增加，而较高的压力有助于提高浸出速度。

（5）浸出剂及夹带剂的选型：浸出剂的选择直接影响浸出效率。对于某些特殊物料，加入适量的夹带剂可以显著提高亚临界流体对某些被浸出组分的选择性和溶解度。夹带剂的作用机制可能涉及提高溶剂极性、改变溶剂密度或内部分子间相互作用等。此外，复合溶剂和表面活性剂作为夹带剂也展现出良好的应用前景。

（6）利用超声波：超声波辅助浸出技术通过其"空化"作用，能够激化溶剂的渗透、溶解和扩散活性，从而有效缩短浸出时间并提高浸出效率。在亚临界流体浸出过程中引入超声波技术，能够显著提升产量并降低成本。

综上所述，压榨法制油技术工艺简单、环保、投资成本低，所得油色泽鲜艳、风味纯正，但存在能耗比高、出油率低、生产规模相对较小等缺点。浸出法制油技术出油率高，但存在不环保、能耗高、油中有溶剂残留等缺点。水剂法制油技术安全、高效、环保，工艺温和，不消耗有机溶剂，投资成本和能源需求较低，在料液比 1:3、兑浆 pH 值 6.0、浸提温度 60 ℃、离心转速 4 800 r·min^{-1} 条件下出油率可达 72.95%，但存在提取时间较长、乳化现象严重等缺点。超临界 CO_2 萃取制油技术萃取时间短，操作温度低、提取率高，产物易于分离，无溶剂残留，在萃取压力为 35 MPa、萃取时间 90 min、CO_2 泵频率为 16.0 Hz 的最佳提取条件下出油率可达 70.53%，但存在对设备要求严格、维护费用高、运营成本高昂、不适宜规模化生产等缺点。亚临界萃取制油技术工艺较简单，无毒无污染、产物不氧化、设备成本低，工作压力低、生产规模大，在萃取温度 45 ℃、萃取时间 15 min、料液比约为 1 g:5 mL、萃取 4 次的最佳提取条件下出油率可达 80.70%，但是由于其间歇萃取，萃取过程较为复杂。各种方法各有优缺点，应用时应根据实际条件，选择最为合适的制油方法。

参考文献

陈平，王劲，李华，2024. 红松籽油的提取方法及生物活性研究进展 [J]. 食品与机械，40 (6)：233-240.

段明慧，潘江波，周翱翱，等，2018. 白木香种子油超临界 CO_2 萃取工艺条件研究及其理化指标分析 [J]. 中国油脂，43 (8)：7-11.

国家市场监督管理总局，2019. 食用植物油酸价、过氧化值的快速检测：KJ 201911 [S]. 北京：中国标准出版社.

贾琪琪，章绍兵，李端，2024. 花生水剂法制油工艺中蛋白质的结构特征研究 [J]. 中国油脂 (9)：1-15.

李万山，2021. 小分子表面活性剂辅助水剂法制备花生油和蛋白质的研究 [D]. 郑州：河南工业大学.

王金顺，侯晶晶，杨倩，等，2022. 亚临界低温萃取技术装备和应用研究进展 [J]. 中国油脂，47 (5)：132-137.

王帅，2021. 亚麻籽油的亚临界萃取及氧化稳定性研究 [D]. 郑州：河南工业大学.

奚志芳，李雨纯，张青青，等，2023. 澳洲坚果油萃取工艺优化 [J]. 现代食品，29 (23)：54-57.

杨媛媛，唐语谦，杨继国，2024. 亚临界萃取琥珀精油工艺优化及活性分析 [J]. 现代食品科技，40 (4)：225-235.

张煜，孟佳，张旋，等，2022. 不同工艺制取核桃油的研究进展 [J]. 粮食与食品工业，29 (0)：1-3.

赵圣圣，2022. 油茶籽饼中油脂的高效浸出技术研究 [D]. 合肥工业大学.

赵向军，陈兴安，林凤岩，等，2024. 玉米胚芽预榨饼浸出中湿粕脱溶的生产实践 [J]. 中国油脂，49 (5)：149-151.

周丹，禤雨鹏，莫楠，等，2024. 澳洲坚果油的超临界 CO_2 萃取工艺及其品质研究

[J]. 粮食与油脂, 37 (5): 49-53, 112.

KASEKE T, FAWOLE O A, OPAPA U L, 2022. Chemistry and functionality of cold-pressed macadamia nut oil [J]. Processes, 10 (1): 56.

KASEKE T, OPAPA U L, FAWOLE O A, 2020. Fatty acid composition, bioactive phytochemicals, antioxidant properties and oxidative stability of edible fruit seed oil: effect of preharvest and processing factors [J]. Heliyon, 6 (9): e04962.

PANDEY R, SHRIVASTAVA S L, 2018. Comparative evaluation of rice bran oil obtained with two-step microwave assisted extraction and conventional solvent extraction [J]. Journal of Food Engineering, 218: 106-114.

PIRAS A, PIRAS C, PORCEDDA S, et al., 2021. Comparative evaluation of the composition of vegetable essential and fixed oils obtained by supercritical extraction and conventional techniques: a chemometric approach [J]. International Journal of Food Science & Technology, 56 (9): 4496-4505.

RIBEIRO A P L, HADDA F F, TAVARES T D, et al., 2020. Characterization of macadamia oil obtained under different extraction conditions [J]. Emirates Journal of Food and Agriculture, 32 (4): 295-302.

TAN C X, TAN S S, TAN S T, 2020. Chapter 52 - Cold pressed macadamia oil [M]. Cold Pressed Oils: 587-595.

YOUSEFI M, RAHIMI-NASRABADI M, POURMORTAZAVI S M, et al., 2019. Supercritical fluid extraction of essential oils [J]. Trac-Trends in Analytical Chemistry, 118: 182-193.

ZHANG S, ZHANG W, LIU J, et al., 2019. Surfactant-assisted aqueous extraction processing of camellia seed oil by cyclic utilization of aqueous phase [J]. European Journal of Lipid Science and Technology, 121 (7): 1800504.

ZHOU D, ZHOU X, SHI Q, et al., 2022. High-pressure supercritical carbon dioxide extraction of *Idesia polycarpa* oil: Evaluation the influence of process parameters on the extraction yield and oil quality [J]. Industrial Crops and Products, 188: 115586.

第三章 澳洲坚果油的组成特性

澳洲坚果作为一种营养健康的食品在全世界广受消费者青睐。我国于1979年开始引种试种，目前在我国云南、广西、广东、贵州等省份作为主要经济作物广泛种植，截至2023年，我国种植面积已超过500万亩，已成为全球最大以及发展最快的澳洲坚果种植国家。然而，我国澳洲坚果目前主要还是以初加工产品为主，产品附加值低，这在一定程度上制约了我国澳洲坚果产业发展。由于澳洲坚果富含油脂，澳洲坚果油开发将是提升澳洲坚果附加值的有效途径之一。此外，我国澳洲坚果商业化种植品种较多，种植区域分布较广，加工方式多样，这些因素都会极大地影响澳洲坚果油的化学组成。类似的研究在国外虽有一些报道，但受到品种和地域的局限，并不适合用于指导我国澳洲坚果油的生产加工。因此，本章在团队前期研究的基础上，系统总结了我国的澳洲坚果油的组成特性和理化性质，以期为我国澳洲坚果油的工业生产提供一定指导。

第一节 品种对澳洲坚果油组成特性的影响

目前，我国澳洲坚果商业化种植的品种较多。国外大量研究表明，不同品种澳洲坚果制备的油脂在得率、脂肪酸组成、脂质伴随物等方面均存在显著的差异。夏威夷地区7个品种的澳洲坚果（'HAES 246''HAES 294''HAES 344''HAES 508''HAES 788''HAES 835''HAES 856'）中δ-生育三烯酚、γ-生育三烯酚及α-生育三烯酚含量分别为 $3.00 \sim 17.66$ mg·g^{-1}、$8.75 \sim 34.28$ mg·g^{-1} 和 $15.91 \sim 46.83$ mg·g^{-1}，且α-生育三烯酚和γ-生育三烯酚仅在'HAES 294'和'HAES 856'中被检出；圣保罗州地区8个品种的澳洲坚果（'HAES-344''HAES-660''IAC 1-21''HAES-816''IAC 4-20''IAC Campinas-B''Aloha''IAC 4-12 B'）中脂质含量为 $65\% \sim 68\%$，其中'HAES-660'（68.48%）、'IAC 4-20'（66.88%）和'IAC 1-21'（66.76%）的脂质含量较高；新西兰地区4个品种的澳洲坚果（'Jordan''PA 39''Beaumont''GT207'）在油脂的得率、氧化稳定性、油酸、生育酚与甾醇含量方面呈现出显著的差异。我国关于不同品种澳洲坚果油组成特性的研究有限，仅有少量对不同品种澳洲坚果仁营养成分的分析研究，如广西南亚热带农业科学研究所谭秋锦等对12个澳洲坚果优良种质（'GR1''JW''B7''B4''B3''A4''HJ''344''788''A16''A38''SH'）中的矿物质、蛋白质、氨基酸及脂肪含量进行了分析，并对5个品种（'900''695''OC''788''桂热1号'）的脂肪酸组成进行鉴定，15种脂肪酸（月桂酸、豆蔻酸、棕榈酸、棕榈油酸、十七烷酸、十七碳一烯酸、硬脂酸、油酸、亚油酸、亚麻酸、花生酸、花生一烯酸、花生四烯酸、山嵛酸、木焦油酸）被鉴定出，其中不饱和脂肪酸含量为77.27%~81.02%，单不饱和脂肪酸含量为74.82%~79.44%（油酸60.8%~62.5%），不饱和脂肪酸与饱和脂肪酸的比值为3.40~4.28，亚油酸与亚麻酸的比例为（2.67~4.70）∶1。

本研究采用对角线法从位于广东省湛江市的国家澳洲坚果种质资源圃采集15个不同品种的澳洲坚果，包括'Hinde（H2）'（样品编号为1）、'Fuji（791）'（样品编号为2）、'Purvis（294）'（样品编号为3）、'HAES 816'（样品编号为4）、'Keauhou（246）'（样品编号为5）、'Beaumont（695）'（样品编号为6）、'Pahala（788）'（样品编号为7）、'HAES 863'（样品编号为8）、'A4'（样品编号为9）、'A16'（样品编号为10）、'HAES 344'（样品编号为11）、'Keaau（660）'（样品编号为12）、'Makai（800）'（样品编号为13）、'GUANG 11'（14）、'Own Choice'（OC）（样品编号为15），系统分析了不同品种对澳洲坚果油组成特性的影响。

一、品种对澳洲坚果油化学组成的影响

（一）不同品种澳洲坚果仁的基本成分

15个品种澳洲坚果仁的基本组成（水分、灰分、蛋白质和油脂含量）如表3-1所示。可以看出，澳洲坚果仁的水分和灰分含量均值分别为1.68%和1.29%。蛋白质含量平均为8.07%，最高为9.04%['Fuji（791）']。此外，澳洲坚果仁的油脂含量在73.55%~78.36%，平均为75.98%，其中'GUANG 11'表现出最高的油脂含量。澳洲坚果仁的含油量较高，是一种极具潜力的植物油资源，但要作为一种健康的植物油，合适的脂肪酸组成、微量成分等也是十分重要的。

表3-1 15个品种澳洲坚果仁的基本组成

样品编号	水分含量（%）	灰分含量（%）	蛋白含量（%）	油脂含量（%）
1	1.62±0.03a	1.25±0.01b	8.55±0.08c	75.02±0.11b
2	1.65±0.06ab	1.13±0.07a	9.04±0.13de	76.11±0.22e
3	1.55±0.11a	1.21±0.04ab	7.88±0.16b	75.45±0.19bc
4	1.63±0.00a	1.16±0.05a	8.21±0.16c	77.19±0.04f
5	1.74±0.01c	1.33±0.01c	8.64±0.13cd	73.55±0.06a
6	1.66±0.10a	1.43±0.09cd	7.23±0.23ab	77.32±0.05c
7	1.70±0.05abc	1.36±0.03c	7.83±0.14b	75.71±0.22bd
8	1.86±0.16bc	1.14±0.06a	8.83±0.07d	75.37±0.06c
9	1.70±0.03b	1.48±0.03d	7.74±0.10b	76.33±0.21e
10	1.68±0.06abc	1.39±0.02c	7.66±0.08ab	76.16±0.25e
11	1.65±0.02a	1.47±0.03d	7.55±0.10b	75.94±0.15e

（续表）

样品编号	水分含量（%）	灰分含量（%）	蛋白含量（%）	油脂含量（%）
12	1.66±0.10a	1.24±0.10b	7.17±0.25a	75.32±0.23bc
13	1.73±0.11abc	1.28±0.05bc	7.94±0.16bc	75.77±0.01de
14	1.71±0.03bc	1.17±0.01a	8.94±0.26cde	78.36±0.36g
15	1.63±0.01a	1.26±0.02b	7.78±0.07b	76.04±0.33e
平均值	1.68±0.05abc	1.29±0.04bc	8.07±0.14bc	75.98±0.13e

注：同一列的不同字母表示数据间的显著性差异（$P<0.05$）。

（二）不同品种澳洲坚果油的脂肪酸组成

脂肪酸组成是衡量植物油品质和鉴定其真伪的重要参数，可用于判别植物油的假冒伪劣。15种澳洲坚果油中脂肪酸组成及含量如表3-2所示。由表3-2可以看出，所有澳洲坚果油中均检出12种脂肪酸，主要为不饱和脂肪酸（UFAs）。UFAs[包括棕榈油酸（C16:1）、油酸（C18:1）、亚油酸（C18:2）、亚麻酸（C18:3）、花生烯酸（C20:1）和二十二碳一烯酸（C22:1）]含量占总脂肪酸含量的83%以上，其中'Fuji（791）'的UFAs含量最高（85.9%）。此外，单不饱和脂肪酸（MUFAs）占UFAs的96.67%~98.26%，主要由C18:1（占总脂肪酸的61.74%~66.47%）和C16:1（占总脂肪酸的13.22%~17.63%）组成。由于长期摄入富含油酸及单不饱和脂肪酸的膳食模式已被证实能有效降低低密度脂蛋白浓度，从而降低患心血管疾病的风险，且富含油酸的植物油在热稳定性和保质期方面也有一定的优势。因此，澳洲坚果油具有作为一种健康植物油的潜力。

（三）不同品种澳洲坚果油的甘油三酯组成

油脂中甘油三酯组成也是一项重要的质量指标，在油脂工业上被广泛用于鉴别油的纯度和真伪。从表3-3可以看出，澳洲坚果油中鉴定出20种甘油三酯，即1,3-二豆蔻酸-2-油酸甘油酯（MOM）、1,2-二棕榈酸-3-棕榈油酸甘油酯（PP-Po）、1-豆蔻酸-2-油酸-3-棕榈酸甘油酯（MOP）、1-豆蔻酸-2-亚油酸-3-棕榈酸甘油酯（MLP）、1,3-二棕榈酸-2-油酸甘油酯（POP）、1-豆蔻酸-2,3-二油酸甘油酯（MOO）、1-棕榈酸-2-亚油酸-3-棕榈油酸甘油酯（PLPo）、1-棕榈酸-2,3-二硬脂酸甘油酯（PSS）、1-棕榈油酸-2-油酸-3-硬脂酸甘油酯（PoOS）、1-棕榈酸-2,3-二油酸甘油酯（POO）、1-棕榈酸-2-亚油酸-3-硬脂酸甘油酯（PoLS）、1-棕榈酸-2-亚油酸-3-油酸甘油酯（PLO）、1-棕榈酸-2,3-二亚油酸甘油酯（PLL）、1-硬脂酸-2-亚油酸-3-油酸甘油酯（SLO）、1,3-二油酸-2-亚油酸甘油酯（OLO）、1-硬脂酸-2-油酸-3-二十碳酸甘油酯（SOA）、1-二十碳酸-2,3-二油酸甘油酯（AOO）、1,3-二硬脂酸-2-油酸甘油酯（SOS）、1-硬脂酸-2,3-二油酸甘油酯（SOO）和三油酸甘油酯（OOO）。其中，主要包括OOO

表3-2 15个品种澳洲坚果油的脂肪酸组成

脂肪酸组成（%）

样品编号	C14:0	C16:0	C16:1	C18:0	C18:1	C18:2	C18:3	C20:0	C20:1	C22:0	C22:1	C24:0	SFA	MUFA	PUFA	UFA
1	0.72±0.02j	8.22±0.00k	16.44±0.01j	3.24±0.00ef	63.22±0.04c	1.84±0.01e	0.21±0.00b	2.54±0.00a	2.25±0.00b	0.76±0.02a	0.19±0.00a	0.36±0.03ab	15.84±0.02g	82.10±0.01e	2.05±0.00c	84.15±0.00e
2	0.52±0.01g	6.81±0.01a	13.73±0.04c	2.61±0.01b	66.47±0.01l	2.07±0.00h	0.26±0.00e	2.75±0.00e	3.04±0.02m	0.99±0.00f	0.33±0.02g	0.42±0.00d	14.10±0.01a	83.57±0.02l	2.33±0.00d	85.90±0.01l
3	0.50±0.00f	7.45±0.01f	15.64±0.01k	3.22±0.00e	64.79±0.02g	1.16±0.00a	0.31±0.00h	2.79±0.02f	2.55±0.00h	0.92±0.00d	0.27±0.00e	0.39±0.00b	15.27±0.00d	83.25±0.01k	1.47±0.00a	84.72±0.00i
4	0.51±0.03fg	7.81±0.00h	14.62±0.00g	3.71±0.03l	65.17±0.02i	1.47±0.00c	0.20±0.00a	2.94±0.00h	2.22±0.00k	0.82±0.03b	0.18±0.03a	0.36±0.00a	16.15±0.03j	82.19±0.01c	1.67±0.00b	83.86±0.00c
5	0.50±0.00f	8.24±0.02k	17.11±0.01l	3.99±0.00n	61.74±0.04a	1.17±0.00a	0.28±0.00f	3.14±0.01l	2.29±0.00c	0.92±0.01d	0.21±0.00b	0.41±0.01c	17.20±0.01l	81.35±0.01c	1.45±0.00a	82.80±0.00a
6	0.40±0.01c	7.62±0.00g	13.22±0.02a	3.85±0.00m	64.71±0.10f	2.53±0.01j	0.26±0.01e	3.01±0.00j	2.78±0.01k	0.92±0.00d	0.29±0.00f	0.41±0.00c	16.21±0.00j	81.00±0.00a	2.79±0.00f	83.79±0.00c
7	0.43±0.00d	7.80±0.01h	14.64±0.00g	3.58±0.00k	64.94±0.03h	1.44±0.01c	0.25±0.01e	2.97±0.01i	2.42±0.01f	0.82±0.00b	0.22±0.00c	0.42±0.01cd	16.02±0.00i	82.22±0.02f	1.69±0.00b	83.91±0.01d
8	0.46±0.01e	7.94±0.03i	14.46±0.00f	3.18±0.01d	64.63±0.00f	2.02±0.00g	0.23±0.00c	2.73±0.01d	2.76±0.00j	0.89±0.02c	0.29±0.01f	0.42±0.00cd	15.62±0.02f	82.14±0.00e	2.25±0.00d	84.39±0.00g
9	0.30±0.01a	8.29±0.02l	15.16±0.03i	3.41±0.01i	63.98±0.00d	1.86±0.00g	0.22±0.00c	2.91±0.01f	2.34±0.00d	0.91±0.00cd	0.21±0.00b	0.41±0.01d	15.96±0.01h	81.69±0.01d	2.08±0.00c	83.77±0.00c
10	0.34±0.00b	7.37±0.00d	13.57±0.01b	4.08±0.00o	64.93±0.01h	2.17±0.00i	0.22±0.01bc	3.17±0.00l	2.49±0.00g	0.97±0.02ef	0.25±0.00d	0.44±0.03cde	16.37±0.01k	81.24±0.00b	2.39±0.00e	83.63±0.00b

(续表)

样品编号	脂肪酸组成（%）														
	C14:0	C16:0	C16:1	C18:0	C18:1	C18:2	C18:3	C20:0	C20:1	C22:0	C22:1	C24:0	SFA	MUFA	PUFA	UFA
11	0.63±0.00i	7.25±0.00c	14.06±0.00d	2.69±0.03c	65.55±0.01k	1.98±0.00f	0.29±0.00g	2.63±0.00c	3.13±0.02n	0.94±0.01e	0.40±0.03h	0.44±0.00e	14.58±0.01c	83.14±0.02j	2.27±0.00d	85.41±0.01j
12	0.81±0.02k	6.98±0.01b	14.89±0.01h	3.55±0.01j	65.47±0.02k	1.37±0.01b	0.27±0.01ef	2.91±0.00f	2.36±0.00i	0.83±0.01b	0.21±0.01b	0.34±0.03a	15.42±0.02e	82.93±0.02i	1.64±0.01b	84.57±0.02h
13	0.55±0.01h	7.40±0.00e	14.70±0.02g	2.54±0.00a	65.26±0.00j	1.75±0.01d	0.31±0.01h	2.56±0.00b	3.21±0.01o	0.92±0.00d	0.38±0.00h	0.44±0.02de	14.41±0.01b	83.55±0.01l	2.06±0.01c	85.61±0.01k
14	0.82±0.00k	7.47±0.00f	14.27±0.00e	3.31±0.00g	64.23±0.01e	1.99±0.00f	0.29±0.00g	3.02±0.01j	2.84±0.01l	1.05±0.00g	0.31±0.00g	0.39±0.00b	16.06±0.00i	81.65±0.01d	2.28±0.00d	83.93±0.00d
15	0.42±0.01cd	8.00±0.02j	17.63±0.01m	3.25±0.00f	62.51±0.00b	1.37±0.00b	0.36±0.01g	2.76±0.01ef	2.31±0.00d	0.82±0.00b	0.22±0.01bc	0.36±0.01f	15.61±0.01f	82.67±0.01h	1.73±0.00b	84.40±0.00g
最高	0.82±0.00k	8.29±0.02l	17.63±0.01m	4.08±0.00o	66.47±0.01l	2.53±0.01j	0.36±0.01i	3.17±0.00k	3.21±0.01n	1.05±0.00g	0.40±0.03h	0.44±0.00e	17.20±0.01l	83.57±0.02l	2.79±0.00f	85.90±0.01l
最低	0.30±0.01a	6.81±0.01a	13.22±0.02a	2.54±0.00a	61.74±0.04a	1.16±0.00a	0.20±0.00a	2.54±0.00a	2.22±0.00a	0.76±0.02a	0.18±0.03a	0.36±0.00a	14.10±0.01a	81.00±0.00a	1.45±0.00a	82.80±0.00a

注：同一列中的不同字母表示数据间的显著性差异（$P<0.05$）。C14:0—肉豆蔻酸，C16:0—棕榈酸，C16:1—棕榈油酸，C18:0—硬脂酸，C18:1—油酸，C18:2—亚油酸，C18:3—亚麻酸，C20:0—二十碳酸，C20:1—花生烯酸，C22:0—山嵛酸，C22:1—二十二碳一烯酸，C24:0—二十四碳酸，SFA—饱和脂肪酸（C14:0+C16:0+C18:0+C20:0+C22:0+C24:0），MUFA—单不饱和脂肪酸（C16:1+C18:1+C20:1+C22:1），PUFA—多不饱和脂肪酸（C18:2+C18:3），UFA—不饱和脂肪酸（MUFA+PUFA）。

表 3-3　15 个品种澳洲坚果油的甘油三酯组成

成分	各编号样品甘油三酯组成（%）														
	1	2	3	4	5	6	7	8	9	10	11	12	13	14	15
MOM	0.25±0.00f	0.19±0.00de	0.19±0.00de	0.17±0.00d	0.20±0.00e	0.11±0.00a	0.13±0.01b	0.15±0.00c	0.10±0.00a	0.11±0.00a	0.20±0.00e	0.28±0.01g	0.19±0.00de	0.26±0.00f	0.17±0.01cd
PPPo	0.81±0.02h	0.51±0.00b	0.60±0.00e	0.61±0.00e	0.72±0.01g	0.52±0.00b	0.57±0.00d	0.60±0.00e	0.56±0.01cd	0.47±0.00a	0.56±0.00cd	0.63±0.00f	0.55±0.00c	0.70±0.00g	0.60±0.00e
MOP	2.26±0.01k	1.63±0.00d	1.87±0.00g	1.75±0.00f	2.16±0.01j	1.44±0.00b	1.59±0.01cd	1.61±0.01d	1.59±0.00cd	1.38±0.01a	1.65±0.00d	1.94±0.01h	1.70±0.00e	1.94±0.00h	1.98±0.00i
MLP	1.28±0.01h	0.96±0.01c	1.15±0.00g	1.07±0.01e	1.41±0.00i	0.88±0.00a	0.95±0.00c	0.88±0.01a	1.12±0.00f	0.92±0.00b	0.89±0.00a	0.99±0.01d	1.09±0.00e	0.95±0.00c	1.64±0.00j
PLPo	2.18±0.00h	1.54±0.02a	1.84±0.01d	2.06±0.00g	2.28±0.02i	1.94±0.02e	2.03±0.00f	2.07±0.02g	2.23±0.02i	1.88±0.02c	1.61±0.01b	1.63±0.01b	1.69±0.01c	1.84±0.01d	1.95±0.00e
POP	8.96±0.01l	6.94±0.02a	8.00±0.01h	7.87±0.00g	8.89±0.02k	7.00±0.01b	7.77±0.00f	7.88±0.02g	7.91±0.01gh	6.89±0.01a	7.01±0.01b	7.46±0.00d	7.15±0.01c	7.62±0.01e	8.07±0.00j
MOO	7.98±0.01l	6.35±0.01d	7.49±0.00k	6.96±0.00i	8.24±0.01m	6.08±0.01a	6.81±0.00h	6.68±0.01g	7.23±0.01j	6.23±0.02c	6.13±0.00b	6.61±0.01f	6.70±0.01g	6.24±0.01c	8.46±0.00n
PSS	1.50±0.00f	1.10±0.00ab	1.33±0.00c	1.60±0.00h	1.85±0.00j	1.61±0.00h	1.55±0.00g	1.41±0.00e	1.59±0.00h	1.67±0.00i	1.12±0.00b	1.41±0.00e	1.08±0.00a	1.40±0.00e	1.36±0.00d
PoOS	13.00±0.01m	12.12±0.00b	12.51±0.01c	13.11±0.00h	12.72±0.01f	13.22±0.01j	13.26±0.00k	13.19±0.01i	13.65±0.01l	12.71±0.01f	12.67±0.00e	11.87±0.00a	12.61±0.00d	12.54±0.01c	12.47±0.00c
PoLS	2.38±0.00h	2.01±0.00d	2.34±0.00g	2.61±0.00k	2.87±0.00l	2.00±0.00d	2.45±0.00i	2.31±0.00f	2.32±0.00f	2.54±0.00j	1.54±0.00a	2.21±0.00e	1.60±0.00b	1.95±0.00c	2.21±0.00e
POO	18.00±0.02i	17.26±0.00e	18.19±0.01j	17.00±0.00d	17.55±0.01g	16.43±0.01b	17.37±0.00f	17.81±0.00h	16.91±0.01c	16.36±0.01a	17.36±0.00f	17.54±0.01g	17.27±0.00e	16.98±0.01d	18.01±0.00i

（续表）

成分	各编号样品甘油三酯组成（%）														
	1	2	3	4	5	6	7	8	9	10	11	12	13	14	15
PLO	2.60±0.00i	2.29±0.00d	2.60±0.00i	2.48±0.00g	2.79±0.00k	2.10±0.00b	2.78±0.00k	2.43±0.00e	3.02±0.00l	2.45±0.00f	2.21±0.00c	2.45±0.00f	2.59±0.00h	1.90±0.00a	2.73±0.00j
PLL	0.99±0.00h	1.00±0.00hi	0.61±0.00a	0.72±0.00c	0.66±0.00b	1.30±0.00k	0.75±0.00d	1.05±0.00j	0.95±0.00f	0.97±0.00g	1.01±0.00i	0.73±0.00c	0.91±0.00e	1.01±0.00i	0.76±0.00d
SOS	1.13±0.00c	1.12±0.00c	1.18±0.00d	1.35±0.00h	1.52±0.00k	1.59±0.00m	1.39±0.00j	1.28±0.00g	1.37±0.00i	1.57±0.00l	1.08±0.00b	1.25±0.00f	1.03±0.00a	1.36±0.00hi	1.20±0.00e
SOO	5.25±0.00c	5.06±0.00b	5.71±0.01h	6.35±0.00l	6.13±0.00j	6.93±0.00m	6.24±0.00k	5.68±0.00g	5.71±0.00h	6.98±0.00n	5.56±0.00e	6.04±0.00i	4.81±0.00a	5.64±0.00f	5.31±0.00d
OOO	21.30±0.02b	26.14±0.00m	22.90±0.02e	23.28±0.00g	19.18±0.01a	23.97±0.02h	23.10±0.00f	22.86±0.02e	21.62±0.01c	24.12±0.01i	25.22±0.00k	24.61±0.01j	25.75±0.00l	24.16±0.02i	21.65±0.00d
SLO	3.24±0.00a	4.27±0.00l	4.14±0.00k	3.65±0.00e	3.93±0.00i	3.40±0.00b	3.68±0.00f	3.68±0.00f	4.29±0.00m	3.55±0.00c	4.15±0.00k	4.05±0.00j	3.62±0.00d	3.75±0.00g	3.88±0.00h
OLO	1.42±0.00g	1.93±0.00l	0.89±0.00b	1.20±0.00e	0.77±0.00a	2.10±0.00m	1.09±0.00c	1.66±0.00j	1.51±0.00h	1.94±0.00l	1.87±0.00k	1.22±0.00f	1.65±0.00i	1.76±0.00j	1.13±0.00d
SOA	2.89±0.00a	3.67±0.02g	3.49±0.02c	3.56±0.01e	3.54±0.00e	3.92±0.01j	3.63±0.00f	3.44±0.00b	3.52±0.00cd	4.04±0.00k	3.86±0.02i	3.85±0.00i	3.71±0.01h	4.12±0.01l	3.45±0.00b
AOO	2.29±0.00a	3.67±0.03l	2.78±0.02f	2.39±0.00b	2.30±0.00a	3.15±0.01j	2.66±0.00d	3.09±0.00i	2.59±0.00c	3.00±0.00h	4.05±0.02m	2.97±0.00g	4.08±0.01m	3.54±0.01k	2.75±0.00e

注：同一行中的不同字母表示数据间的显著性差异（$P<0.05$）。

(19.18%~26.14%)、POO（16.36%~18.19%）、PoOS（11.87%~13.65%）、POP（6.89%~8.96%）、MOO（6.08%~8.46%）和SOO（4.81%~6.98%），它们的含量占甘油三酯总量的70%以上。此外，从表3-3也可以看出，甘油三酯含量在不同品种间也存在一定的差异，其中'Fuji（791）'的OOO含量最高（26.14%）。

基于脂肪酸和甘油三酯的组成分析，表明澳洲坚果油是富含不饱和脂肪酸的植物油。根据联合国粮食及农业组织发布的标准，健康食用油中MUFAs含量应高于75%。因此，澳洲坚果油具有作为健康植物油膳食资源的潜力。

（四）不同品种澳洲坚果油的脂质伴随物

澳洲坚果油中总酚、生育酚、角鲨烯、矿质元素和植物甾醇等微量成分对评价植物油的营养品质起到重要作用，采用气相色谱法、高效液相色谱法、福林酚法等对上述指标进行测定。

1. 总 酚

多酚是植物油中重要的微量成分，它可以赋予植物油一定的感官和营养特性。由表3-4可知，不同品种澳洲坚果油的多酚含量差异较大，以没食子酸当量（GAE）计，其含量为19.74~123.40 mg GAE·kg^{-1}。'Fuji（791）'品种的多酚含量约为'Hinde（H2）'的6倍。

2. 生育酚

生育三烯酚比生育酚具有更强的抗氧活性，并表现出更好的降胆固醇和抗癌功效，其还能快速渗透皮肤，缓解紫外线引起的氧化应激。由表3-4可知，不同品种的澳洲坚果油中仅检出一种生育酚同系物——α-生育三烯酚，含量为27.9~53.1 mg·kg^{-1}。其中，'A4'品种最高，而'HAES 863'品种最低。因此，澳洲坚果油可应用于功能性食品和化妆品领域。

3. 角鲨烯

角鲨烯是人体内维生素D、类固醇激素和胆固醇生物合成的三萜前体，是一种高效稳定的抗氧化剂。长期食用富含角鲨烯的植物油可以抑制肿瘤的形成，减少患各种癌症的概率。由表3-4可知，澳洲坚果油中角鲨烯的含量范围为91.15~268.08 mg·kg^{-1}。'Fuji（791）'品种的澳洲坚果油中角鲨烯含量最高，而'Hinde（H2）'品种则最低。此外，与榛子油（186.4 mg·kg^{-1}）、花生油（98.3 mg·kg^{-1}）、杏仁油（95.0 mg·kg^{-1}）、核桃油（9.4 mg·kg^{-1}）等常见坚果油相比，澳洲坚果油的角鲨烯含量相对较高。因此，澳洲坚果油可作为角鲨烯的膳食补充剂。

4. 植物甾醇

植物甾醇是坚果油中重要的生物活性成分之一，通常被认为是健康油脂的营养补充剂。由表3-5可知，8种植物甾醇在澳洲坚果油中被鉴定和定量，分别为β-谷甾醇（1 248.8~1 613.7 mg·kg^{-1}）、Δ^5-燕麦甾醇（170.0~362.1 mg·kg^{-1}）、菜油甾醇（81.5~114.1 mg·kg^{-1}）、Δ^7-豆甾烯醇（7.8~48.6 mg·kg^{-1}）、Δ^7-燕麦甾醇（7.6~

表3-4 15个品种澳洲坚果油的微量组分含量和抗氧化能力

样品编号	抗氧化能力（μmol V_E·kg^{-1}）			多酚含量（mg GAE·kg^{-1}）	α-生育三烯酚含量（mg·kg^{-1}）	角鲨烯含量（mg·kg^{-1}）	矿质元素含量（mg·kg^{-1}）			
	DPPH	ABTS	FRAP				镁	钙	钾	钠
1	126.64±9.76a	255.17±5.40a	136.26±0.92a	19.74±1.83a	52.3±1.11k	91.15±1.38a	12.21±0.51c	N.D. a	22.28±0.20d	1.20±0.01h
2	359.36±5.67g	1 086.94±18.05ij	324.72±3.42k	123.40±1.67k	46.6±0.26i	268.08±1.52n	17.05±0.08f	N.D. a	19.42±0.16d	0.75±0.02d
3	303.80±7.51f	1 036.79±33.73i	246.63±0.69h	77.17±2.67h	33.5±0.25d	252.07±0.59l	15.54±0.65e	1.35±0.01c	17.14±0.46b	0.86±0.01e
4	247.50±9.76de	629.39±21.88f	207.76±2.28f	52.64±1.33e	46.9±0.26i	232.13±0.66i	8.84±0.09b	N.D. a	18.58±0.33c	0.82±0.02e
5	307.56±1.30f	1 083.09±28.29j	270.58±1.39j	96.16±3.50j	30.0±0.72b	264.07±0.79m	14.00±0.18d	1.21±0.00b	24.81±1.46e	0.61±0.02c
6	179.19±19.42bc	438.81±9.85d	160.56±1.59c	50.17±1.50de	33.7±0.17d	163.89±0.64d	14.42±0.19d	1.32±0.01c	17.88±0.45b	1.05±0.06f
7	171.68±14.02b	339.28±19.01c	158.13±3.31e	40.97±0.50c	35.6±0.00e	182.79±0.95e	8.13±0.11a	N.D. a	13.75±0.44a	0.55±0.02c
8	155.91±8.36b	326.16±2.31c	156.74±2.11e	24.22±1.83b	27.9±0.29a	158.62±0.64c	18.94±0.26g	1.44±0.02d	23.77±0.83e	0.55±0.01c
9	191.20±26.72bc	520.60±19.69e	177.56±0.35d	40.97±1.83c	53.1±1.21k	189.79±0.68f	22.25±0.45h	1.55±0.01e	23.41±0.40e	0.41±0.02a

（续表）

样品编号	抗氧化能力（μmol V_E·kg⁻¹）			多酚含量（mg GAE·kg⁻¹）	α-生育三烯酚含量（mg·kg⁻¹）	角鲨烯含量（mg·kg⁻¹）	矿质元素含量（mg·kg⁻¹）			
	DPPH	ABTS	FRAP				镁	钙	钾	钠
10	225.73± 16.92d	618.59± 13.18f	183.11± 2.11e	50.40± 0.17d	45.1± 0.87h	229.22± 0.74h	15.65± 0.47e	N.D. a	21.38± 0.88d	0.51± 0.01b
11	221.23± 13.28d	579.24± 34.13a	178.26± 1.59d	50.28± 0.67de	32.2± 0.52c	208.77± 0.39g	49.90± 0.70l	28.50± 0.88i	48.30± 2.33i	1.01± 0.03f
12	259.51± 6.00e	669.52± 1.54g	227.89± 4.59g	55.59± 1.17f	40.9± 0.21g	240.16± 0.69j	46.10± 0.14k	21.00± 0.56h	51.80± 0.90i	2.51± 0.01k
13	300.80± 16.90f	819.20± 14.88h	234.48± 6.10g	64.43± 0.67g	38.3± 0.51f	244.71± 0.66k	34.40± 0.16i	17.70± 0.22f	34.90± 0.17g	1.85± 0.00j
14	153.66± 22.91ab	280.64± 26.77ab	143.55± 3.08b	19.74± 1.83a	52.3± 1.11k	91.15± 1.38a	38.10± 0.29j	18.70± 0.14g	43.90± 0.17h	1.17± 0.00g
15	306.81± 10.90f	1 039.11± 8.13i	263.64± 3.66i	123.40± 1.67k	46.6± 0.26i	268.08± 1.52n	33.40± 1.14i	18.20± 0.21g	32.30± 1.54f	1.59± 0.02i
最高	359.36± 5.67g	1 086.94± 18.05ij	324.72± 3.42k	123.40± 1.67k	53.1± 1.21k	268.08± 1.52n	49.90± 0.70l	28.50± 0.88i	51.80± 0.90i	2.51± 0.01k
最低	126.64± 9.76a	255.17± 5.40a	136.26± 0.92a	19.74± 1.83a	27.9± 0.29a	91.15± 1.38a	8.13± 0.11a	N.D. a	13.75± 0.44a	0.41± 0.02a

注：同一列中的不同字母表示数据间的显著性差异（$P<0.05$）。N.D.—未检出；DPPH—二苯代苦味酰基自由基清除能力；ABTS—2,2-联氮-二（3-乙基-苯并噻唑-6-磺酸）二铵盐自由基清除能力；FRAP—铁离子还原能力。

表3-5 15个品种澳洲坚果油的植物甾醇含量

植物甾醇含量（mg·kg^{-1}）

样品编号	菜油甾醇	赤桐甾醇	β-谷甾醇	β-豆甾醇	Δ^5-燕麦甾醇	Δ^{5,24}-豆甾二烯醇	Δ^7-豆甾烯醇	Δ^7-燕麦甾醇	总甾醇
1	88.36±1.13c	15.50±0.77cd	1533.93±20.45f	8.66±0.49e	291.75±2.80j	12.27±0.74d	30.71±0.25f	25.59±0.25g	2006.77±19.65d
2	103.45±1.85g	12.88±0.60ab	1248.78±23.80a	9.59±0.83e	170.01±0.65a	9.39±0.54b	7.82±0.07a	7.58±0.10a	1569.50±25.50a
3	88.58±0.62c	11.69±0.50a	1354.52±15.65b	7.29±0.09cd	263.07±0.84g	7.96±0.21a	18.09±0.38cd	16.19±0.16c	1767.39±15.69ab
4	82.36±0.84ab	16.26±0.13d	1613.7±32.24g	6.94±0.15c	250.74±1.40e	10.96±0.38cd	18.60±0.27d	15.30±0.27b	2014.86±34.65d
5	81.45±0.78a	11.41±0.31a	1357.07±35.69b	6.22±0.02b	343.78±2.11l	10.17±0.70bc	34.95±0.05g	25.64±0.54g	1870.69±36.51bc
6	114.13±1.39i	14.39±0.52bc	1422.23±17.78cd	8.84±0.65e	338.72±1.20k	14.61±0.21e	35.93±0.14h	32.11±0.24h	2014.28±15.60d
7	93.57±0.05d	13.85±0.23b	1470.71±17.61de	7.13±0.32c	191.22±0.41c	10.63±0.76cd	30.73±0.25f	19.54±0.05e	1837.38±17.64b
8	97.75±0.78f	14.33±0.34bc	1441.08±10.47d	7.74±0.28c	266.99±3.81gh	12.35±0.55d	17.96±0.06c	19.13±0.09d	1877.33±14.87bc
9	95.86±0.15e	13.48±0.66b	1443.81±21.86d	6.97±0.27c	362.08±1.79g	19.79±0.80h	47.95±0.19j	41.34±0.49i	2031.28±22.79d
10	90.98±1.42c	13.49±0.60b	1510.38±14.65f	8.34±0.11e	333.57±2.80d	18.38±0.36g	48.57±0.61j	40.83±0.08i	2064.54±15.06d

（续表）

植物甾醇含量（mg·kg^{-1}）

样品编号	菜油甾醇	赤桐甾醇	β-谷甾醇	β-豆甾醇	Δ^5-燕麦甾醇	Δ^{5,24}-豆甾二烯醇	Δ^7-豆甾烯醇	Δ^7-燕麦甾醇	总甾醇
11	107.41±0.95h	13.39±0.24b	1 441.48±16.65d	7.74±0.12d	257.25±2.37f	15.92±0.35f	47.42±0.29j	31.40±0.35h	1 922.02±16.98cd
12	93.72±0.21d	11.71±0.42a	1 329.66±15.40b	7.62±0.20d	178.90±0.65b	9.37±0.48b	30.49±0.73f	20.69±0.87f	1 682.16±15.02a
13	91.40±1.96cd	12.63±0.53ab	1 396.40±6.51c	7.72±0.05d	280.42±2.73i	9.02±0.19b	16.55±0.12b	16.72±0.43c	1 830.86±6.34b
14	92.06±0.44d	13.10±0.61b	1 324.06±9.15b	7.22±0.08c	248.04±1.01e	7.84±0.32a	24.45±0.40e	21.12±0.65f	1 737.89±11.44ab
15	83.90±0.64b	12.41±0.40a	1 348.70±28.15b	5.39±0.27a	272.42±1.17h	12.82±1.70d	39.17±0.26i	31.83±0.11h	1 806.64±32.35b
最高	114.13±1.39i	16.26±0.13d	1 613.7±32.24g	9.59±0.83e	362.08±1.79g	19.79±0.80g	48.57±0.61j	41.34±0.49i	2 064.54±15.06d
最低	81.45±0.78a	11.41±0.31a	1 248.78±23.80a	5.39±0.27a	170.01±0.65a	7.84±0.32a	7.82±0.07a	7.58±0.10a	1 569.50±25.50a

注：同一列中的不同字母表示数据间的显著性差异（$P<0.05$）。

41.3 mg·kg^{-1})、赤桐甾醇（11.4~16.3 mg·kg^{-1}）、$\Delta^{5,24}$-豆甾二烯醇（7.8~19.8 mg·kg^{-1}）、β-豆甾醇（5.4~9.6 mg·kg^{-1}），总植物甾醇含量为 1 569.50~2 064.54 mg·kg^{-1}。在鉴定的植物甾醇中，以 β-谷甾醇、Δ^5-燕麦甾醇和菜油甾醇为主，其总含量占总植物甾醇含量的 92% 以上。其中，β-谷甾醇含量最高。值得注意的是，不同品种澳洲坚果油中甾醇含量存在一定差异，但不显著。因此，独特的植物甾醇组成特性可以作为鉴定澳洲坚果油的指纹图谱。

5. 矿物质

矿物质的组成和含量也会影响植物油的品质。根据中国居民膳食指南推荐的矿质元素摄入，镁、钙、钾、钠等矿物质对人体的健康是有益的。例如，钙与骨骼健康和预防骨质疏松有关，镁与激活酶系统有关，长期食用富含钙、镁和碳酸氢盐等天然矿物质的食物可以降低胆固醇和低密度脂蛋白等。由表3-4可知，不同品种的澳洲坚果油中检出 4 种矿质元素——镁、钙、钾、钠，其含量分别为 8.13~49.90 mg·kg^{-1}、0~28.50 mg·kg^{-1}、13.75~51.80 mg·kg^{-1} 和 0.41~2.51 mg·kg^{-1}。较高的矿质元素含量一定程度上说明澳洲坚果油具有较高的品质和营养价值。

二、品种对澳洲坚果油抗氧化活性的影响

（一）不同品种澳洲坚果油的抗氧化活性评价

澳洲坚果油的抗氧化活性是采用 3 种不同的抗氧化模型（DPPH、ABTS 和 FRAP）来综合评价，结果均以维生素 E 当量（V_E）表示。在这 3 种模型中，所有澳洲坚果油的抗氧化能力均呈现相同的趋势，但由于 3 种抗氧化模型的化学机制不同，其数值存在一定差异。由表3-4可知，通过 DPPH、ABTS 和 FRAP 模型测定的不同品种澳洲坚果油的抗氧化能力分别为 127~359 μmol V_E·kg^{-1}、255~1 087 μmol V_E·kg^{-1} 和 136~325 μmol V_E·kg^{-1}。在这 15 个品种的澳洲坚果油中，'Fuji（791）'表现出最强的抗氧化能力，'Hinde（H2）'则最弱。

（二）相关性分析

澳洲坚果油的抗氧化能力差异与油脂中多酚、角鲨烯、植物甾醇等微量成分有关。因此，采用双变量相关分析（表3-6）和多元线性回归（MLR）分析（表3-7）评价澳洲坚果油抗氧化能力与微量组分间的相关性。

1. 双变量相关性分析

双变量相关性分析是一种常用的统计方法，用于深入探究两个连续变量之间的关系，并计算出它们之间的相关系数（r）。通过该法分析 15 个品种澳洲坚果油的抗氧化能力与各微量组分之间的关系，结果如表3-6所示，澳洲坚果油的抗氧化能力与多酚含量（r 为 0.938~0.965，$P<0.01$）和角鲨烯含量（r 为 0.870~0.927，$P<0.01$）呈极显著正相关。由此，可确定多酚和角鲨烯这两种成分对于提升澳洲坚果油的抗氧化能力起着至关重要的作用。

表 3-6 澳洲坚果油中微量组分与抗氧化活性的相关性

抗氧化活性	各微量组分与抗氧化活性的相关性									
	多酚	α-生育三烯酚	角鲨烯	菜油甾醇	赤桐甾醇	β-谷甾醇	β-豆甾醇	Δ^5-燕麦甾醇	$\Delta^{5,24}$-豆甾二烯醇	Δ^7-豆甾烯醇	Δ^7-燕麦甾醇
DPPH	0.939a	-0.111	0.927a	-0.225	-0.605b	-0.525b	-0.144	-0.219	-0.327	-0.307	-0.348
FRAP	0.965a	-0.060	0.870a	-0.217	-0.584b	-0.589b	-0.106	-0.266	-0.354	-0.360	-0.397
ABTS	0.938a	-0.142	0.899a	-0.287	-0.647a	-0.519b	-0.242	-0.063	-0.260	-0.198	-0.226

注：a 表示相关性在 0.01 水平显著，b 表示相关性在 0.05 水平显著。DPPH—二苯代苦味酰基自由基清除能力，ABTS—2,2-联氮-二(3-乙基-苯并噻唑-6-磺酸)二铵盐自由基清除能力，FRAP—铁离子还原能力。

表 3-7 多元线性回归分析预测澳洲坚果油抗氧化能力的方程、变量和回归系数

应变量	R^2	校正 R^2	变量	R	标准误差	t	显著性（P）	方程
DPPH	0.946	0.937	（常数）	35.671	20.695	1.724	0.110	$Y=35.671+0.546$（多酚）$+0.467$（角鲨烯）
			多酚	0.546	0.306	4.374	0.001	
			角鲨烯	0.467	0.158	3.741	0.003	
ABTS	0.920	0.907	（常数）	-142.676	106.934	-1.334	0.207	$Y=-142.676+0.621$（多酚）$+0.376$（角鲨烯）
			多酚	0.621	1.583	4.111	0.001	
			角鲨烯	0.376	0.816	2.491	0.028	
FRAP	0.932	0.927	（常数）	99.412	8.769	11.337	0.000	$Y=99.412+0.965$（多酚）
			多酚	0.965	0.138	13.346	0.000	

注：$P<0.05$，显著回归。DPPH—二苯代苦味酰基自由基清除能力，ABTS—2,2-联氮-二(3-乙基-苯并噻唑-6-磺酸)二铵盐自由基清除能力，FRAP—铁离子还原能力。

2. 多元线性回归（MLR）分析

多元线性回归分析是一种统计工具，常被用于深入剖析一个特定现象（如抗氧化能力）与多个影响因素（如微量组分）之间的复杂关系。为了详尽地探究抗氧化能力与各微量成分之间的相关性，可采用如下的回归模型进行分析：

$$Y = M_0 + M_1 X_1 + M_2 X_2 + M_3 X_3 + \cdots + M_n X_n \tag{3.1}$$

式中，Y 为预测响应值，即抗氧化能力的大小；M_0 为非标准化常数系数，M_1、M_2、M_3、M_n 为偏相关系数；X_1、X_2、X_3、X_n 为自变量，即不同种类的微量成分。

此模型能够综合考虑多个自变量对因变量的联合影响，从而提供更为精确和全面的相关性分析结果。通过运用多元线性回归分析发现，澳洲坚果油中的多酚和角鲨烯两种微量成分与抗氧化能力之间存在着良好的相关性。从表3-7可以看出，基于DPPH模型呈现出最高的校正系数（0.937），非标准化系数常数为35.671，同时多酚和角鲨烯在预测方程中的偏相关系数分别为0.546和0.467，即回归模型方程为：$Y = 35.671 + 0.546 \times$ 多酚含量 $+ 0.467 \times$ 角鲨烯含量。此外，多酚（$R = 0.621$）和角鲨烯（$R = 0.376$）对抗氧化能力中的ABTS自由基清除能力也有较大影响，而且多酚还影响铁离子还原能力（$R = 0.965$）。以上结果为更深入地探究澳洲坚果油的抗氧化机制提供了有力的科学依据。

三、结　论

（1）澳洲坚果仁的油脂含量平均达75.98%，且澳洲坚果油富含单不饱和脂肪酸（>82.0%），主要包括油酸和棕榈油酸。

（2）'Fuji（791）'品种的澳洲坚果油多酚（123.4 mg·kg^{-1}）、角鲨烯（268.1 mg·kg^{-1}）的含量最高并表现出最强的抗氧化能力。

（3）相关性分析表明，澳洲坚果油中多酚和角鲨烯含量与其抗氧化能力呈正相关，且基于多元线性回归模型可以有效预测澳洲坚果油的抗氧化能力。

第二节　产区对澳洲坚果油组成特性的影响

我国自1979年从澳大利亚引种澳洲坚果，截至2023年，我国澳洲坚果种植面积超过500万亩，主要分布在我国云南、广西、广东、贵州等地。众所周知，植物的次生代谢产物的积累和合成受当地气候、土壤及环境条件等多种因素的影响，目前还未见有系统研究不同产区澳洲坚果油组成特性的报道。

本节选择我国四大主要产区（云南、贵州、广西、广东）种植的'Fuji（791）'品种澳洲坚果作为研究对象，系统比较了4个产区澳洲坚果油的脂质组成、微量成分和抗氧化活性。此外，采用聚类（HCA）和主成分分析（PCA）揭示了4个产区澳洲坚果油在组成上的差异性和相似性。研究结果不仅有助于更好地对不同种植区的澳洲坚果油进行了鉴定和评价，而且能够为澳洲坚果油在食品工业中的应用提供指导。

一、产区对澳洲坚果油化学组成的影响

(一) 不同产区澳洲坚果的基本组成

由表3-8可知,不同产区的澳洲坚果在鲜果重、鲜壳果重、干壳果重、果仁重、果仁得率及油脂得率指标上均有一定差异。我国四大主产区澳洲坚果的鲜果、鲜壳果、干壳果和果仁的重量分别为 19.86~23.32 g、9.56~11.86 g、7.46~8.97 g 和 2.66~2.98 g,果仁得率为 35.25%~37.01%,其中云南产区的澳洲坚果果仁得率最低。4个产区间的鲜果重有显著性差异,而鲜壳果重、干壳果重、果仁重、果仁得率则差异不显著,其中广东产区澳洲坚果的鲜果重、鲜壳果重、干壳果重、果仁重和果仁得率最高。4个产区澳洲坚果油的得率为 73.38%~78.62%,其中广西产区远低于其他3个产区。

表3-8 不同产区澳洲坚果的鲜果重、鲜壳果重、干壳果重、果仁重、果仁得率及油脂含量

产区	鲜果重 (g)	鲜壳果重 (g)	干壳果 (g)	果仁重 (g)	果仁得率 (%)	油脂含量 (%)
云南	21.33±0.56b	10.66±0.47a	8.22±0.33a	2.98±0.21a	35.25±1.85a	77.33±1.15b
广东	23.32±0.42c	11.86±0.60ab	8.97±0.44ab	3.32±0.18ab	37.01±2.01a	78.62±1.02b
广西	21.70±0.47b	10.21±0.38a	7.94±0.36a	2.86±0.20a	36.02±1.63a	73.38±0.90a
贵州	19.86±0.23a	9.56±0.71a	7.46±0.38a	2.66±0.22a	35.66±2.13a	77.17±1.62b

注:同一列中的不同字母表示数据间的显著性差异 ($P<0.05$)。

(二) 不同产区澳洲坚果油的脂质组成

1. 脂肪酸组成

澳洲坚果中的脂肪酸主要为亚麻酸 (C18:3)、亚油酸 (C18:2)、棕榈油酸 (C16:1)、油酸 (C18:1)、花生烯酸 (C20:1)、二十二碳烯酸 (C22:1)、肉豆蔻酸 (C14:0)、棕榈酸 (C16:0)、硬脂酸 (C18:0)、二十碳酸 (C20:0)、山嵛酸 (C22:0)、二十四碳酸 (C24:0)。所有的澳洲坚果油均富含 C18:1 和 C16:1,占总脂肪酸的含量超过 76%。澳洲坚果油中 C16:1 (ω-7) 含量显著高于一些常见的食用油,如鱼肝油 (7.1%)、橄榄油 (1.4%) 和大豆油 (0.08%)。C16:1 的摄入在降低血清中低密度脂蛋白胆固醇和总脂蛋白方面起着重要作用。因此,从健康和营养的角度来看,澳洲坚果油可作为 C16:1 的一种膳食补充来源。

同时,从表3-9可以看出,4个产区澳洲坚果油中脂肪酸种类相同,但含量存在显著性差异。为了更好地了解4个产区澳洲坚果油中脂肪酸组成的差异,对脂肪酸数据进行了主成分分析 (PCA) 和聚类分析 (HCA),结果如图3-1所示。云南产区样品的距离阈值为25%,而其他样品则低于10% (图3-1B)。根据聚类距离可将4个产区的澳洲坚果油分为3个聚类,其中广东产区和广西产区样品中脂肪酸组成和含量的相似性高

于贵州产区和云南产区的样品。PC1 与 C16∶0、C18∶0、C18∶1、C18∶2、C20∶0、C22∶0、C24∶0 的含量呈正相关，与 C14∶0、C16∶1、C18∶3、C20∶1、C22∶1 的含量呈负相关（图3-1A）。根据脂肪酸组成的 HCA 和 PCA 可以区分不同的产区的澳洲坚果油，本研究的云南产区样品中 C16∶1 和 UFA 含量最高，C18∶1 和 SFA 含量最低。

表3-9 不同产区澳洲坚果油的脂肪酸和甘油三酯组成

类别	成分	云南	广东	广西	贵州
脂肪酸组成（%）	C14∶0	0.53±0.03b	0.36±0.08a	0.44±0.04a	0.44±0.01a
	C16∶0	7.85±0.06a	8.56±0.14bc	8.94±0.21c	8.46±0.09b
	C16∶1	17.25±0.07c	13.60±0.09b	13.92±0.47b	11.44±0.15a
	C18∶0	2.76±0.07a	3.31±0.06b	3.36±0.09b	4.75±0.35c
	C18∶1	62.37±0.81a	65.57±0.88b	65.38±0.35b	65.33±0.44b
	C18∶2	1.94±0.03c	1.44±0.03b	1.34±0.05a	1.95±0.06c
	C18∶3	0.26±0.02a	0.23±0.04a	0.22±0.02a	0.21±0.01a
	C20∶0	2.58±0.09a	2.80±0.1b	2.69±0.03a	3.49±0.04c
	C20∶1	2.85±0.05c	2.56±0.05b	2.29±0.04a	2.33±0.07a
	C22∶0	0.84±0.03a	0.85±0.03a	0.78±0.01a	0.90±0.02b
	C22∶1	0.30±0.04b	0.26±0.05ab	0.19±0.02a	0.21±0.01a
	C24∶0	0.43±0.02a	0.46±0.03a	0.45±0.03a	0.50±0.03a
	SFA	14.99±0.29a	16.34±0.44b	16.66±0.40b	18.54±0.55c
	MUFA	82.77±0.97b	81.99±0.96b	81.78±0.88ab	79.31±0.66a
	PUFA	2.20±0.05b	1.67±0.06a	1.56±0.07a	2.16±0.06b
	UFA	84.97±1.02c	83.66±1.14b	83.34±0.96b	81.47±0.73a
甘油三酯组成（%）	MOM	0.24±0.00d	0.16±0.01c	0.11±0.00b	0.08±0.00a
	PPPo	0.65±0.05a	0.61±0.02a	0.67±0.03a	0.58±0.02a
	MOP	2.26±0.11c	1.49±0.04b	1.53±0.04b	1.21±0.02a
	MLP	1.83±0.03d	0.86±0.01c	0.76±0.01b	0.53±0.02a
	PLPo	1.95±0.02a	2.31±0.05b	2.53±0.06c	2.43±0.02bc
	POP	8.38±0.16c	7.81±0.09b	8.38±0.16c	7.11±0.10a
	MOO	8.81±0.09c	6.06±0.09b	6.09±0.08b	4.60±0.11a
	PSS	1.17±0.01a	1.62±0.03b	1.64±0.02b	2.18±0.07c
	PoOS	12.49±0.02a	14.78±0.13b	14.95±0.28b	14.84±0.93b
	PoLS	2.05±0.04a	2.05±0.01a	2.33±0.03b	2.48±0.03c
	POO	17.23±0.04b	16.32±0.27b	16.95±0.71b	14.31±0.23a
	PLO	3.09±0.08c	2.64±0.04b	2.44±0.03a	2.31±0.04a
	PLL	1.04±0.06c	0.68±0.01a	0.63±0.02a	0.81±0.02b
	SOS	1.03±0.01a	1.38±0.01b	1.40±0.07b	2.07±0.04c
	SOO	4.97±0.12a	5.98±0.08b	5.99±0.24b	8.18±0.03c
	OOO	21.33±0.14a	23.91±0.09c	22.63±0.55b	23.13±0.10bc

（续表）

类别	成分	云南	广东	广西	贵州
甘油三酯组成（%）	SLO	3.64±0.06a	3.59±0.05a	3.95±0.04b	4.14±0.11b
	OLO	1.52±0.04b	1.24±0.01a	1.14±0.03a	1.63±0.06b
	SOA	3.04±0.05a	3.56±0.06c	3.27±0.01b	4.46±0.04d
	AOO	2.97±0.04b	2.86±0.07b	2.49±0.04a	2.77±0.10b

注：同一行中不同字母表示数据间的显著性差异（$P<0.05$）。

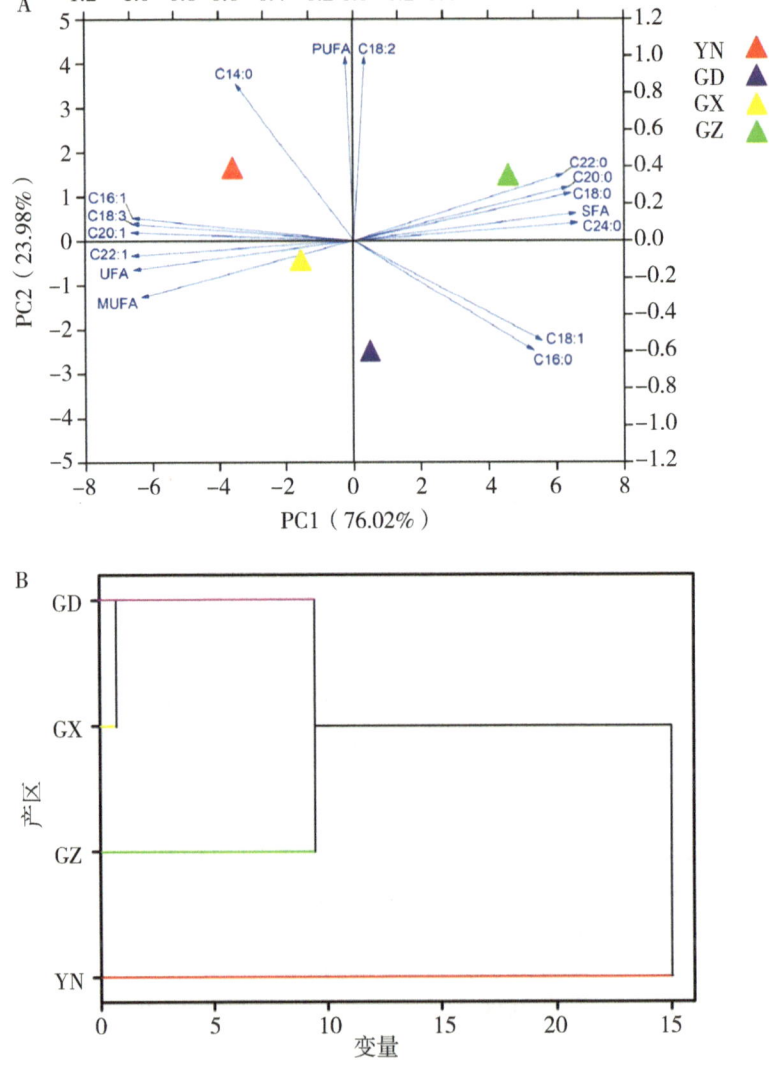

SFA—饱和脂肪酸，MUFA—单不饱和脂肪酸，PUFA—多不饱和脂肪酸，UFA—不饱和脂肪酸；
YN—云南产区，GD—广东产区，GX—广西产区，GZ—贵州产区

图3-1 基于不同产区澳洲坚果油脂肪酸组成的主成分（A）和聚类（B）分析

植物油的脂肪酸组成会极大程度受到年最大降水量的影响。而且，植物油中脂肪酸组成与其营养特性、代谢吸收和健康益处是密切相关的。其中，C16:1已被报道具有多种有益的生物学功效，特别是其降低糖尿病风险和提高胰岛素敏感性的能力。由于经度和地理位置的差异，云南省的年最大降水量远低于其他3个省份。因此，产自云南的澳洲坚果在生产富含C16:1的植物油方面具有更好的前景。但是，目前市场上销售澳洲坚果油时，其产区并不会在食品标签上标注，这在一定程度上限制了消费者的选择。本章第一节的研究说明澳洲坚果的品种没有显著影响澳洲坚果油的脂肪酸组成，栽培区域可能在主要脂肪酸的积累和合成中起主要作用，这为富含特定营养物质的澳洲坚果的种植提供了新思路。

2. 甘油三酯组成

植物油中甘油三酯组成也是一个评价油脂品质的重要指标，在油脂工业中被广泛用于油脂掺假鉴别。表3-9显示了4个产区澳洲坚果油中甘油三酯的种类和含量，鉴定出20种甘油三酯，主要包括OOO（21.33%~23.91%）、POO（14.31%~17.23%）、PoOS（12.49%~14.95%）、POP（7.11%~8.38%）、MOO（4.60%~8.81%）和SOO（4.97%~8.18%），占比超过72%。与本章第一节的结果相比，二者甘油三酯组成是一致的，但甘油三酯的含量存在差异。PCA结果显示，PC1与PPPo、POP、POO、MOO、MOP、MOM、PLO、MLP、PLL、AOO含量呈正相关，与OLO、SOA、SOO、SOS、PSS、SLO、PoLS、OOO、PoOS和PLPo含量呈负相关（图3-2）。澳洲坚果油中甘油三酯的主成分（PC1）分析可以区别贵州、广西和广东产区的澳洲坚果油，因为这三个产

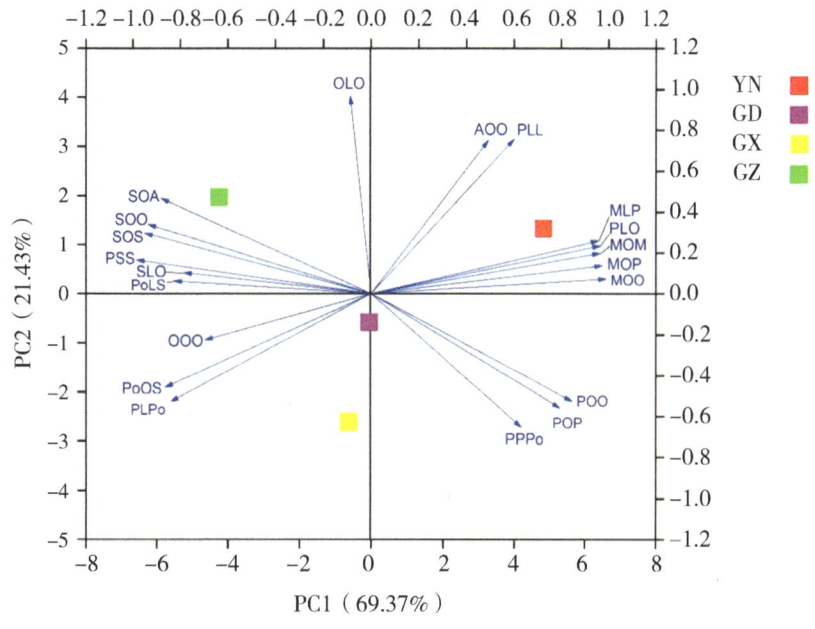

SFA—饱和脂肪酸，MUFA—单不饱和脂肪酸，PUFA—多不饱和脂肪酸，UFA—不饱和脂肪酸；
YN—云南产区，GD—广东产区，GX—广西产区，GZ—贵州产区

图3-2 基于澳洲坚果油甘油三酯组成的主成分分析

区均位于负轴。而云南产区则位于正轴,表现出最低的OOO含量,脂肪酸分析也证实了这一点。而且,脂肪酸和甘油三酯的PCA结果相似,这可能是由于甘油三酯水解产物包括脂肪酸和甘油。

(三) 不同产区澳洲坚果油的微量成分

不同产区的澳洲坚果油中总酚、生育酚、角鲨烯、植物甾醇和矿质元素等微量成分对评价植物油的营养品质起到重要作用,同时它们也会对人体健康产生有利功效,包括抑制食欲、降低血脂、抑制脂肪合成、减轻炎症等。采用气相色谱法、高效液相色谱法、福林酚法等方法对上述指标进行测定。4个产区澳洲坚果油中总酚、生育酚、角鲨烯、植物甾醇及矿质元素的含量如表3-10所示。

表3-10 不同产区澳洲坚果油的微量组分含量

微量组分		云南	广东	广西	贵州
α-生育三烯酚 (mg·kg^{-1})		41.00±0.83b	55.60±0.45c	58.90±0.15d	13.08±0.02a
角鲨烯 (mg·kg^{-1})		375.03±4.89b	491.65±9.21c	108.01±1.45a	626.73±5.94d
多酚 (mg GAE·kg^{-1})		71.04±5.90c	40.97±1.30b	44.03±5.07b	21.98±1.89a
甾醇 (mg·kg^{-1})	总甾醇	1 829.43±14.42a	2 030.75±45.65b	2 310.42±42.82d	2 169.70±33.64c
	菜油甾醇	89.56±0.94a	89.48±0.49a	102.87±1.23c	93.20±0.56b
	赤桐甾醇	13.10±0.10a	14.48±0.35b	16.90±0.54c	17.69±0.40c
	β-谷甾醇	1 423.19±20.10a	1 530.03±45.20b	1 728.82±39.25c	1 617.39±36.25bc
	β-豆甾醇	6.68±0.05a	6.83±0.07a	14.55±0.13b	14.46±0.28b
	Δ^5-燕麦甾醇	231.41±3.31a	272.01±1.56	273.23±2.41b	328.83±6.28c
	$\Delta^{5,24}$-豆甾二烯醇	8.82±0.14a	19.86±0.68b	29.39±0.71c	19.79±0.24b
	Δ^7-豆甾烯醇	32.19±0.44a	56.25±0.11c	79.00±1.36d	39.86±0.21b
	Δ^7-燕麦甾醇	24.47±4.37a	41.81±1.57b	65.66±0.63c	39.48±1.34b
矿质元素 (mg·kg^{-1})	镁	21.97±0.48d	6.34±0.03c	5.67±0.07b	1.35±0.02a
	钙	2.22±0.04b	4.67±0.15c	5.24±0.09d	N.D. a
	钾	33.35±0.11d	5.71±0.02c	3.02±0.06b	N.D. a
	钠	0.62±0.02b	0.76±0.02c	0.83±0.03d	0.41±0.02a

注:同一行中的不同字母表示数据间的显著性差异($P<0.05$);GAE—没食子酸当量。

1. 总 酚

云南产区的澳洲坚果油具有最高的多酚含量,达到了71.04 mg GAE·kg^{-1},而最低的则是贵州产区,只有21.98 mg GAE·kg^{-1},且4个产区间存在显著的差异($P<0.05$)。这些差异说明总酚含量不仅与品种有关,也与生长条件和地域有关。

2. 生育酚

不同产区的澳洲坚果油中仅检出只有一种异构体的生育酚,即 α-生育三烯酚,其含量为 13.08~58.90 mg·kg^{-1}。不同产区澳洲坚果油中生育酚含量存在显著差异($P<0.05$),其含量从高到低依次为广西产区＞广东产区＞云南产区＞贵州产区。这种差异可能是由于澳洲坚果油产区的地理位置不同所造成的。

3. 角鲨烯

角鲨烯是一种生物活性萜类化合物,在米糠油、初榨橄榄油等一些植物油中含量丰富。长期食用富含角鲨烯的植物油可以降低患某些癌症的风险,并抑制肿瘤的形成。不同产区的澳洲坚果油中角鲨烯含量范围为 108.01~626.73 mg·kg^{-1},显著高于其他种植区域的澳洲坚果油。且 4 个产区澳洲坚果油中角鲨烯含量存在显著差异($P<0.05$),以贵州产区最高。与大多数常规坚果油相比,澳洲坚果油的角鲨烯含量显著更高,因此澳洲坚果油可作为一种潜在的角鲨烯膳食补充剂来源。

4. 植物甾醇

植物甾醇是一种油脂的营养补充剂,具有降低低密度脂蛋白胆固醇以及降低心血管病和高脂血症风险的功效。从 4 个产区的澳洲坚果油中共鉴定出 8 种植物甾醇,包括赤桐甾醇、$\Delta^{5,24}$-豆二烯醇、Δ^{5}-燕麦甾醇、Δ^{7}-燕麦甾醇、β-谷甾醇、菜油甾醇、β-豆甾醇和 Δ^{7}-豆甾烯醇。4 种不同产区的澳洲坚果油的总植物甾醇含量范围为 1 829.4~2 310.4 mg·kg^{-1},以'GX'样品最高,含量能达到 2 310.4 mg·kg^{-1}。统计分析表明,不同产区澳洲坚果油的 8 种植物甾醇含量存在显著差异。种植地域的环境条件会影响植物的总甾醇含量,环境温度下降时,植物的总甾醇含量也随之降低。2023 年,云南年平均气温为 18.1 ℃,而广西年平均气温为 21.6 ℃。这可能是云南产区澳洲坚果油中总甾醇含量最低的原因之一。β-谷甾醇具有抗癌和预防几种恶性肿瘤的潜力。在 4 种不同产区鉴定出的 8 种植物甾醇中,β-谷甾醇含量最高,为 1 423.19~1 728.82 mg·kg^{-1},占总甾醇含量的 74% 以上。因此,澳洲坚果油是一种对人体健康有益的食用油,并且可作为功能性食品和膳食补充剂的成分。

5. 矿质元素

矿质元素也是评估植物油品质一个重要指标,包括新鲜度、储存特性及其对人类营养和健康的影响。4 个产区澳洲坚果油中矿质元素镁、钾、钙、钠的含量存在显著差异,其含量分别为 1.35~21.97 mg·kg^{-1}、0~33.35 mg·kg^{-1}、0~5.24 mg·kg^{-1} 和 0.41~0.83 mg·kg^{-1}。云南产区澳洲坚果油中镁和钾的含量远高于其他产区,这可能与澳洲坚果种植区域的气候因素、生长和地理条件有关。

二、产区对澳洲坚果油抗氧化活性的影响

(一)不同产区澳洲坚果油的抗氧化活性评价

通过 3 种抗氧化模型评价澳洲坚果油的抗氧化活性,结果如图 3-3 所示。由图

3-3可见，4个产区澳洲坚果油的抗氧化活性存在显著差异。从DPPH、ABTS和FRAP测定结果可以看出，云南产区澳洲坚果油的抗氧化能力最佳，分别为172.43 $\mu mol\ V_E \cdot kg^{-1}$、539.12 $\mu mol\ V_E \cdot kg^{-1}$和264.68 $\mu mol\ V_E \cdot kg^{-1}$。在3种抗氧化模型中，澳洲坚果油的抗氧化活性呈现相同的变化趋势，其抗氧化能力大小顺序为：云南产区＞广东产区＞广西产区＞贵州产区，这可能归因于不同产区澳洲坚果油中微量成分含量的差异，例如多酚、角鲨烯、植物甾醇等。因此，有必要阐释抗氧化活性与微量成分之间的关系。

通过皮尔森相关性分析方法对澳洲坚果油的抗氧化活性与微量成分之间的相关性进行分析。从图3-4可以看出，DPPH（$r=0.83$）、FRAP（$r=0.91$）和ABTS（$r=0.94$）模型与多酚均呈极显著正相关（$P<0.001$），说明多酚对澳洲坚果油的抗氧化活性起重要作用。生育三烯酚对DPPH（$r=0.68$）和FRAP（$r=0.70$）的结果也有显著影响（$P<0.05$）。然而，植物甾醇，特别是Δ^5-燕麦甾醇，与澳洲坚果油的抗氧化活性呈现负相关。总的来说，澳洲坚果油的抗氧化能力与生育三烯酚和多酚含量显著正相关，说明澳洲坚果油中生育三烯酚和多酚的含量会直接影响其抗氧化能力。

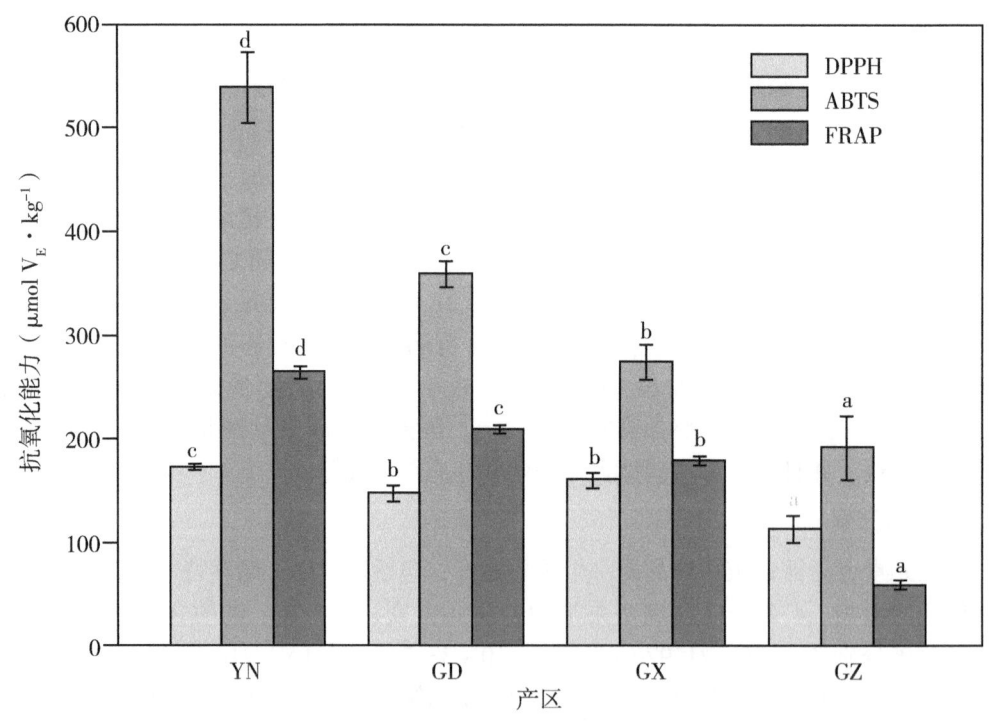

DPPH—二苯代苦味酰基自由基清除能力，ABTS—2,2-联氮-双（3-乙基苯并噻唑啉-6-磺酸）二铵盐自由基清除能力，FRAP—铁离子还原能力；
YN—云南产区，GD—广东产区，GX—广西产区，GZ—贵州产区

图3-3 不同产区澳洲坚果油的抗氧化能力

注：相同颜色的不同字母表示数据间的显著性差异（P＜0.05）。

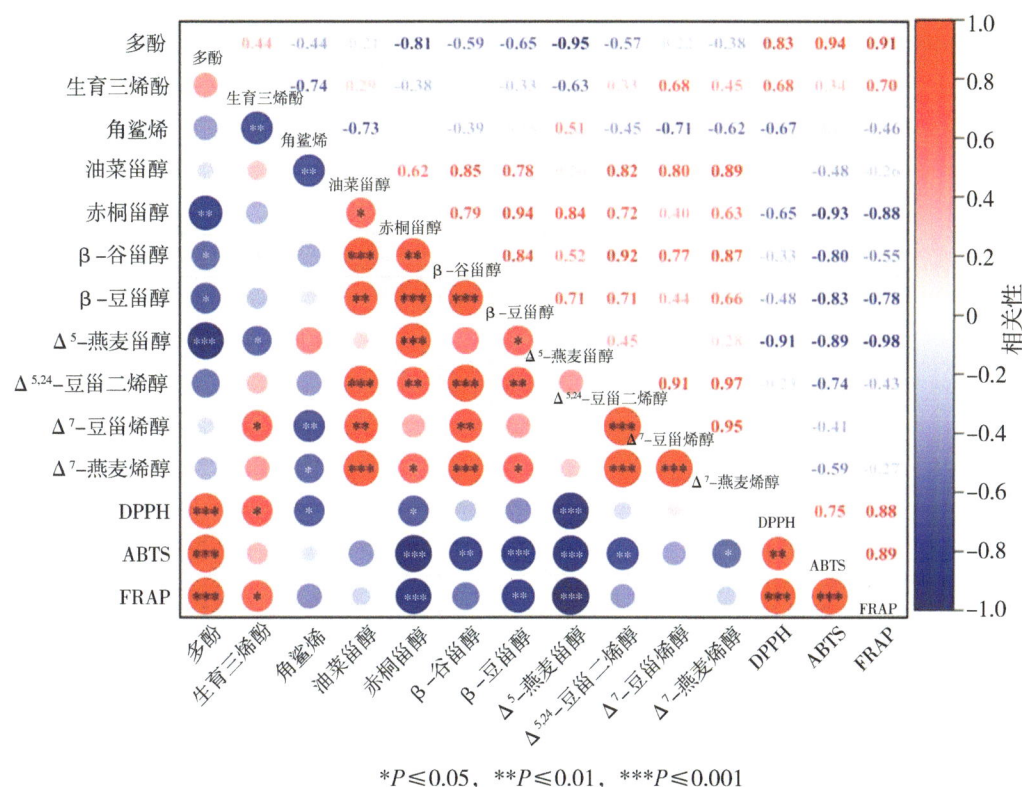

*$P \leqslant 0.05$，**$P \leqslant 0.01$，***$P \leqslant 0.001$

图 3-4　澳洲坚果油的抗氧化活性与微量成分的相关分析

（二）主成分分析

基于澳洲坚果油的微量成分含量和抗氧化活性，采用主成分分析对不同产区的澳洲坚果油进行鉴别，两种主成分的载荷图如图 3-5 所示。可以看出，两个主成分占总变异量的 94.51%（PC1=59.46%，PC2=35.05%）。PC1 与植物甾醇含量呈正相关，PC2 则与多酚、生育三烯酚、角鲨烯含量及抗氧化能力密切相关。从 PC2 结果来看，多酚和生育三烯酚含量低及抗氧化能力弱的贵州产区澳洲坚果油位于负轴，而其他 3 个产区的澳洲坚果油则位于正轴。同时，广西产区澳洲坚果油具有较高的植物甾醇含量，云南产区则具有较高的多酚含量和较强抗氧化能力。以上结果表明，4 个产区的澳洲坚果油可以根据其微量成分和抗氧化能力来进行鉴别。

三、结　论

（1）不同产区澳洲坚果的鲜果重有显著差异，且油脂含量高于 73%。

（2）澳洲坚果油是不饱和脂肪酸的良好来源，主要是油酸和棕榈油酸，其中云南产区的澳洲坚果油具有最高的棕榈油酸和不饱和脂肪酸含量。

（3）4 个产区的澳洲坚果油中微量成分和抗氧化能力存在显著差异，云南产区的

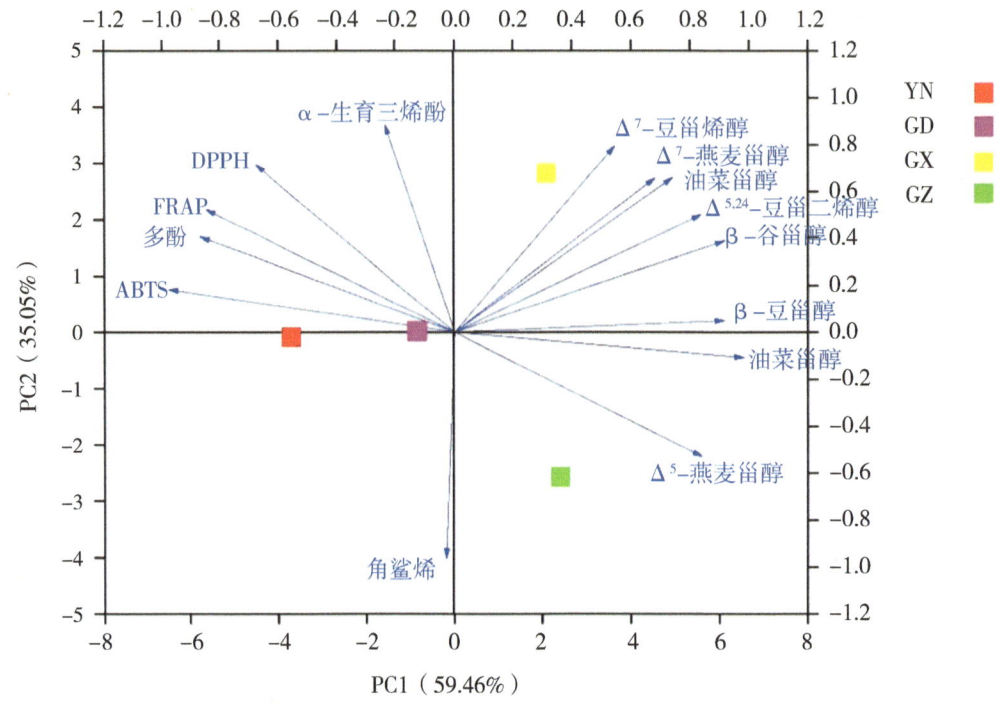

YN—云南产区，GD—广东产区，GX—广西产区，GZ—贵州产区
图 3-5　基于不同产区澳洲坚果油抗氧化能力和微量组分的主成分分析

澳洲坚果油具有最高的多酚、镁、钾含量和最强的抗氧化能力；广西地区气候有利于澳洲坚果中 α-生育三烯酚和植物甾醇的积累，贵州地区气候则有利于角鲨烯的合成。

（4）统计分析表明，PCA 和 HCA 适用于不同产区澳洲坚果油的评价和鉴别。

第三节　加工方式对澳洲坚果油组成特性的影响

目前工业上常用植物油制备方法主要是压榨法和溶剂浸出法。压榨法是指借助机械外力的作用使油料细胞破裂，将油脂从中挤压出来的制油方法。根据制油温度的差异，可大致分为冷榨法和热榨法。有机溶剂浸出法由于溶剂易蒸发、成本低等优势在油脂工业上得到最为广泛的应用，常用的有机溶剂有 4 号溶剂（丁烷和丙烷）和 6 号溶剂（正己烷），且与压榨法相比，溶剂法的油脂提取率更高。随着居民对营养健康油的需求，水剂法作为一种安全、有效和环境友好型的制油方法，近年来在澳洲坚果制油中也有一些应用，水剂法制油可能是未来油脂发展的一个方向。

本节选择云南省产区种植的'Fuji（791）'品种的澳洲坚果作为研究对象，系统比较不同加工方式对澳洲坚果油的油脂得率、理化性质、油脂组成、微量成分、抗氧化活性、热和流变行为的影响，并对澳洲坚果油的营养品质进行评价，以便优选适宜的加工方式。

一、加工方式对澳洲坚果油化学组成的影响

(一) 不同加工方式澳洲坚果油的得率

不同加工方式制备澳洲坚果油的得率分别为52.42%（溶剂法）、67.33%（水剂法）和74.16%（压榨法）（表3-11），其中，溶剂法的油脂得率最高，而压榨法最低，这是由于压榨后饼粕中的残油率（18.89%）明显高于水剂法（5.66%）和溶剂法（0.96%）。此外，加工方式对油的品质也会产生一定的影响，压榨法可以保留油脂中更多的生物活性化合物（类胡萝卜素、酚类化合物、叶绿素、生育酚）。

(二) 不同加工方式澳洲坚果油的基本理化性质

不同加工方式制备澳洲坚果油的理化性质如表3-11所示。可以看出，不同加工方法制备澳洲坚果油的酸价（AV）和过氧化值（POV）分别为$0.14 \sim 0.37$ mg KOH·g^{-1}和$0.33 \sim 1.17$ mmol·kg^{-1}，且不同加工方式间存在显著性差异。压榨法制备澳洲坚果油的AV和POV值最高，但均低于食品法典委员会规定的食用植物油标准（$\leqslant 1.15$ mg KOH·g^{-1}和$\leqslant 10$ mmol·kg^{-1}），表明在澳洲坚果油制备过程中只有少量的氢过氧化物或过氧化物产生。澳洲坚果油的水分及挥发性物质含量为0.09%~0.62%，且溶剂法和水剂法制备的澳洲坚果油高于压榨法，这可能与提取过程中少量溶剂残留有关。3种加工方式制备的澳洲坚果油具有相似的折射率（约1.467）、碘值（约7 g I_2·kg^{-1}）和皂化值（约190 mg KOH·g^{-1}）。与核桃油、花生油和菜籽油等一些常见的植物油相比，澳洲坚果油具有较低的碘值和较高的皂化值，这表明其可能具有较长的货架期、较低的脂肪酸分子量以及较强的亲水性。

表3-11 澳洲坚果油的得率、基本理化性质和色泽

项目		压榨法	溶剂法	水剂法
油脂得率（%）		52.42±0.44a	74.16±0.45c	67.33±1.42b
理化性质	酸价（mg KOH·g^{-1}）	0.37±0.02c	0.14±0.02a	0.21±0.01b
	过氧化值（mmol·kg^{-1}）	1.17±0.18c	0.76±0.05b	0.33±0.10a
	水分及挥发性物质含量（%）	0.09±0.01a	0.62±0.11b	0.44±0.15b
	折射率	1.467±0.00a	1.467±0.00a	1.467±0.00a
	碘值（g I_2·kg^{-1}）	7.03±0.02a	7.001±0.01a	6.92±0.12a
	皂化值（mg KOH·g^{-1}）	191.12±0.64a	189.36±0.93a	190.22±0.72a

(续表)

项目		压榨法	溶剂法	水剂法
色泽	L^*	32.19±0.01a	32.15±0.02a	32.20±0.01a
	a^*	−0.47±0.01a	−0.42±0.03b	−0.42±0.01b
	b^*	0.67±0.01b	0.60±0.02a	0.57±0.01a

注：同一行中的不同字母表示数据间的显著性差异（$P<0.05$）。

色泽作为消费者选择食用油一个重要指标，常采用 L^*、a^*、b^* 值来表示。结果表明 3 种加工方式制备的澳洲坚果油具有相似的色度值（L^* 约为 32.20，a^* 约为 −0.40，b^* 约为 0.60），并呈现明亮的黄绿色外观（图 3-6）。

图 3-6　不同加工方式对澳洲坚果油的外观影响

（三）不同加工方式澳洲坚果油的脂质组成

1. 脂肪酸组成

表 3-12 显示了不同加工方式制备的澳洲坚果油的脂肪酸组成。由表 3-12 可以看出，其主要脂肪酸为 C18∶1（60.66%~61.37%）、C16∶1（18.71%~19.33%）、C16∶0（7.49%~7.65%）、C18∶0（3.72%~3.82%）、C20∶1（2.29%~2.41%）、C20∶0（2.79%~2.88%）和 C18∶2（0.97%~1.08%），且 C18∶1 和 C16∶1 之和占总脂肪酸含量的 83% 以上，这与本章第一、第二节的研究结果是一致的。且不同加工方式制备的澳洲坚果油的脂肪酸组成相同，饱和脂肪酸和不饱和脂肪酸含量无显著差异，这说明加工方式不会影响澳洲坚果油中脂肪酸的组成。

表 3-12 不同加工方式对澳洲坚果油脂肪酸和甘油三酯组成的影响

组成		压榨法	溶剂法	水剂法
脂肪酸组成（%）	C14：0	0.58±0.00a	0.59±0.00a	0.61±0.00a
	C16：0	7.49±0.00a	7.65±0.01b	7.65±0.02b
	C16：1	18.71±0.01a	19.29±0.01b	19.33±0.01b
	C18：0	3.82±0.04b	3.72±0.00a	3.78±0.01b
	C18：1	61.37±0.06b	60.66±0.05a	60.74±0.01a
	C18：2	0.97±0.00a	1.08±0.00b	0.98±0.00a
	C18：3	0.27±0.00a	0.35±0.00b	0.26±0.00a
	C20：0	2.88±0.01b	2.79±0.01a	2.80±0.00a
	C20：1	2.41±0.00a	2.32±0.01a	2.29±0.00a
	C22：0	0.90±0.00a	0.88±0.00a	0.88±0.00a
	C22：1	0.26±0.01b	0.23±0.00a	0.23±0.00a
	C24：0	0.37±0.00a	0.36±0.00a	0.36±0.00a
	SFA	16.04±0.05a	16.00±0.01a	16.09±0.01a
	MUFA	82.85±0.06b	82.63±0.00a	82.73±0.01b
	PUFA	1.24±0.00a	1.43±0.00b	1.24±0.00a
	UFA	84.09±0.06a	84.06±0.00a	83.97±0.02a
甘油三酯组成（%）	MOM	0.28±0.02a	0.30±0.01a	0.30±0.01a
	PPPo	0.70±0.03a	0.74±0.02a	0.77±0.03a
	MOP	2.47±0.00a	2.61±0.02b	2.66±0.02b
	MLP	1.74±0.00a	1.87±0.02b	1.85±0.00b
	PLPo	1.89±0.05a	1.96±0.02b	2.02±0.01b
	POP	8.96±0.04a	9.36±0.02b	9.42±0.01b
	MOO	9.43±0.02a	9.90±0.01c	9.74±0.01b
	PSS	1.54±0.05a	1.49±0.00a	1.53±0.03a
	PoOS	11.52±0.07b	11.23±0.01a	11.71±0.02c
	PoLS	2.84±0.00b	2.83±0.01b	2.78±0.01a
	POO	18.73±0.01b	18.39±0.02b	18.08±0.17a
	PLO	2.81±0.05a	3.80±0.00a	3.58±0.28a
	PLL	0.56±0.03a	0.52±0.02a	0.55±0.01a
	SOS	1.24±0.00b	1.19±0.00a	1.23±0.00b
	SOO	5.85±0.01b	5.83±0.01b	5.74±0.00a

(续表)

组成		压榨法	溶剂法	水剂法
甘油三酯组成（%）	OOO	19.10±0.03c	18.35±0.02b	18.25±0.01a
	SLO	4.07±0.01b	3.95±0.00a	3.96±0.00a
	OLO	0.60±0.04a	0.58±0.03a	0.56±0.00a
	SOA	3.27±0.00b	3.09±0.02a	3.09±0.00a
	AOO	2.33±0.00b	2.20±0.03a	2.18±0.00a

注：同一行中的不同字母表示数据间的显著性差异（$P<0.05$）。

2. 甘油三酯组成

表3-12显示了不同加工方式制备澳洲坚果油中甘油三酯组成，3种加工方式制备的澳洲坚果油在共鉴定出20种甘油三酯，包括POO、OOO、PoOS、POP、MOO、SOO、SLO、SOA、PLO、MOP、PoLS、AOO、PLPo、PSS、OLO、SOS、PLL、PPPo、MOM，其中OOO（18.25%~19.10%）、POO（18.08%~18.73%）、PoOS（11.23%~11.71%）、POP（8.96%~9.42%）、MOO（9.43%~9.90%）和SOO（5.74%~5.85%）的含量占比超过71%，这与本章第一、第二节的研究结果相一致。不同加工方式制备澳洲坚果油中甘油三酯含量无显著性差异，这说明加工方式也不会影响澳洲坚果油中甘油三酯组成。

（四）不同加工方式澳洲坚果油的脂质伴随物

1. 总 酚

不同加工方式制备澳洲坚果油中多酚含量为31.62~39.74 mg GAE·kg^{-1}，存在显著性差异（$P<0.05$），其中压榨法制备澳洲坚果油中多酚含量最高，而溶剂法最低，这说明压榨法可以更好地保留澳洲坚果油中的多酚物质。

2. 生育酚

生育酚是植物油中非常重要的生物活性成分，其具有许多有益的功效，如抗增殖和抗炎作用。不同加工方式制备的澳洲坚果油中生育酚种类及含量如表3-13所示。由表3-13可以看出，仅有α-生育三烯酚被检出，其含量为35.5~37.8 mg·kg^{-1}，且不同加工方式对生育酚含量没有显著的影响。

表3-13 不同加工方式对澳洲坚果油中微量组分的影响

微量组分	压榨法	溶剂法	水剂法
α-生育三烯酚（mg·kg^{-1}）	35.50±0.49a	35.50±0.21a	37.80±1.72a
角鲨烯（mg·kg^{-1}）	261.88±1.09c	230.44±4.06a	252.59±0.57b
多酚（mg GAE·kg^{-1}）	39.74±0.26c	31.62±0.33a	36.37±0.48b

（续表）

微量组分	压榨法	溶剂法	水剂法
总甾醇（mg·kg^{-1}）	1 919.51±23.73b	1 909.19±16.35b	1 840.57±18.73a
菜油甾醇	91.38±1.38b	91.52±0.50b	84.59±1.48a
赤桐甾醇	10.12±0.12b	9.17±0.05a	10.56±0.10b
β-谷甾醇	1 453.51±49.13a	1 410.26±32.69a	1 364.21±12.59a
β-豆甾醇	7.88±0.16a	9.77±0.01b	7.79±0.20a
Δ^5-燕麦甾醇	239.93±2.58a	275.74±5.53b	246.19±8.09a
$\Delta^{5,24}$-豆甾二烯醇	8.53±0.16a	11.04±0.67b	11.23±0.42b
Δ^7-豆甾烯醇	65.49±1.93b	59.61±1.37a	67.03±1.45b
Δ^7-燕麦甾醇	28.72±0.85a	28.43±0.46a	33.04±0.80b

注：同一行中的不同字母表示数据间的显著性差异（$P<0.05$）。

3. 角鲨烯

对不同加工方式制备澳洲坚果油中角鲨烯含量进行分析，其含量为 230.4～261.9 mg·kg^{-1}。高于一些常见的坚果油 [如榛子油（186.4 mg·kg^{-1}）、花生油（98.3 mg·kg^{-1}）、核桃油（9.4 mg·kg^{-1}）、杏仁油（95.0 mg·kg^{-1}）和国外澳洲坚果油（22.9～185.0 mg·kg^{-1}）]。3 种加工方式制备澳洲坚果油中角鲨烯含量存在显著性差异（$P<0.05$），其中压榨法制备澳洲坚果油中角鲨烯含量最高。因此，压榨法可能是提高澳洲坚果油中角鲨烯含量的优选加工方式。

4. 植物甾醇

不同加工方法制备的澳洲坚果油中共鉴定出 8 种植物甾醇，包括赤桐甾醇、$\Delta^{5,24}$-豆甾二烯醇、Δ^5-燕麦甾醇、Δ^7-燕麦甾醇、β-谷甾醇、菜油甾醇、β-豆甾醇和 Δ^7-豆甾烯醇，其总甾醇含量为 1 840.6～1 919.5 mg·kg^{-1}，且含量高低顺序为：压榨法＞溶剂法＞水剂法。在鉴定出的植物甾醇中，以 β-谷甾醇、菜油甾醇和 Δ^5-燕麦甾醇为主，占总甾醇的 92%以上，且 β-谷甾醇含量最高，这与本章第一、第二节的研究结果一致。

二、加工方式对澳洲坚果油抗氧化活性的影响

采用 DPPH、ABTS 和 FRAP 模型评价澳洲坚果油的抗氧化能力，发现压榨法制备澳洲坚果油对 DPPH 自由基的清除能力（233.24 μmol V_E·kg^{-1}）显著高于溶剂法（152.91 μmol V_E·kg^{-1}）和水剂法（179.17 μmol V_E·kg^{-1}）。FRAP 和 ABTS 抗氧化模型也观察到相似的结果，压榨法制备澳洲坚果油表现出最高值，分别为 293.14 μmol V_E·kg^{-1} 和 934.94 μmol V_E·kg^{-1}。3 种加工方式制备澳洲坚果油的抗氧化能力由高到低依次为：压榨法＞溶剂法＞水剂法。压榨法制备的澳洲坚果油表现出更强的抗氧化能力可能是由于压榨工艺能更好地保留微量成分。此外，油脂的抗氧化活性与多酚类物质的存在是密

切相关的,所以压榨法制取的澳洲坚果油既具有最强的抗氧化能力,也具有最高的多酚含量。

不同加工方式制备澳洲坚果油的氧化稳定性如图3-7所示。可以看出,压榨法制备澳洲坚果油呈现最高的氧化稳定性指数(OSI)(15.33 h),而溶剂法则最低(13.86 h),表明压榨法制备澳洲坚果油的氧化稳定性最好。而且,澳洲坚果油的OSI值是核桃油(约4 h)的3倍以上,说明澳洲坚果油具有较好的氧化稳定性。

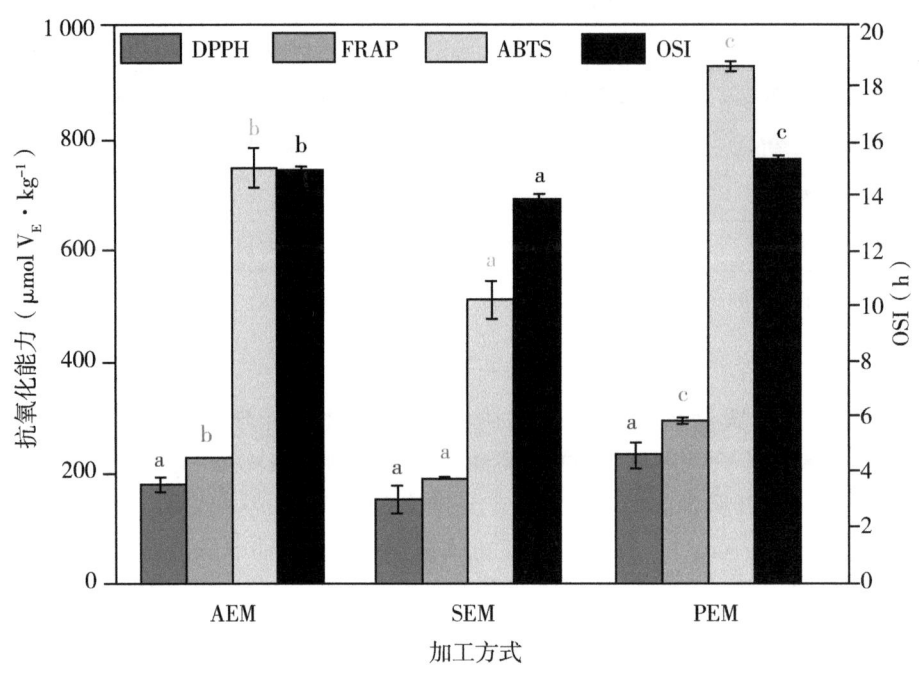

PEM—压榨法;SEM—溶剂法;AEM—水剂法

图3-7 不同加工方式对澳洲坚果油抗氧化能力的影响

注:相同灰度的不同字母表示数据间的显著性差异($P<0.05$)。

三、加工方式对澳洲坚果油热力学行为的影响

采用差示扫描量热仪(DSC)和热重分析仪(TGA)评价澳洲坚果油的热力学性质。

DSC是用来直接监测物质发生物理化学变化过程中能量变化的有效手段之一。图3-8A显示了3种加工方式制备澳洲坚果油的熔化曲线,从中可以观察到4个明显的吸热峰。第一个放热峰出现在-36~-23 ℃,表明油脂发生了由多态晶型转变为更稳定晶体型态的变化。在-20 ℃和-7 ℃存在两个主要的单吸热峰,这可能分别是由于不饱和甘油三酯不稳定晶体和稳定晶体的熔化引起的。在约4 ℃时观察到一个小的肩,这归因于澳洲坚果油中亚稳态(α型)向更稳定的β型转变。油脂的熔化特性与甘油三酯链的分支程度和长度、脂肪酸的不饱和程度以及甘油分子内的空间构象是密切相关的。不同加工方式对澳洲坚果油的熔化特性几乎没有影响。DSC结果表明加工方式不会改变

澳洲坚果油中脂质组成，这与脂肪酸和甘油三酯组成的结果是相吻合的。从图3-8A也可看出，在10℃以上没有出现吸热峰，表明室温（25℃）下澳洲坚果油以液态形式存在。

图3-8B显示了澳洲坚果油的热重行为。可以看出，在不同的温度速率下所有样品呈现相似的失重百分比。且当温度低于240℃时，澳洲坚果油是相对稳定的，当温度从240℃升高到580℃时，澳洲坚果油的失重率达到98%左右，表明澳洲坚果油的稳定临界温度（240℃）高于普通蒸煮温度。这可能与澳洲坚果油中饱和脂肪酸（约16%）和微量成分（角鲨烯、植物甾醇、多酚等）含量有关。此外，根据热重的一阶导函数曲线（图3-8C），可以观察到澳洲坚果油在不同阶段的质量变化。它呈现多个峰，说明降解过程是逐步进行的，且不同加工方式制备的澳洲坚果油具有不同的最高降解温度。以上结果对指导澳洲坚果油在食品配方设计中的应用具有重要意义。

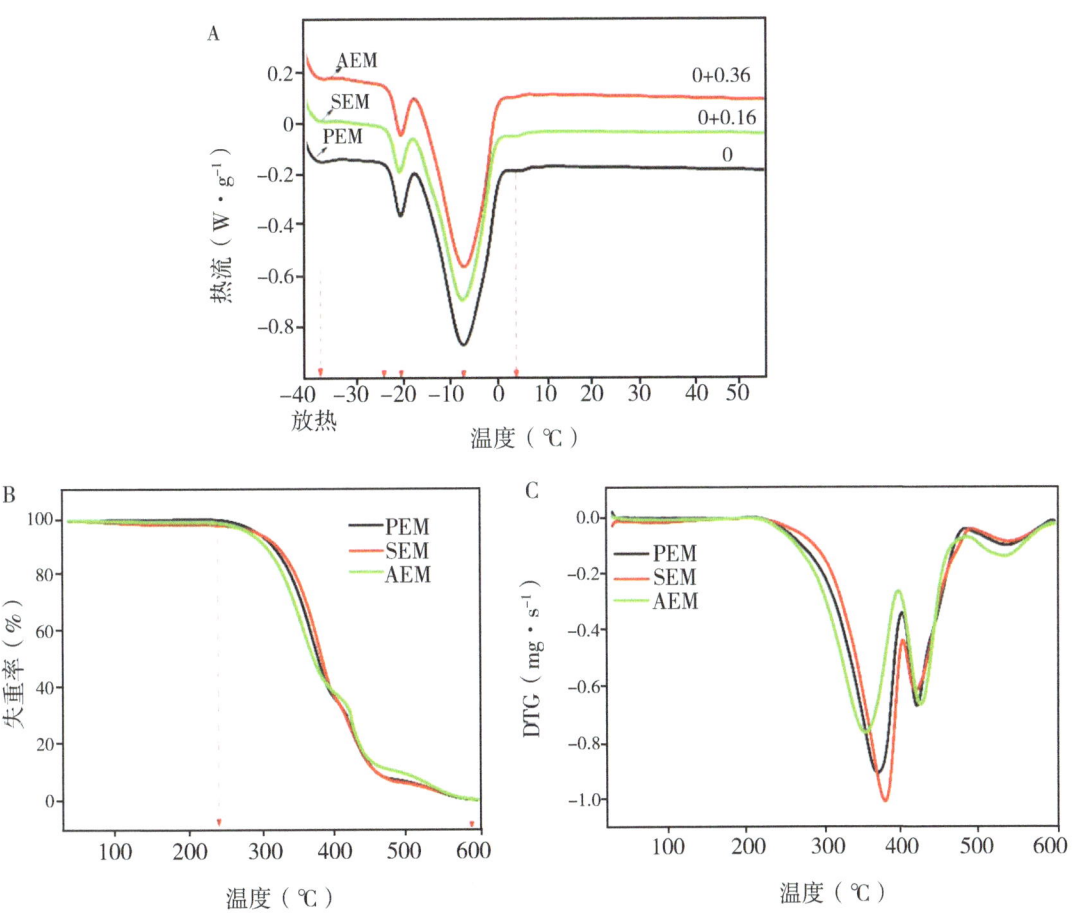

A—DSC熔化曲线，B—热重曲线，C—热重一阶导数曲线；
PEM—压榨法，SEM—溶剂法，AEM—水剂法

图3-8 加工方式对澳洲坚果油的热力学性质影响

四、加工方式对澳洲坚果油光谱行为的影响

对澳洲坚果油光谱行为的监测通常采用傅里叶变换红外光谱（FTIR）和核磁共振氢谱（^{1}H-NMR）。傅里叶变换红外光谱技术是识别和分析物质化学结构的重要工具。该技术通过测定材料对红外光的吸收情况，可以揭示出材料中存在的化学键和功能团的详细信息。傅里叶变换红外光谱上的各个峰值各代表材料内部不同的化学成分。核磁共振氢谱是一种将分子中 H^{-1} 的核磁共振效应体现于核磁共振波谱法中的应用，可用来确定分子结构。当样品中含有 H，特别是同位素 H^{-1} 的时候，核磁共振氢谱可被用来确定分子的结构。

如图 3-9 所示，3 种澳洲坚果油的傅里叶红外光谱是非常相似的。所有样品在约 3 000 cm^{-1}（-CH$_3$、-CH$_2$、-CH）、约 1 750 cm^{-1}（甲酯基团）、约 730 cm^{-1}（脂肪链）和 1 000~1 500 cm^{-1}（C-C、C-O、C-O-C 等）的特征吸收峰均没有发生显著变化。对所有样品的 ^{1}H-NMR 谱进行了分析（图 3-10），观察到 9 个明显的特征峰。这些峰主要归因于脂肪酸、PUFA 和甘油三酯的特征吸收（表 3-14）。从图 3-10 中可以看出，所有样品的 ^{1}H-NMR 谱表现出相同的特征锋，具有相同的化学位移、耦合常数和分裂模式。以上结果进一步表明加工方式不会影响澳洲坚果油中脂质的组成。

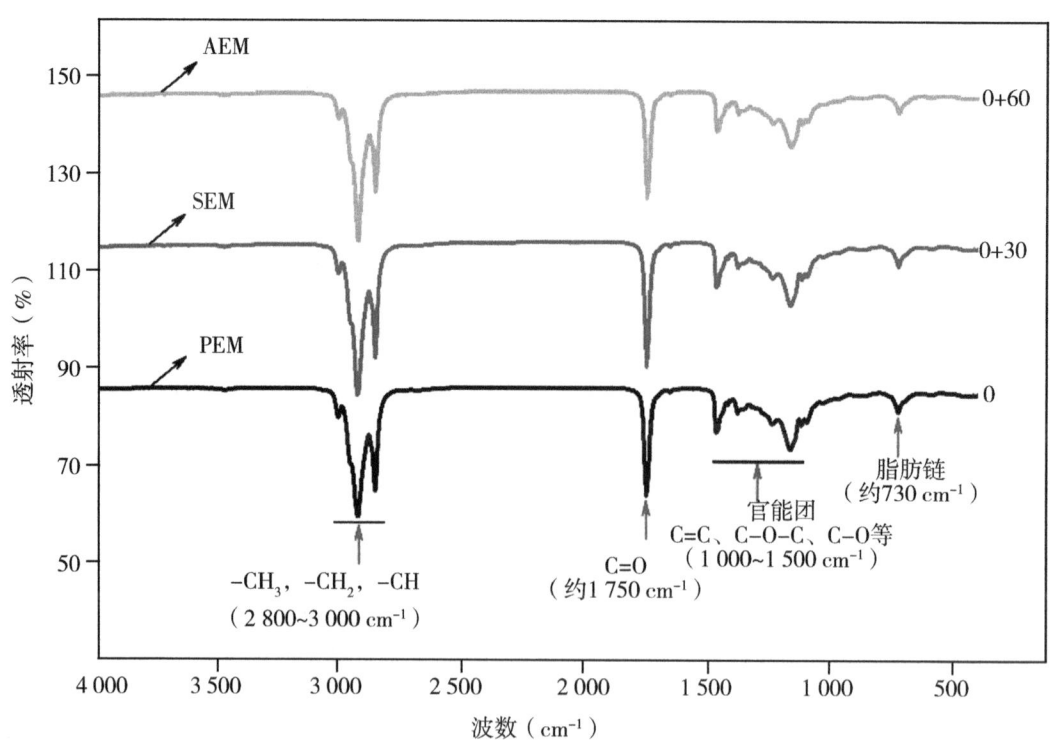

PEM—压榨法；SEM—溶剂法；AEM—水剂法

图 3-9 不同加工方式获得澳洲坚果油的红外光谱

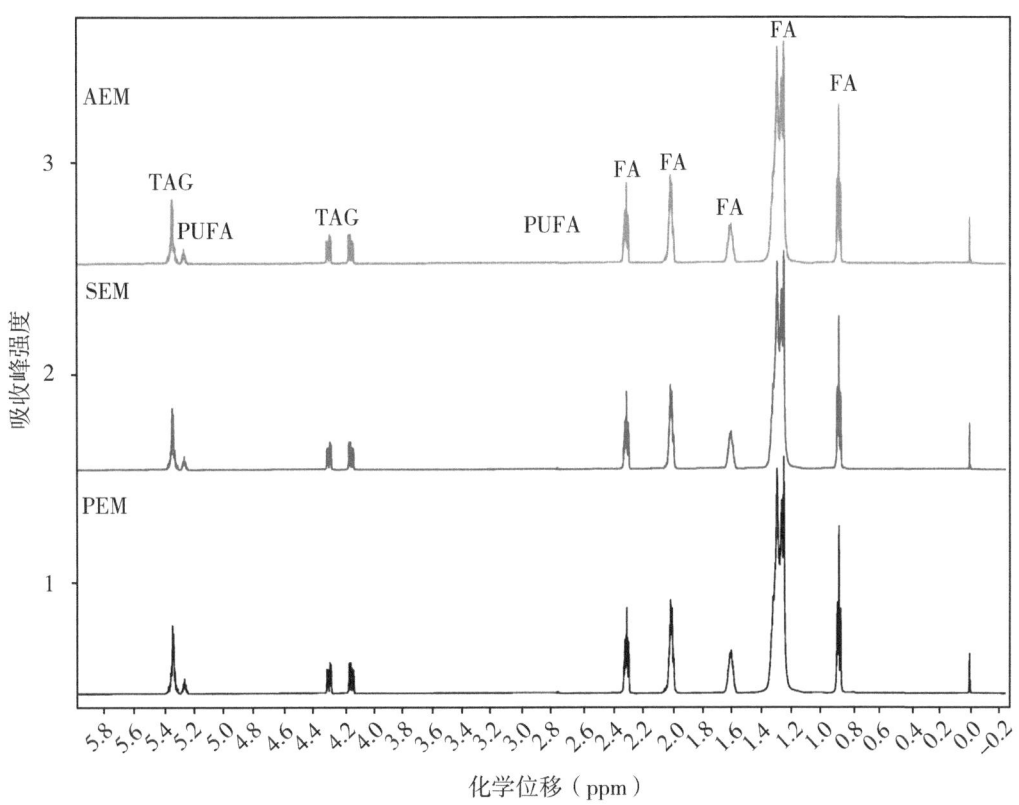

FA—脂肪酸；TAG—甘油三酯；PUFA—多不饱和脂肪酸；
PEM—压榨法；SEM—溶剂法；AEM—水剂法

图3-10 不同加工方式获得澳洲坚果油的核磁共振氢谱

表3-14 澳洲坚果油核磁共振氢谱的信号归属和化学位移

化合物	化学位移（ppm）	分裂模式	归属
脂肪酸	0.82~0.94	三重峰（t）	$-CH_2CH_2CH_3$
	1.20~1.43	多重峰（m）	$-(CH_2)_n-$
	1.55~1.69	多重峰（m）	$-OCO-CH_2-CH_2-COOH$
	1.93~2.13	多重峰（m）	$-CH_2-CH=CH-$
	2.25~2.36	多重峰（m）	$-OCO-CH_2-COOH$
多不饱和脂肪酸	2.73~2.87	三重峰（t）	$HC=HC-CH_2-CH=CH$
	5.23~5.29	多重峰（m）	$-CH=CH-$
甘油三酯	4.10~4.35	双四重峰（dp）	$-CH_2-OCOR$
	5.29~5.43	多重峰（m）	$-CHOCOR$

五、加工方式对澳洲坚果油流变行为的影响

油脂的流变行为可以用来反映植物油的品质和乳液的稳定性等。在 25 ℃ 条件下，不同加工方式制备的澳洲坚果油的流变性质如图 3-11A 所示。可以看出，所有的澳洲坚果油均具有相似的流动行为，且剪切应力与剪切速率呈线性关系，表明澳洲坚果油为牛顿流体，这与植物油含有长链分子有关。通过流变曲线斜率计算得到压榨法、溶剂法和水剂法制备的澳洲坚果油的黏度分别为 65.3 mPa·s、41.5 mPa·s 和 64.8 mPa·s。值得注意的是，溶剂法制备的澳洲坚果油的黏度比另外两种油更低。这种差异可能与油脂中游离脂肪酸和脂肪酸组成有关。甘油三酯中含两个或两个以上双键脂肪酸的增加可以降低油脂的黏度，且油脂中游离脂肪酸含量的增加，降低了其流动所需的剪切应力。根据上述结果，溶剂法制备的澳洲坚果油中多不饱和脂肪酸（C18∶2 和 C18∶3）含量高于压榨法和水剂法，而其酸价则正相反。

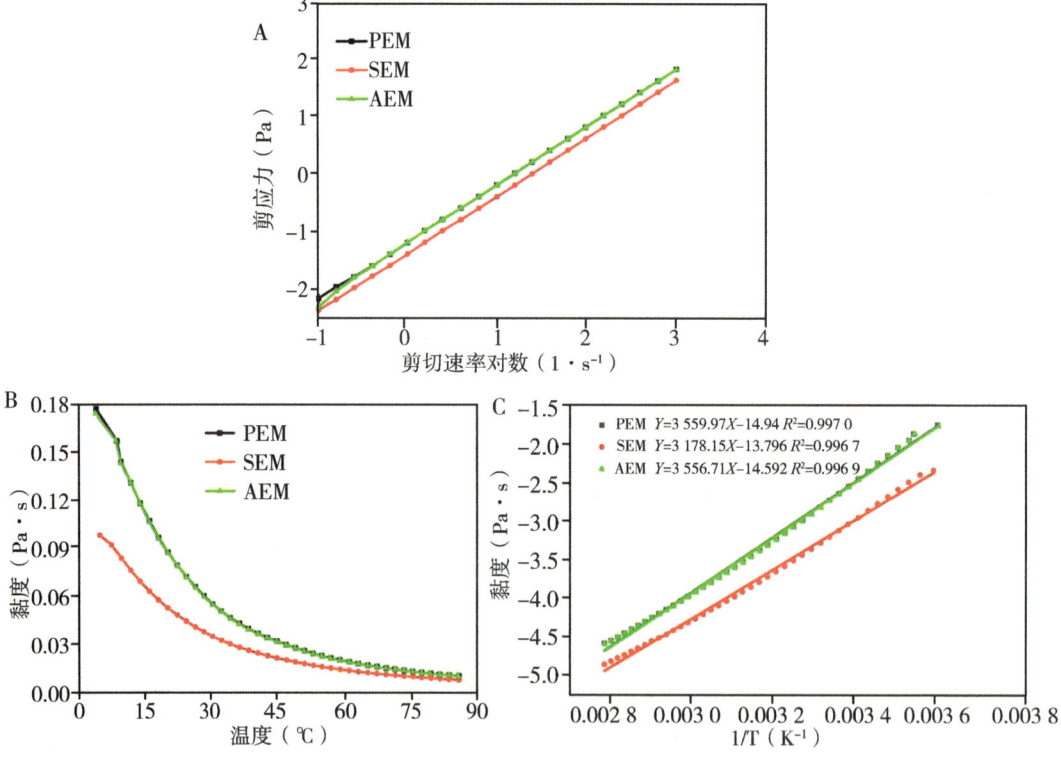

A—剪切速率与剪切应力曲线，B—温度与黏度曲线，C—Ln 黏度与 1/T 的阿累尼乌斯方程拟合曲线；
PEM—压榨法，SEM—溶剂法，AEM—水剂法

图 3-11 不同加工方式获得澳洲坚果油的流变曲线

同时，不同温度（5~85 ℃）对澳洲坚果油的黏度影响如图 3-11B 所示。结果显示，所有澳洲坚果油均表现出相似的流动行为，且黏度随温度升高而降低。这归因于油脂中聚合物被破坏以及分子间相互作用的降低。其中，溶剂法制备的澳洲坚果油在 5~

85 ℃的温度范围内黏度最低，这与稳态剪切观察到的黏度结果相吻合。

此外，通过 Ln 黏度与温度倒数的阿累尼乌斯曲线（图 3-11C）拟合得到澳洲坚果油的热力学参数如表 3-15 所示。从表 3-15 中可以看出，3 种澳洲坚果油的拟合系数 R^2 值均大于 0.99，符合阿累尼乌斯方程。此外，由方程计算得到的压榨法、溶剂法和水剂法制备澳洲坚果油的阿累尼乌斯常数分别为 29.60 kJ·mol^{-1}、26.42 kJ·mol^{-1} 和 29.57 kJ·mol^{-1}。其中压榨法的阿累尼乌斯常数值最高，说明压榨法制备的澳洲坚果油对温度更为敏感。以上结果表明，加工方式会影响澳洲坚果油的流变行为，这对澳洲坚果油加工方式的选择具有一定指导意义。

表 3-15 不同加工方式获得澳洲坚果油的阿累尼乌斯模型拟合参数

加工方式	活化能 Ea (kJ·mol^{-1})	阿累尼乌斯常数 A (Pa·s)	R^2
压榨法	29.598	4.59×10^{-7}	0.997 0
溶剂法	26.423	1.02×10^{-6}	0.996 7
水剂法	29.570	4.60×10^{-7}	0.996 9

六、结　论

（1）溶剂法制备的澳洲坚果油得率最高，压榨法最低。
（2）加工方式不会改变澳洲坚果油的脂质组成和化学结构。
（3）澳洲坚果油具有牛顿流体特性和较高的裂解温度。
（4）压榨法制备的澳洲坚果油呈现最高含量的多酚和角鲨烯以及最强的抗氧化能力，其可作为制备有益微量成分和抗氧化能力较高的澳洲坚果油的优选加工方式。

参考文献

梁燕理，杨湘良，韦素梅，等，2019. 澳洲坚果油脂肪酸组成及氧化稳定性分析 [J]. 粮油食品科技，27（5）：33-36.

帅希祥，杜丽清，张明，等，2017. 提取方法对澳洲坚果油的化学成分及其抗氧化活性影响研究 [J]. 食品工业科技，38（15）：1-5，10.

帅希祥，杜丽清，张明，等，2017. 制油工艺对澳洲坚果油营养品质及挥发性风味成分的影响 [J]. 食品与机械，33（10）：140-144.

谭秋锦，韦媛荣，许鹏，等，2021. 澳洲坚果种质果仁主要营养成分分析与评价 [J]. 中国粮油学报，36（1）：150-154.

GAO P, LIU R, JIN Q, et al., 2019. Comparative study of chemical compositions and antioxidant capacities of oils obtained from two species of walnut：*Juglans regia* and *Juglans sigillata* [J]. Food Chemistry，279：279-287.

GAO P, LIU R, JIN Q, et al., 2019. Comparison of solvents for extraction of walnut oils: Lipid yield, lipid compositions, minor-component content, and antioxidant capacity [J]. LWT-Food Science and Technology, 110: 346-352.

KAIJSER A, DUTTA P, SAVAGE G, 2000. Oxidative stability and lipid composition of macadamia nuts grown in New Zealand [J]. Food Chemistry, 71 (1): 67-70.

LI Q, YIN R, ZHANG Q R, et al., 2017. Chemometrics analysis on the content of fatty acid compositions in different walnut (*Juglans regia* L.) varieties [J]. European Food Research and Technology, 243 (12): 2235-2242.

LOU-BONAFONTE J M, MARTINEZ-BEAMONTE R, SANCLEMENTE T, et al., 2018. Current insights into the biological action of squalene [J]. Molecular Nutrition & Food Research, 62 (15): 1800136.

MAGUIRE L S, O'SULLIVAN S M, GALVIN K, et al., 2004. Fatty acid profile, tocopherol, squalene and phytosterol content of walnuts, almonds, peanuts, hazelnuts and the macadamia nut [J]. International Journal of Food Sciences and Nutrition, 55 (3): 171-178.

SHUAI X, DAI T, CHEN M, et al., 2021. Comparative study of chemical compositions and antioxidant capacities of oils obtained from 15 macadamia (*Macadamia integrifolia*) cultivars in China [J]. Foods, 10 (5): 1031.

SHUAI X, DAI T, CHEN M, et al., 2022. Characterization of lipid compositions, minor components and antioxidant capacities in macadamia (*Macadamia integrifolia*) oil from four major areas in China [J]. Food Bioscience, 50: 102009.

SHUAI X, DAI T, CHEN M, et al., 2022. Comparative study on the extraction of macadamia (*Macadamia integrifolia*) oil using different processing methods [J]. LWT-Food Science and Technology, 154: 112614.

SOTIROUDIS T G, KYRTOPOULOS S A, 2008. Anticarcinogenic compounds of olive oil and related biomarkers [J]. European Journal of Nutrition, 47: 69-72.

WALL M M, 2010. Functional lipid characteristics, oxidative stability, and antioxidant activity of macadamia nut (*Macadamia integrifolia*) cultivars [J]. Food Chemistry, 121 (4): 1103-1108.

第四章 澳洲坚果油降血脂功效及其应用

第一节 澳洲坚果油降血脂功效

高脂血症是一种以脂肪转运和脂质代谢异常为特征的代谢性疾病,其主要症状是血浆或血清中甘油三酯和胆固醇水平的异常。目前对于高脂血症的诊断还没有形成统一的标准,在我国,临床上一般认为血清中甘油三酯或总胆固醇含量分别高于 1.70 mmol·L^{-1} 或 5.72 mmol·L^{-1},或高密度脂蛋白含量低于 0.91 mmol·L^{-1},则判定为高脂血症患者。高血脂容易引起动脉粥样硬化,增加心血管疾病的风险,这也是造成近年来居民健康状况不佳或过早死亡的主要原因。据统计,中国血脂异常患者数量达到 1.6 亿人左右,每年因糖尿病、脑梗死、中风、偏瘫、心肌梗死等血脂异常相关疾病导致过早死亡和健康不良的人数还在不断增加。目前,用于治疗血脂异常的药物主要包括辛伐他汀、烟酸等,其不仅具有降低胆固醇的作用,还具有降低甘油三酯的作用,但长期服用这些药物通常会产生不良副作用,如胃胀、腹泻、肝功能异常等。随着居民生活水平和健康意识的提高,副作用小且能有效预防、控制和改善血脂异常的新资源开发将具有广阔的前景。

澳洲坚果富含油脂(约73%),其中80%以上的不饱和脂肪酸(约64%油酸和约16%棕榈油酸),且棕榈油酸含量比常见植物油脂更高。研究表明,富含棕榈油酸的扁桃籽油可以显著降低高脂饮食大鼠的总胆固醇、甘油三酯和低密度脂蛋白水平,并增加高密度脂蛋白水平。本节首先评价了澳洲坚果油的细胞毒性和细胞抗氧化活性;然后采用油酸诱导人肝癌细胞(HepG2)构建高脂模型,研究了澳洲坚果油处理对高脂细胞的血脂指标(TC、TG、HDL-C、LGL-C)和氧化应激指标(ROS、MDA、SOD)影响,通过 qRT-PCR 和蛋白免疫印迹方法探明了澳洲坚果油降脂的潜在机制;最后通过高脂饮食诱导构建高脂小鼠模型,分析了澳洲坚果油摄入对高脂小鼠的体重、脏器指数、血脂指标、氧化应激指标和组织病理的影响,明晰了澳洲坚果油的体内降血脂功效,并基于蛋白免疫印迹方法分析了脂质代谢相关基因的蛋白表达水平。

一、澳洲坚果油体外降血脂功效及其作用机制

(一)澳洲坚果油的细胞毒性和抗氧化活性

1. 细胞毒性

HepG2 细胞分别与澳洲坚果油(0~8 000 μg·mL^{-1})、油酸(0~600 μmol·L^{-1})和

SIM（0~12 μmol·L^{-1}）孵育24 h。图4-1显示了澳洲坚果油处理会降低HepG2细胞活力，且呈剂量依赖性。当澳洲坚果油浓度在4 000 μg·mL^{-1}及以下时，细胞活力均大于90%，说明澳洲坚果油在该浓度范围不会对细胞产生毒性。由于细胞活力大于90%被认为是无毒的，所以0~500 μmol·L^{-1}油酸和0~10 μmol·L^{-1} SIM对细胞不会产生毒性。此外，高浓度油酸对构建高脂细胞模型是有利的。因此，选用500 μmol·L^{-1}油酸来诱导高脂HepG2细胞构建。

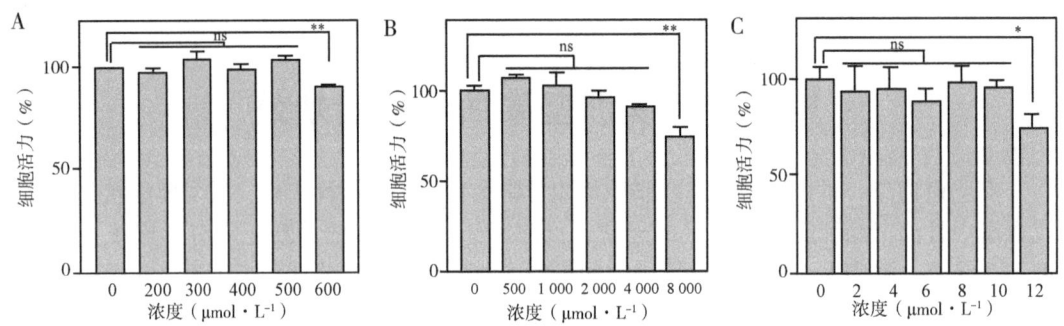

图4-1　油酸（A）、澳洲坚果油（B）和辛伐他丁（C）对HepG2细胞活力的影响

注：ns表示$P>0.05$，＊表示$P<0.05$，＊＊表示$P<0.01$。

2. 细胞抗氧化活性

机体的抗氧化水平不仅能清除自由基，还能阻止自由基的产生，因此单纯利用体外化学模型不能全面地反映澳洲坚果油的抗氧化能力。由于细胞模型进行抗氧化活性评价充分考虑了抗氧化剂的吸收和代谢，并模拟复杂的生理环境，更具有生物学意义。为了科学评估澳洲坚果油的抗氧化活性，可选用抗氧化活性较强的槲皮素作为对照，以此评价澳洲坚果油的抗氧化活性。槲皮素可以抑制HepG2细胞中氧化型二氯荧光素的生成，从而降低细胞的氧化损伤。图4-2A显示了不同浓度槲皮素处理HepG2细胞的荧光强度与时间的动力学曲线，可以看出，随着槲皮素浓度的增加，其CAA值以浓度依赖性方式增加（图4-2C，$R^2 = 0.992\ 3$）。同样地，不同浓度的澳洲坚果油处理HepG2细胞也观察到相似的变化趋势（图4-2B），且随着澳洲坚果油浓度的增加，其CAA值也以浓度依赖性方式增加（图4-2D，$R^2 = 0.987\ 3$），而且2 000 μg·mL^{-1}澳洲坚果油的CAA值与20 μmol·L^{-1}槲皮素相当，以上结果表明，澳洲坚果油具有较强的细胞抗氧化活性。

3. 澳洲坚果油最优浓度的筛选

为确定高脂HepG2细胞模型是否成功构建，采用油红O染色（OROS）和脂质指标测定来表征细胞内脂质积累情况（图4-3）。与空白对照组相比，模型组的TC、TG和LDL-C含量明显升高，HDL-C含量则降低，而且，OROS（图4-3E）也观察到细胞内脂滴积聚的增加。以上结果证实了高脂HepG2细胞模型构建成功。然后，采用不同浓度的澳洲坚果油（0~4 000 μg·mL^{-1}）对油酸诱导的高脂HepG2细胞进行处理，经初步筛选以确定最大限度抑制细胞脂质积累的澳洲坚果油浓度。

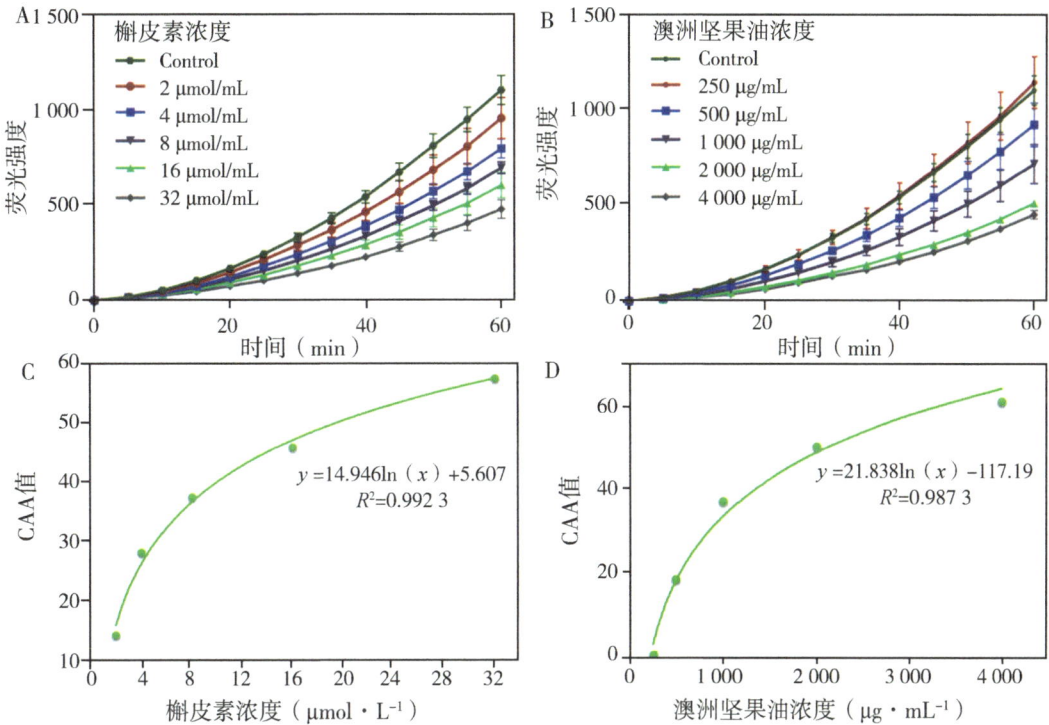

**图 4-2 不同浓度槲皮素和澳洲坚果油对 HepG2 细胞荧光值
(A 和 B) 和 CAA 值 (C 和 D) 的影响**

OROS 结果（图 4-3E）显示经澳洲坚果油处理的高脂 HepG2 细胞中脂滴的数量和强度均低于模型组。脂质相关指标分析也发现，与模型组相比，澳洲坚果油处理组的 TG（图 4-3B）和 TC（图 4-3A）水平降低，HDL-C（图 4-3C）含量则升高，这表明澳洲坚果油具有一定的降脂作用，且经 1 000 μg·mL^{-1} 澳洲坚果油处理表现出最佳的降脂效果。因此，选择 1 000 μg·mL^{-1} 澳洲坚果油进行降脂功效及机制研究。

（二）澳洲坚果油体外降血脂性质及机制

1. 澳洲坚果油的降脂活性

由 OROS 结果可知，与模型组相比，澳洲坚果油和 SIM 处理的高脂 HepG2 细胞中脂滴数量显著减少，其颜色也变得更为暗淡（图 4-4A），表明澳洲坚果油可以缓解高脂 HepG2 细胞中脂滴的积累。高脂血症会引起人体内甘油三酯和胆固醇代谢失调。因此，进一步分析了高脂 HepG2 细胞中 TC 和 TG 水平。如图 4-4B1 和 4-4B2 所示，经澳洲坚果油和 SIM 处理后高脂 HepG2 细胞中 TG（$P<0.01$）和 TC（$P<0.05$）含量是显著低于模型组，说明这两种物质均能有效缓解高脂细胞的脂质积累。其中 1 000 μg·mL^{-1} 澳洲坚果油处理降低 TC 和 TG 的能力相当于 4.19 μg·mL^{-1} SIM。而且，研究发现澳洲坚果油处理还降低了高脂 HepG2 细胞的 LDL-C 含量（图 4-4B3），增加

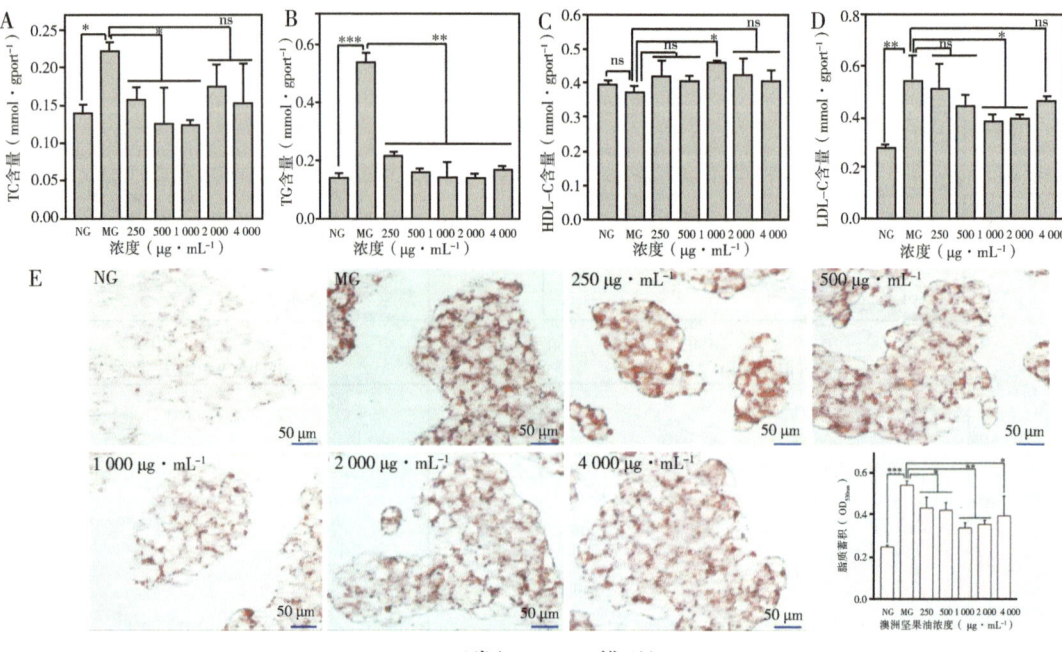

NG—正常组，MG—模型组

图4-3 不同浓度澳洲坚果油对油酸诱导的高脂HepG2细胞TC（A）、TG（B）、HDL-C（C）和LDL-C（D）含量及油红O染色（E）的影响

注：ns表示$P>0.05$，*表示$P<0.05$，**表示$P<0.01$，***表示$P<0.001$。

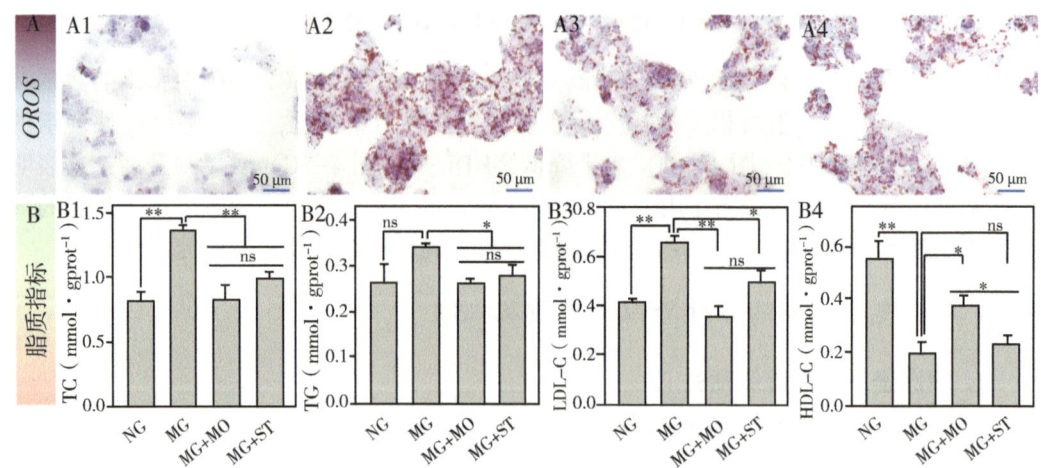

A1—正常组（NG），A2—模型组（MG），A3—澳洲坚果油处理组（MG+MO），
A4—辛伐他丁处理组（MG+ST）；B1—总胆固醇（TC），B2—甘油三酯（TG），
B3—低密度脂蛋白（LDL-C），B4—高密度脂蛋白（HDL-C）

**图4-4 澳洲坚果油和辛伐他丁对油酸诱导的高脂HepG2
细胞油红O染色（A）和脂质指标（B）的影响**

注：ns表示$P>0.05$，*表示$P<0.05$，**表示$P<0.01$。

了 HDL-C 含量（图 4-4B4），进一步证实了澳洲坚果油的降血脂功效。

2. 澳洲坚果油对氧化应激的影响

通过测定活性氧（ROS）产生的荧光强度来评价不同处理对 HepG2 细胞氧化应激的影响。如图 4-5A 和 4-5B 所示，与空白对照组相比，高脂 HepG2 细胞中 ROS 含量显著增加（$P<0.01$），表明高脂 HepG2 细胞处于氧化损伤状态，发生氧化应激效应。然而，经澳洲坚果油或 SIM 处理后，高脂 HepG2 细胞中 ROS 水平发生显著降低（$P<0.01$），其分别下降了约 25% 和 44%。同时，由于超氧化物歧化酶（SOD）是一种可抑制细胞中自由基诱导的氧化应激反应的抗氧化酶，能反映细胞发生氧化应激的程度。如图 4-5C 所示，与空白对照组相比，高脂 HepG2 细胞中 SOD 活性显著降低（$P<0.01$），但经 1 000 $\mu g \cdot mL^{-1}$ 澳洲坚果油和 4.19 $\mu g \cdot mL^{-1}$ SIM 处理后的高脂 HepG2 细胞中 SOD 活性发生显著增加，说明这两种物质均能提高细胞的抗氧化能力，这与上述澳洲坚果油细胞抗氧化活性结果是相符的。而且，1 000 $\mu g \cdot mL^{-1}$ 澳洲坚果油处理产生的效果与 4.19 $\mu g \cdot mL^{-1}$ SIM 相当。此外，细胞的氧化状态还可以通过监测细胞中脂质过氧化后期形成的反应产物 MDA 含量来评价。MDA 含量的增加会导致细胞内自由基的增加，自由基会破坏机体的生理功能和代谢过程。图 4-5D 显示，高脂 HepG2 细胞中 MDA 含量显著增加（$P<0.01$），说明高脂细胞发生脂质过氧化。经澳洲坚果油或 SIM 处理后，MDA 水平较模型细胞均下降约 50%，表明澳洲坚果油和 SIM 处理均缓解了高脂 HepG2 细胞中脂质过氧化。以上结果证实澳洲坚果油可以调节高脂 HepG2 细胞抗氧

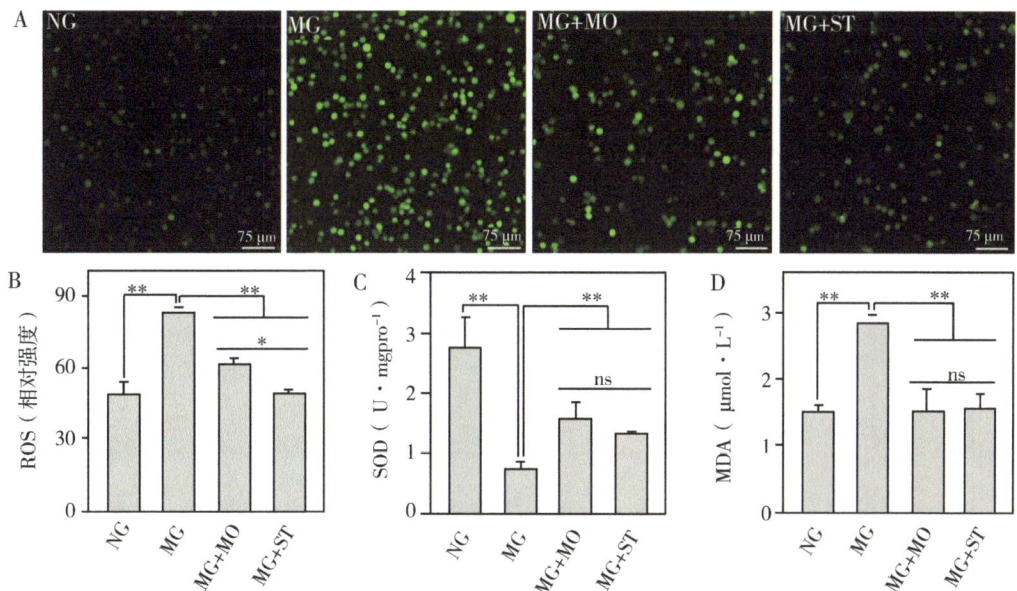

A—ROS 荧光强度图，B—ROS 相对强度值，C—SOD 活性，D—MDA 含量；
NG—正常组，MG—模型组，MG+MO—澳洲坚果油处理组，MG+ST—辛伐他丁处理组

图 4-5 澳洲坚果油和辛伐他丁对油酸诱导的高脂 HepG2 细胞中活性氧（ROS）、SOD 活性和 MDA 含量的影响

注：ns 表示 $P>0.05$，* 表示 $P<0.05$，** 表示 $P<0.01$。

化酶系统和提高抗氧化能力，从而缓解油酸诱导的高脂 HepG2 细胞引起的氧化应激。

3. 澳洲坚果油体外降血脂机制

高脂 HepG2 细胞发生降血脂作用与 AMPK 信号通路（预防和缓解高脂血症的一个关键作用靶位）被激活是密切相关的。澳洲坚果油是否也是通过激活该信号通路而发生降脂功效目前尚不清楚。为了验证这一假设，研究澳洲坚果油处理对高脂 HepG2 细胞磷酸化 AMPK（p-AMPK）蛋白表达的影响（图 4-6A）。结果显示，与空白对照组相比，高脂 HepG2 细胞中 p-AMPK 蛋白表达水平明显被抑制。然而，澳洲坚果油处理能显著提升高脂 HepG2 细胞中 p-AMPK 蛋白的表达水平，且效果优于 SIM 处理（4.19 $\mu g \cdot mL^{-1}$）组，说明 AMPK 信号通路被激活。同时，通过蛋白免疫印迹和 qRT-PCR 分析了 AMPK 信号通路相关蛋白（SREBP-1c、ACC、FAS、PPAR-γ）及其影响脂代谢的相关基因的 mRNA 相对表达水平。qRT-PCR 结果显示，与空白对照组相比，高脂 HepG2 细胞中 SREBP-1c 的 mRNA 相对表达量增加了 2.7 倍（$P<0.001$）（图 4-7A）。经澳洲坚果油或 SIM 干预后，SREBP-1c 的 mRNA 相对表达量显著降低（$P<0.001$），与模型组相比，分别降低了 4.5 倍和 6.1 倍（图 4-7A）。而且，SREBP-1c 的蛋白表达水平也呈现相似趋势（图 4-6B）。以上结果表明，激活的 AMPK 信号通路抑制了 SREBP-1c 的转录，这与先前报道的天然活性化合物的降血脂机制是一致。此外，ACC 和 FAS 作为 SREBP-1c 的关键靶基因，在调节脂肪酸的合成和积累途径中也起着关键作用。在油酸诱导的高脂 HepG2 细胞中，ACC 和 FAS 的 mRNA 相对表达量比空白对照组均增加了约 3 倍（图 4-7B 和 4-7C），而澳洲坚果油或 SIM 干预则能显著抑制 ACC 和 FAS 的 mRNA 相对表达量的增加（$P<0.05$）。蛋白免疫印迹结果也显示，高脂 HepG2 细胞中 ACC 和 FAS 的蛋白表达水平与空白对照组相比发生明显升高（图 4-6B）。经澳洲坚果油或 SIM 干预后，ACC 和 FAS 的蛋白表达水平均发生下调，说明澳洲坚果油可以通过抑制 SREBP-1c 的表达来进一步调节 ACC 和 FAS 的表达。同时，对

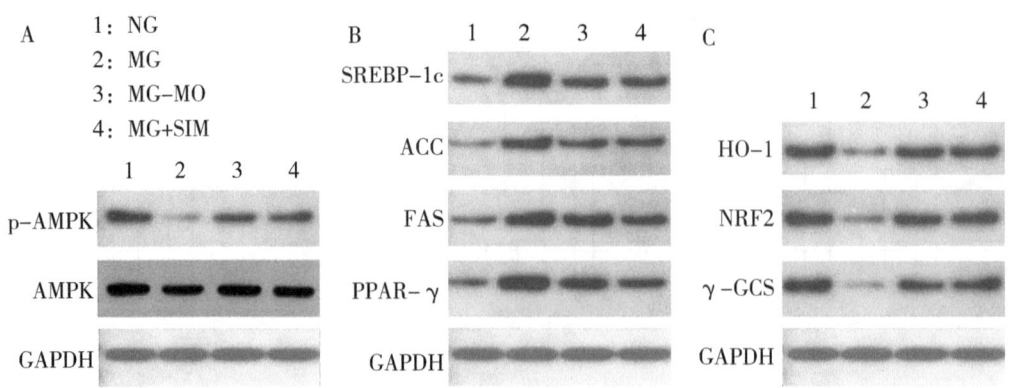

A—p-AMPK 和 AMPK 的表达，B—SREBP-1c、ACC、FAS 和 PPAR-γ 的表达，
C—HO-1、Nrf2 和 γ-GCS 的表达；NG—正常组，MG—模型组，MG+MO—澳洲坚果油处理组，
MG+ST—辛伐他丁处理组

图 4-6 澳洲坚果油和辛伐他丁对油酸诱导的高脂 HepG2 中脂质代谢相关蛋白表达水平的影响

PPAR-γ（另一种重要的脂质代谢调节因子）的蛋白和 mRNA 相对表达水平进行研究。图 4-7D 显示了与前面 ACC 和 FAS 相似的趋势，即澳洲坚果油干预抑制了 PPAR-γ 的转录。以上结果证实澳洲坚果油是通过激活 AMPK 信号通路，抑制 PPAR-γ 和 SREBP-1c，以及钝化 ACC 和 FAS 来发挥降脂作用（图 4-8）。

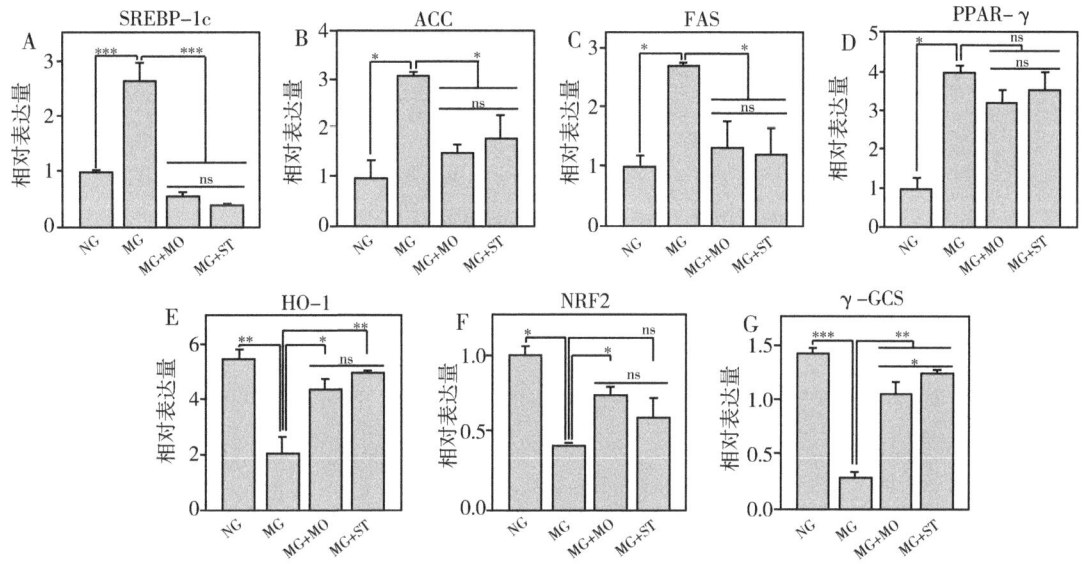

NG—正常组，MG—模型组，MG+MO—澳洲坚果油处理组，MG+ST—辛伐他丁处理组

图 4-7　澳洲坚果油和辛伐他丁对 SREBP-1c（A）、ACC（B）、FAS（C）、PPAR-γ（D）、HO-1（E）、Nrf2（F）和 γ-GCS（G）基因表达水平的影响

注：ns 表示 $P>0.05$，* 表示 $P<0.05$，** 表示 $P<0.01$，*** 表示 $P<0.001$。

此外，脂质积累通常伴随有氧化应激的发生。大量研究表明，氧化应激产物可以激活调节脂质代谢的 Nrf2 信号通路。Nrf2 是缓解细胞氧化应激的主要调节因子。在本研究中，发现澳洲坚果油干预可以激活 Nrf2 信号通路。高脂 HepG2 细胞中 HO-1（$P<0.01$）、γ-GCS（$P<0.05$）和 Nrf2（$P<0.001$）的 mRNA 相对表达水平与空白对照组相比均发生显著降低。而经澳洲坚果油或 SIM 干预后，所有基因的 mRNA 相对表达量均得到显著提高（图 4-7E、4-7F 和 4-7G）。同时，蛋白免疫印迹结果也显示了高脂 HepG2 细胞中 Nrf2、HO-1 和 γ-GCS 的蛋白表达水平与空白对照组相比均发生下降，而经澳洲坚果油或 SIM 干预后则均得到一定程度的升高（图 4-6C）。此外，在非应激条件下，Nrf2 通过与其抑制蛋白（keap-1）结合而被隔离在细胞质中。当加入油酸对 HepG2 细胞进行诱导脂质积累时，产生的大量 ROS 促进了 Nrf2-keap1 复合物的分离，Nrf2 被转移到细胞核。因此，当澳洲坚果油或 SIM 中的抗氧化成分与游离的 Nrf2 结合时，促进抗氧化因子（γ-GCS 和 HO-1）的转录，从而降低 ROS 对细胞的毒性，其作用机制如图 4-8 所示。以上结果证实澳洲坚果油还可以通过氧化应激激活 Nrf2 信号通路来发挥降血脂的作用。整体来说，澳洲坚果油的降血脂功效是通过激活 AMPK 信号

通路和缓解氧化应激来实现的。

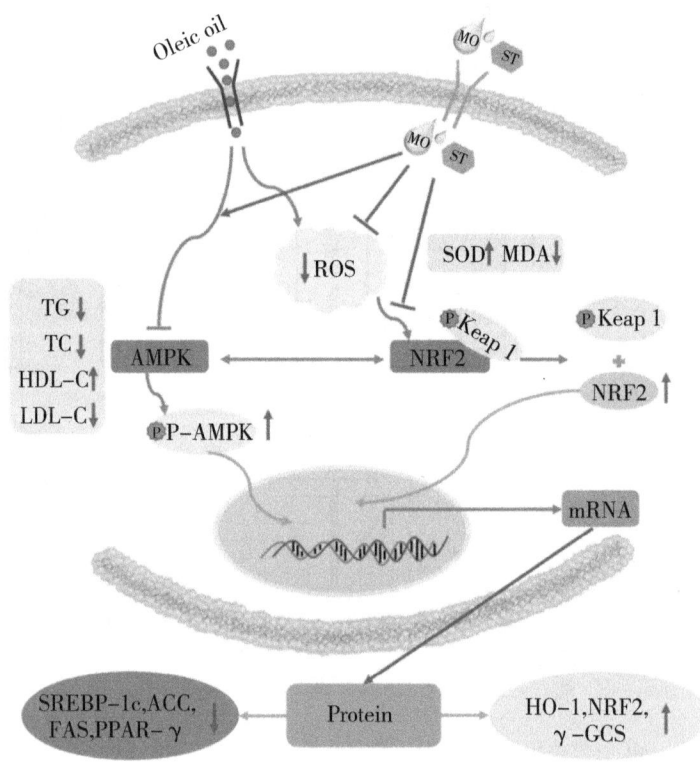

MO—澳洲坚果油，ST—辛伐他丁，ROS—活性氧，MDA—丙二醛，
SOD—超氧化物歧化酶，TG—甘油三酯，TC—总胆固醇，
HDL-C—高密度脂蛋白胆固醇，LDL-C—低密度脂蛋白胆固醇

图 4-8　澳洲坚果油降脂机制示意

（三）结　论

（1）澳洲坚果油处理显著降低了油酸诱导的高脂 HepG2 细胞中脂质积累，表现为细胞中 TC、TG、LDL-C 含量的降低和 HDL-C 含量的升高。

（2）澳洲坚果油具有较好的细胞抗氧化活性，可显著降低高脂 HepG2 细胞中 ROS 和 MDA 含量，并增加 SOD 活性。

（3）1 000 $\mu g \cdot mL^{-1}$ 澳洲坚果油表现出与 4.19 $\mu g \cdot mL^{-1}$ 辛伐他丁相当的降脂效果。

（4）澳洲坚果油通过下调高脂 HepG2 细胞中 PPAR-γ、SREBP-1c、ACC、FAS 和上调 Nrf2、HO-1、γ-GCS 的 mRNA 相对表达和蛋白表达水平，激活了 AMPK 信号通路并缓解了氧化应激，从而起到降脂作用。

二、澳洲坚果油体内降血脂功效及其作用机制

(一) 小鼠体重及脏器指数变化

小鼠经高脂饲料喂养 4 周后，通过测定血清中 TC 和 TG 含量发现，与对照组相比，模型组小鼠血清中 TC 和 TG 含量是显著升高的（$P<0.05$），说明高脂小鼠造模成功。而且，据报道长期高脂饮食会引起机体脂肪的异常堆积，可能导致体重增加，通过测定小鼠体重（图 4-9）发现，高脂模型小鼠的体重显著高于正常小鼠，出现了肥胖的典型高脂血症症状。在澳洲坚果油和 SIM 干预处理过程中，小鼠体重均呈现增加的趋势，但是干预处理后小鼠体重增加的速率明显受到抑制。经过 30 d 干预处理后，与模型组相比，LDG 组、MDG 组、HDG 组和 SIM 组小鼠的体重分别降低了 4.0%、11.2%、16.0% 和 16.5%，且随着澳洲坚果油剂量的增加，小鼠体重增加程度被抑制得更明显，呈一定的剂量依赖关系。这表明澳洲坚果油摄入可以显著抑制高脂小鼠的体重增加。

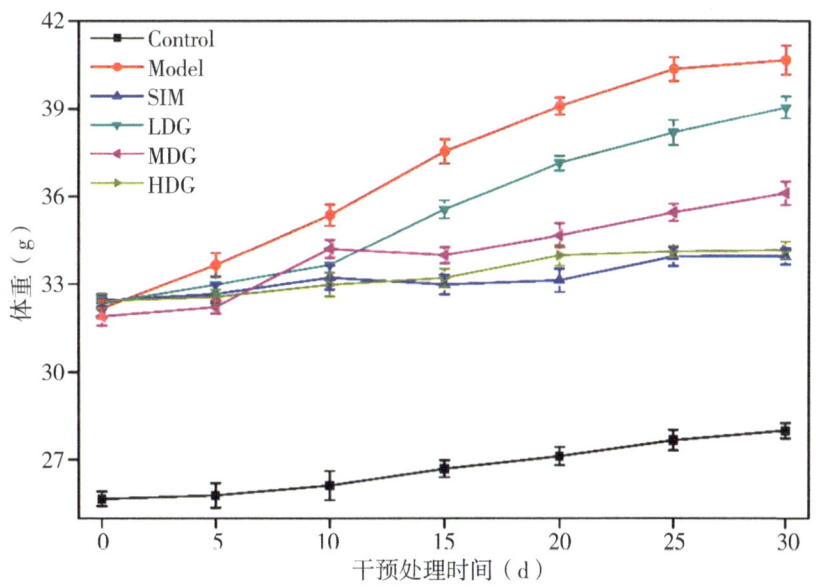

Control—控制组，Model—高脂模型组，SIM—辛伐他汀处理组，
LDG—低剂量处理组，MDG—中剂量处理组，HDG—高剂量处理组

图 4-9 澳洲坚果油摄入对高脂小鼠体重的影响

同时，脂质积累容易导致组织器官的异常，一般可以通过脏器指数来评价。澳洲坚果油摄入对小鼠的肝脏、肾脏和脾脏指数影响如图 4-10 所示。从图 4-10 可以看出，与正常小鼠相比，高脂小鼠的肝脏、肾脏和脾脏指数均显著增加，说明高脂饮食引起的脂质积累造成了小鼠脏器组织的异常。经澳洲坚果油干预处理后，与模型组相比，肝脏

指数均发生降低（$P<0.05$），但低剂量和中剂量处理没有显著性差异（$P>0.05$），而高剂量处理显示出显著性差异（$P<0.05$）。而且，肾脏和脾脏指数也呈现出相似的趋势。以上结果说明澳洲坚果油摄入可以改善高脂小鼠的脏器指数，对脏器起到一定的保护作用。

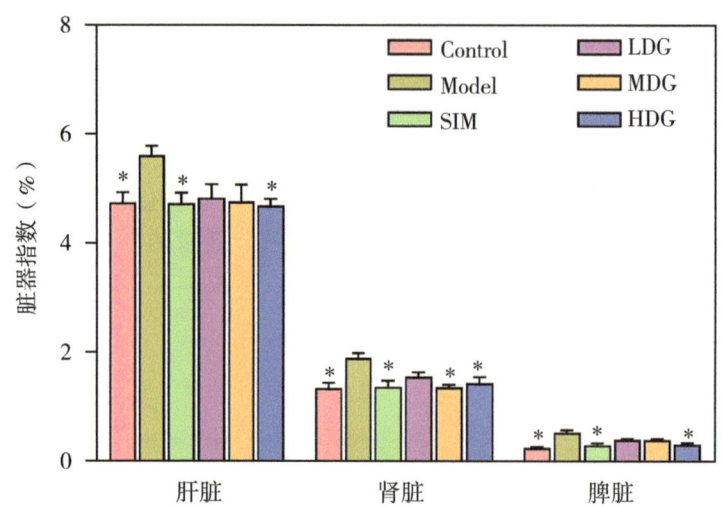

Control—控制组，Model—高脂模型组，SIM—辛伐他丁处理组，
LDG—低剂量处理组，MDG—中剂量处理组，HDG—高剂量处理组

图 4-10 澳洲坚果油摄入对高脂小鼠脏器指数的影响

注：*代表 $P<0.05$。

（二）澳洲坚果油处理对血清血脂指标的影响

高脂血症的主要症状是甘油三酯和胆固醇代谢紊乱。考察澳洲坚果油摄入对高脂小鼠血清中 TC 和 TG 含量的影响。如图 4-11 所示，与正常小鼠比较，模型组小鼠血清中 TC、TG、LDL-C 含量显著升高（$P<0.001$），HDL-C 含量则显著降低（$P<0.001$），表明高脂小鼠模型造模成功，且高脂饮食造成了小鼠的脂质代谢紊乱。

经不同剂量澳洲坚果油干预处理 30 d 后，与模型组相比，各剂量小鼠血清中 TC 水平均显著下降（图 4-11A），低、中、高剂量处理组的 TC 含量分别降低了 21.2%、36.2%、31.4%，但没有显示出剂量依赖性，其中，中剂量处理效果最好，与 SIM 效果相当，说明澳洲坚果油处理可以降低高脂小鼠血清中总胆固醇水平。同时，澳洲坚果油处理对 TG 含量的影响如图 4-11B 所示。从图 4-11B 可以看出，TG 含量的变化趋势与 TC 类似，澳洲坚果油处理可以显著降低 TG 水平，低、中、高剂量处理组小鼠血清中 TG 含量分别降低了 27.3%、38.2%、38.4%，说明澳洲坚果油摄入可以降低高脂小鼠血清中 TG 水平。

HDL-C 是一种内源性胆固醇酯，它可以将血液中过量的胆固醇转移到肝脏，降低

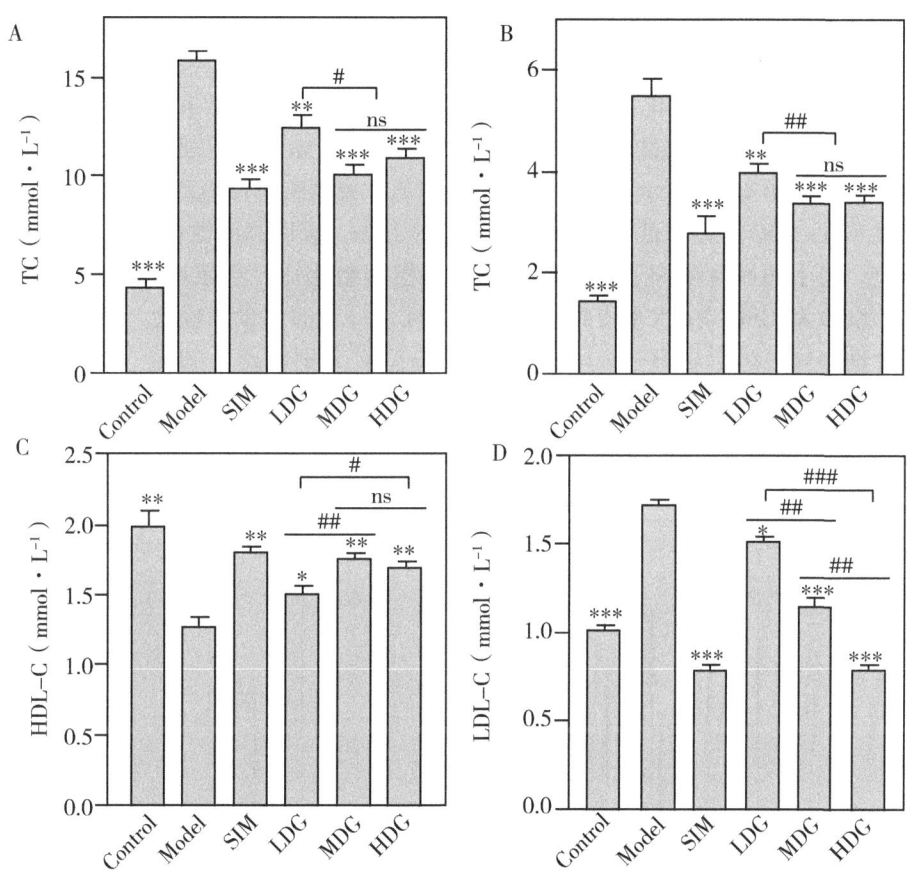

Control—控制组，Model—高脂模型组，SIM—辛伐他丁处理组，
LDG—低剂量处理组，MDG—中剂量处理组，HDG—高剂量处理组

图 4-11 澳洲坚果油摄入对高脂小鼠血清 TC（A）、TG（B）、HDL-C（C）和 LDL-C（D）含量的影响

注：ns 代表 $P>0.05$；*和#代表 $P<0.05$，**和##代表 $P<0.01$，***和###代表 $P<0.001$。

血清中胆固醇水平，预防动脉粥样硬化。因此，它的水平是反映胆固醇代谢的重要指标。如图 4-11C 所示，与模型组相比，澳洲坚果油处理显著提高了 HDL-C 水平，低、中、高剂量处理组的 HDL-C 含量分别提高了 16.2%、38.8%、33.5%，且中、高剂量组处理效果与 SIM 处理组相当。然而，LDL-C 的变化趋势则正好相反，随着澳洲坚果油剂量的增加，高脂小鼠血清中 LDL-C 含量逐渐降低，且呈剂量依赖性，说明澳洲坚果油可以通过增加 HDL-C 水平和降低 LDL-C 水平来缓解高脂血症。以上结果表明，澳洲坚果油可以通过降低血脂水平来缓解高脂小鼠的代谢紊乱。

(三) 澳洲坚果油处理对氧化应激指标的影响

高脂血症会引起机体组织和器官的功能异常，进而刺激氧化应激反应。因此，本试验对小鼠血清和肝脏中氧化应激相关指标进行了分析。在血清和肝脏中，GSH-Px、SOD 和 T-AOC 水平可反映试验物质的抗氧化能力，而 MDA 水平则可表征脂质发生过氧化的程度。如图 4-12 所示，与正常组小鼠相比，模型组小鼠血清和肝脏中 GSH-Px、SOD 活性和 T-AOC 明显降低，MDA 含量则明显升高，表明高脂饮食引起了机体的氧化应激反应。经不同剂量澳洲坚果油处理后，与模型组相比，小鼠血清和肝脏中 MDA、T-AOC、SOD 和 GSH-Px 水平得到显著改善，且呈一定的剂量依赖性。与模型组相比，高剂量处理小鼠血清中 GSH-Px、SOD 活性、T-AOC 分别提高 1.09 倍、0.60 倍和 1.30 倍，肝脏中这些抗氧化酶活性也分别提高 4.36 倍、1.53 倍和 3.13 倍。而 MDA 含量则分别降低 39.9% 和 19.8%。此外，高剂量组的作用效果与 SIM 处理组相当。以上结果

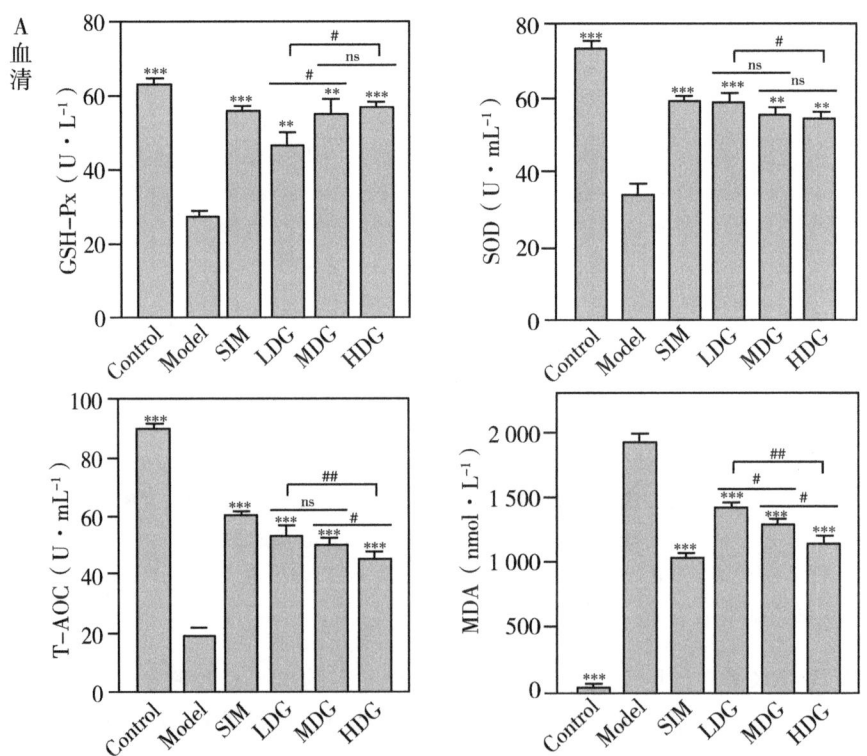

Control—控制组，Model—高脂模型组，SIM—辛伐他丁处理组，
LDG—低剂量处理组，MDG—中剂量处理组，HDG—高剂量处理组

图 4-12 澳洲坚果油摄入对高脂小鼠血清和肝脏中 GSH-Px（A）、SOD（B）和 T-AOC（C）活性及 MDA（D）含量的影响

注：ns 代表 $P>0.05$；* 和 # 代表 $P<0.05$；** 和 ## 代表 $P<0.01$；*** 和 ### 代表 $P<0.001$。

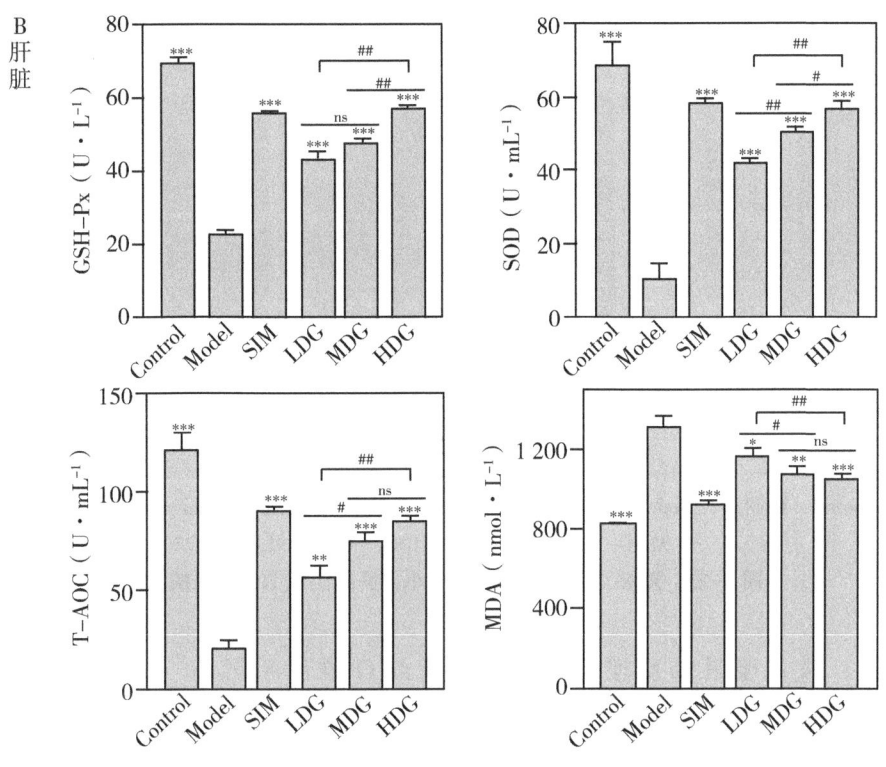

图 4-12（续）

说明，澳洲坚果油摄入能调节抗氧化酶系统，提高抗氧化能力，并缓解了高脂血症引起的氧化应激。这与上述通过化学和细胞试验发现澳洲坚果油具有较强的抗氧化能力结果是相吻合的。

（四）澳洲坚果油处理对肝脏组织 HE 染色的影响

肝脏是参与体内胆固醇合成和代谢的主要器官，长期高脂饮食会导致高脂血症和肝脏脂肪变性。因此，本试验对肝脏组织进行 HE 染色。从图 4-13 中可以看出，正常小鼠的肝脏组织表现出正常的细胞结构和小叶结构，经高脂饮食诱导的高脂血症模型小鼠的肝脏组织可见细胞质空泡和脂肪变性，细胞体积增大，颜色变得苍白，而且脂质损伤面积较正常小鼠增大。当经不同剂量澳洲坚果油干预处理 30 d 后，低、中、高剂量组小鼠肝脏组织的脂质病变逐渐减少，直至消失。而且，经高剂量澳洲坚果油和 SIM 处理的小鼠肝脏组织的脂肪变性程度较低，脂滴分布较均匀，且细胞结构趋于正常。以上结果表明，澳洲坚果油的摄入有效地缓解了高脂血症引起的肝细胞损伤。

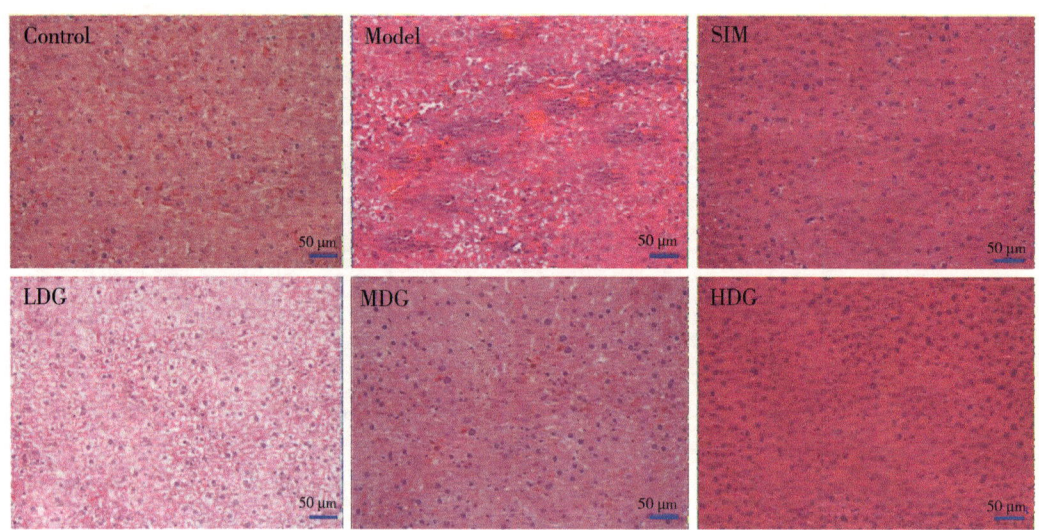

Control—控制组，Model—高脂模型组，SIM—辛伐他丁处理组，LDG—低剂量处理组，
MDG—中剂量处理组，HDG—高剂量处理组

图 4-13　澳洲坚果油摄入对高脂小鼠肝脏组织 HE 染色的影响

(五) 澳洲坚果油处理对肝脏组织油红 O 染色的影响

脂肪堆积是高脂血症的常见现象，如图 4-14 所示，与正常小鼠相比，高脂模型小鼠肝脏组织的颜色变浅，这归因于高脂饮食导致肝脏组织脂质堆积的增加。而经 SIM 和不同剂量澳洲坚果油干预后，与模型组相比，其肝脏组织的颜色得到一定程度的改善，且呈现一定的剂量依赖性。同时，由于油红 O 可以将组织中的脂滴染成红色，因而对肝脏组织的油红 O 染色结果进行了分析。结果发现：正常小鼠的肝脏组织细胞结构正常，细胞核呈蓝色，且没有观察到脂滴沉积；高脂饮食诱导的高脂血症小鼠肝脏组织中存在大量红色脂滴的沉积，且细胞排列混乱；而经 SIM 和不同剂量澳洲坚果油干预后，与模型组相比，其肝脏组织的脂滴沉积得到了明显改善，且澳洲坚果油各剂量间存在一定的剂量依赖性，这与上述肝脏指数的结果是相吻合的。以上结果表明，澳洲坚果油的摄入缓解了高脂血症引起的肝脏组织脂肪堆积。

(六) 澳洲坚果油处理对脂肪组织 HE 染色的影响

在相同放大率的显微镜下，脂肪细胞的大小可以反映出高脂血症引起的脂肪堆积程度。因此，本试验通过附睾脂肪组织的切片来观察脂肪细胞的大小。正常小鼠的脂肪细胞呈蜂窝状，细胞数量多，而高脂模型小鼠的脂肪细胞在同一视野内，其细胞明显增大且数量减少。而经不同剂量澳洲坚果油和 SIM 干预处理后，与高脂模型相比，其脂肪细胞的增大得到明显的抑制且数量增加。其中 SIM 组与高剂量组的改善效果最好，基本可以接近正常小鼠。此外，还发现脂肪细胞的改善效果与澳洲坚果油的剂量存在一定的依赖性。以上结果说明，澳洲坚果油摄入可以有效改善高脂血症小鼠的脂肪堆积和脂

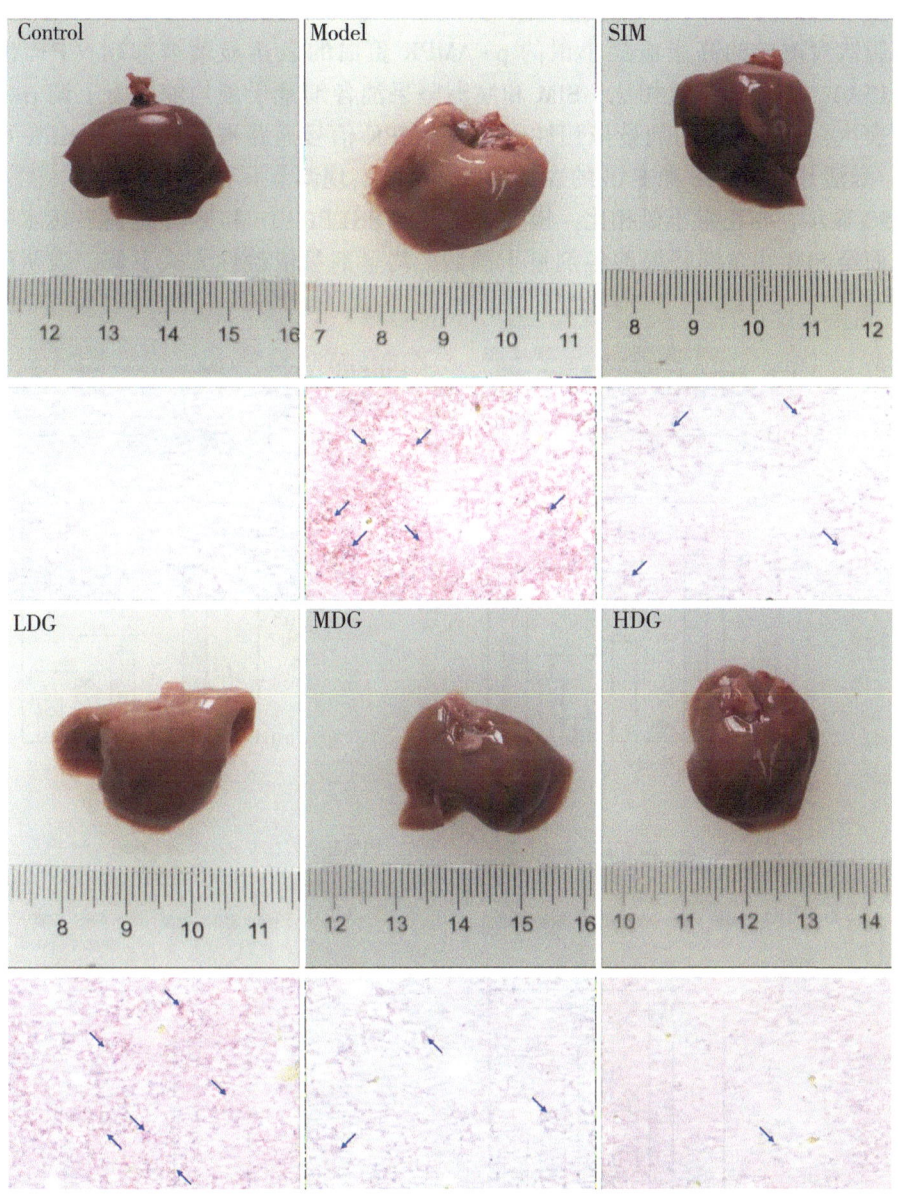

Control—控制组，Model—高脂模型组，SIM—辛伐他丁处理组，
LDG—低剂量处理组，MDG—中剂量处理组，HDG—高剂量处理组

图 4-14 澳洲坚果油摄入对高脂小鼠肝脏组织油红 O 染色的影响（200 倍）

肪代谢。

（七）澳洲坚果油处理对 AMPK/Nrf2 信号通路的影响

澳洲坚果油可以通过激活 AMPK 和 Nrf2 信号通路发挥降脂功效。为了进一步验证其降脂机制，本试验采用蛋白免疫印迹方法分析了澳洲坚果油摄入对 AMPK 和 Nrf2 信号通路中的关键靶点蛋白表达的影响，结果如图 4-15 所示。AMPK 是调节脂质代谢和

维持能量平衡的重要因子，可通过磷酸化转录因子调节相关基因的表达。与正常小鼠相比，高脂饮食诱导的高脂血症小鼠的 p-AMPK 蛋白的表达显著被抑制（$P<0.001$）（图4-15A）。而与模型组相比，SIM 和澳洲坚果油各剂量干预均能显著上调 p-AMPK 蛋白的表达，且呈一定的剂量依赖性，表明 AMPK 信号通路被激活。p-AMPK 可以通过抑制/激活 SREBP-1c 和 FAS 的表达水平，从而实现调节肝脏的脂质代谢。图4-15B 和 4-15C 显示，与正常小鼠相比，模型组小鼠的 SREBP-1c 和 FAS 蛋白表达水平显著升高；而经 SIM 和澳洲坚果油各剂量干预后，均呈剂量依赖性方式下调，表明激活的

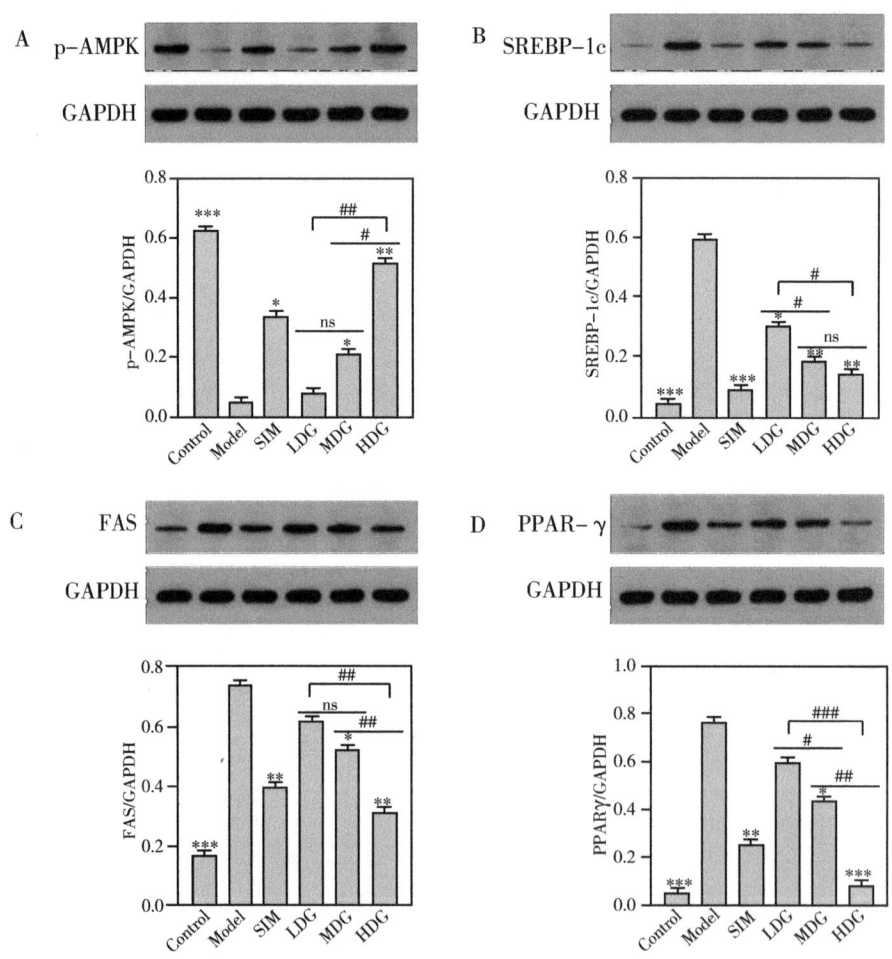

A—p-AMPK，B—SREBP-1c，C—FAS，D—PPAR-γ，E—ACC，F—HO-1，
G—Nrf2，H—γ-GCS；Control—控制组，Model—高脂模型组，SIM—辛伐他丁处理组，
LDG—低剂量处理组，MDG—中剂量处理组，HDG—高剂量处理组

图4-15 澳洲坚果油摄入对高脂小鼠肝脏脂质代谢相关蛋白表达水平的影响

注：ns 代表 $P>0.05$，*和#代表 $P<0.05$，**和##代表 $P<0.01$，***和###代表 $P<0.001$。

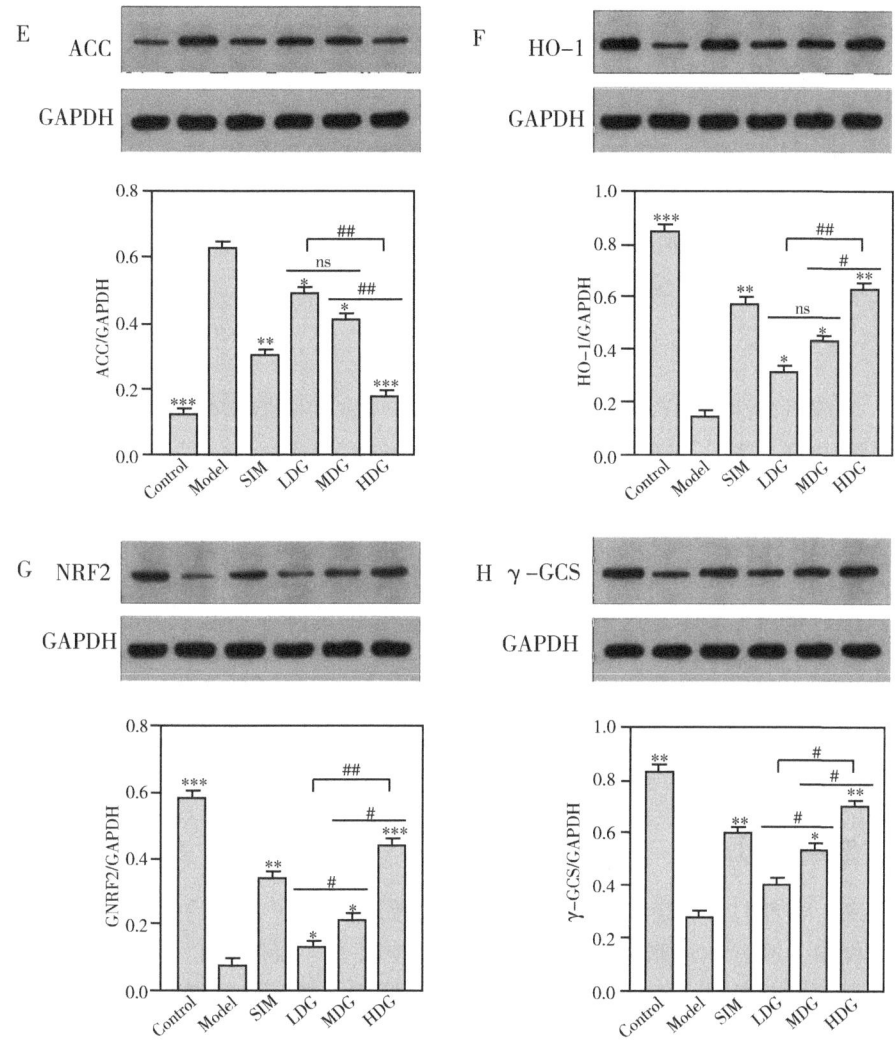

图 4-15（续）

p-AMPK 抑制了 SREBP-1c 和 FAS 蛋白的表达，进而抑制肝脏脂质的合成。对影响脂质代谢的 ACC 和 PPAR-γ 蛋白表达水平进行分析，结果表明，与正常小鼠相比，它们在高脂模型小鼠中的表达水平也是显著增加的（图 4-16D 和 4-16E）；而经 SIM 和澳洲坚果油各剂量干预后，也呈剂量依赖性降低。以上结果进一步证实了澳洲坚果油的摄入可以激活 AMPK 信号通路，通过抑制脂质代谢相关蛋白（SREBP-1c、FAS、ACC 和 PPAR-γ）的表达来发挥降脂功效。

此外，脂质堆积通常会引起机体的氧化应激反应。Nrf2 信号通路在调节氧化应激反应起着关键作用，正常情况下，Nrf2 蛋白是与 keap1 蛋白结合的，以非活性的形式存在于细胞质中，当机体发生氧化应激后，磷酸化的 keap1 蛋白被转移的细胞核中，游离的 Nrf2 可以通过与抗氧化成分反应而激活。图 4-15G 显示了模型组的 Nrf2 蛋白表达水平与正常小鼠相比显著降低，而经 SIM 和澳洲坚果油各剂量干预后，与模型组相比，Nrf2 蛋白的表达水平以剂量依赖性方式显著增加，说明 Nrf2 信号通路被激活。同时，对 Nrf2 下游基因 HO-1 和 γ-GCS 的蛋白表达水平进行分析，结果显示模型组的 HO-1 和 γ-GCS 蛋白表达水平也显著降低，而经 SIM 和澳洲坚果油各剂量干预后，与模型组相比，HO-1 和 γ-GCS 蛋白表达水平均以剂量依赖性方式显著增加。以上结果也进一步证实澳洲坚果油摄入可以激活 Nrf2 信号通路，通过促进氧化应激相关蛋白表达来缓解机体氧化应激造成的肝脏损伤，进而起到促进降脂功效。以上结果进一步证实，澳洲坚果油通过激活 AMPK 和缓解氧化应激来实现降血脂功效。

（八）结　论

（1）澳洲坚果油处理有效缓解了高脂小鼠的体重和脏器指数增加，显著降低了高脂小鼠血清中 TC、TG、LDL-C 水平并增加了 HDL-C 水平。

（2）澳洲坚果油处理以剂量依赖性的方式缓解了机体的氧化应激效应，表现为高脂小鼠血清和肝脏中 GSH-Px、SOD 活性和 T-AOC 明显升高，MDA 含量显著降低。

（3）澳洲坚果油处理显著改善了高脂小鼠肝脏脂肪堆积和病变。

（4）通过蛋白免疫印迹进一步证实了澳洲坚果油的降血脂功效与激活 AMPK 信号通路和缓解氧化应激有关。

第二节　澳洲坚果油凝胶制备技术及应用

一、油凝胶概述

近年来，学者们对油凝胶和油凝胶化机制的研究产生了极大的兴趣。在可食用油凝胶制备过程中，通过在油脂中添加少量的油凝胶因子（凝胶剂）诱导油凝胶的形成。凝胶剂首先通过无规则、不定向地聚集形成一级结构，然后以自组装或者结晶的方式形成纤维状或片状等形态的聚集体从而形成二级结构，聚集体继而形成三维网状结构，阻止油脂的流动，从而使整个体系凝胶化。油凝胶在食品领域的应用已有大量研究，其中最有前景的是将其作为脂肪替代物，以获得更健康的食物，同时减少饱和或反式脂肪酸的含量。澳洲坚果油富含不饱和脂肪酸（>80%）和植物甾醇、角鲨烯等多种有益的脂质伴随物，且具有抗氧化、降血脂、抗炎等多种营养功效，符合人们对营养健康的需求，用来开发油凝胶产品具有巨大的潜力和市场前景。

（一）凝胶机制

目前，油凝胶化机制比较清晰，根据油凝胶因子的类型，大致包括晶体粒子网络、自组装、聚合网络以及间接凝胶化。

（1）晶体粒子网络结构化油凝胶：这类油凝胶的凝胶剂主要包括单硬脂酸甘油酯、植物甾醇、脂肪醇以及一些植物蜡。这些凝胶剂的凝胶机理与传统的高熔点的固体脂肪类似，通过凝胶剂的结晶与聚集形成网络结构来限制液态油脂流动，从而形成凝胶状。

但是，这类凝胶剂形成晶体的类型、形态和结晶特性与传统的固体脂肪不同，主要体现在成核、晶体生长方向等，如小烛树蜡和单硬脂酸甘油酯基油凝胶倾向于形成一维或二维晶体形态，而传统的固体脂肪具有全方位、多维生长的特点，形成近似球形的晶体形态。在这类凝胶剂中，蜡和单硬脂酸甘油酯是应用最为广泛的，不同蜡形成的油凝胶在物理化学性质方面存在较大显著差异，有学者从流变、热力学和氧化稳定性方面研究了不同植物蜡制备菜籽油凝胶，发现小烛树蜡油凝胶具有最高的质地和最低的过氧化值，且质地较高的油凝胶在贮藏过程中表现出更强的抗氧化能力；除此之外，还有学者比较了不同浓度的米糠蜡、小烛树蜡和巴西棕榈蜡对菜籽油凝胶的影响，发现小烛树蜡形成油凝胶的晶体尺寸较小，空间分布均匀，且具有较好的油结合能力。同时，单硬脂酸甘油酯的浓度和加工条件对油凝胶的物理化学性质也有显著影响，凝胶过程中冷却温度会影响油凝胶的晶型和物理化学性质。此外，与单一凝胶剂相比，复合凝胶剂形成的油凝胶表现出更强的凝胶网络结构。

（2）自组装纤化网络结构化油凝胶：这类凝胶剂主要包括山梨醇酐单硬脂酸酯、γ-谷维素和β-谷甾醇的混合物等，它们是通过凝胶剂在油相中自组装形成初始结构单元，再经过一维生长、螺旋和扭转形成数百微米的纤维网状结构，限制液态油的迁移，使整个体系凝胶化。具体而言，γ-谷维素和β-谷甾醇混合油凝胶中存在中空纤维的形状和自组装机制；随着冷却速率的增加，单硬脂酸山梨醇酯油凝胶微观结构形成结晶度指数较高的三维网络且晶体变小。

（3）聚合物网络结构化油凝胶：构成这类油凝胶的凝胶剂主要是乙基纤维素，在凝胶化过程中，当乙基纤维素和油的混合物达到凝胶化温度时，部分结晶区转变为无定形区，导致乙氧基暴露，溶解后的聚合物链由柔性状态变为刚性状态，这一过程伴随着分子间氢键的形式，液态油被固定在形成的珊瑚状聚合物网络中。由于这种油凝胶主要是通过物理作用形成的，凝胶结构比较脆弱，在很大程度上会受到处理条件、溶剂极性和表面活性剂添加等因素影响，因此，其应用也受到一定限制。

（4）间接结构化油凝胶：直接结构化油凝胶的制备一般都需要加热，有些甚至需要高温（>100 ℃），可能导致油脂氧化变质，因此可采用间接法制备油凝胶。在间接凝胶法中，通常采用乳液模型制备油凝胶，首先将食品聚合物（蛋白质、多糖等）分散在水相中，再与液体油通过高速分散或微射流等剪切作用进行乳化，然后经干燥将水完全去除，形成一个将油滴紧密包裹的聚合物网络。有研究者以甲基纤维素和羟丙基甲基纤维素作为凝胶剂，通过乳液模型方法成功制备了葵花籽油—油凝胶，且随着羟丙基甲基纤维素浓度的增加，形成油凝胶表现出更强的机械结构和优越的油结合能力。

综上所述，通过不同凝胶机制形成的油凝胶，其结构、物理化学性质等均存在显著性的差异，针对不同的需求和应用场景，凝胶因子的选择至关重要。因此，研究不同凝胶机制对澳洲坚果油凝胶的结构和物理化学性质影响，对指导澳洲坚果油凝胶的应用具有重要意义。

（二）油凝胶应用

油脂的凝胶化不会改变其脂肪酸结构或产生反式脂肪酸，因此，油凝胶被认为是传统固体脂肪的最佳替代品。在富含脂类食品中，油凝胶可以用来限制液态油的流动和迁移，并能部分或完全取代饱和脂肪，现已在巧克力、涂抹酱、乳制品、肉制品和焙烤食品等产品中得到广泛应用（图4-16）。

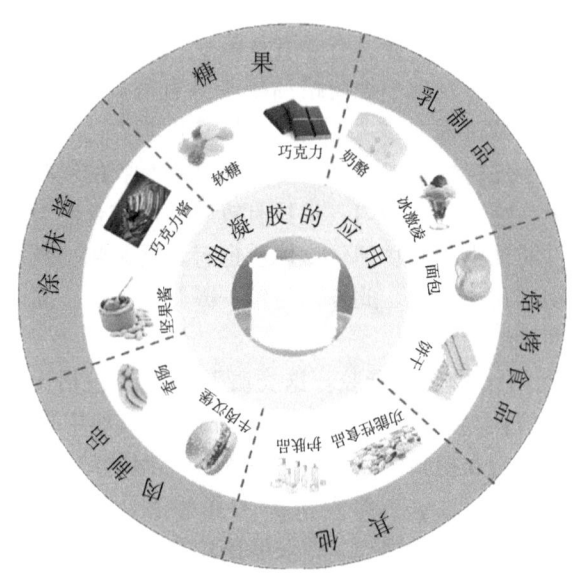

图4-16　油凝胶的应用

（1）巧克力产品：巧克力是一种由连续相（多种脂肪）和分散相（可可粉、糖粉）组成的多相体系，其面临的主要问题是产品的热稳定性差和贮藏过程中油脂的迁移。油凝胶体系可以固定油脂并提高脂质的熔点，已有少量研究探讨了油凝胶在巧克力中的应用。有学者采用不同类型的玉米油凝胶（单硬脂酸甘油酯、谷甾醇/卵磷脂、乙基纤维素）替代黑巧克力中的可可脂，并对油凝胶基巧克力的质构、热力学和流变性质进行了研究，发现部分油凝胶替代可可脂制备油凝胶基巧克力的热力学行为和形态与传统黑巧克力类似，在替代50%可可脂时，含乙基纤维素油凝胶基巧克力的硬度较高，且只有含乙基纤维素的油凝胶可以100%替代可可脂而不改变巧克力的固有形态，油凝胶基巧克力还具有较高的不饱和脂肪酸含量。此外，含乙基纤维素的油凝胶被认为具有生产耐热巧克力的潜力。因此，油凝胶可以用于生产更健康营养的巧克力产品。

（2）涂抹酱：酱类产品尤其是坚果酱，由于脂质含量高，在贮藏过程中易发生油析现象，导致产品质地黏稠坚硬并且涂抹性不佳。有研究表明，油凝胶化的应用可以在一定程度上改善高脂制品的涂抹性和延缓油脂迁移，有学者采用油凝胶部分或完全替代巧克力酱中的椰子油，发现部分替代有助于改善巧克力酱的涂抹性能，而完全替代则会导致涂抹不均匀，且50%油凝胶替代与完全使用椰子油的巧克力酱表现出相似的感官特性。另外，有研究表明天然蜡基油凝胶可以有效改善芝麻酱中油脂迁移现象，且不会对产品的结构和感官属性产生负面影响。

（3）乳制品：油凝胶还可以作为乳制品中脂肪的替代物，如奶酪芝士产品。有研究表明，与全脂奶酪芝士样品相比，用米糠蜡制备的油凝胶基奶酪芝士样品表现出相似的硬度、涂抹性和黏性，乙基纤维素制备的样品则具有较低的黏度；与无脂奶酪芝士样品相比，油凝胶基奶酪芝士样品的储藏模量均显著提高。此外，有学者采用含12%凝胶剂的油凝胶制作冰激凌，发现其与用奶油制作的产品表现出相似甚至更优越的品质。因此，油凝胶应用于健康乳制品生产具有广阔的前景。

（4）肉制品：对加工肉制品来说，食用油凝胶的应用可以降低产品中总脂肪和胆固醇含量，改善脂肪酸组成，生产出更为健康的肉糜制品。有学者采用羟丙基甲基纤维素基油凝胶替代肉饼中的牛油，其饱和脂肪酸含量显著降低，且油凝胶的添加降低了肉饼的蒸煮损失，质地更鲜嫩，而感官特性却不受影响；有研究还评价了不同含量蜂蜡基芝麻油凝胶替代动物脂肪对牛肉汉堡的理化性质影响，发现含油凝胶的牛肉汉堡不具备传统汉堡的纹理，但表现出更好的抗氧化和蒸煮收缩特性，并降低了蒸煮损失和脂肪吸收。因此，通过油凝胶替代动物脂肪可以生产出可接受的、更具营养优势的肉制品。

（5）焙烤食品：常见焙烤食品包括饼干、面包等，这类产品制作过程中均需要添加大量的饱和脂肪（如人造黄油、起酥油或黄油等），以保证产品的风味和口感。随着人民生活水平和营养健康需求的提高，饱和脂肪替代物越来越受到青睐。有学者采用可食用植物油与天然蜡形成的油凝胶作为饼干生产过程中的传统人造黄油，生产出来的饼干与人造黄油制备的饼干具有相似的品质特性；有研究还用小烛树蜡制备的菜籽油凝胶部分或全部替代黄油，探究其对小麦海绵蛋糕的淀粉消化率和结构特性影响，发现油凝胶替代比例的增加会显著降低产品黏弹性，改善产品的结构特性，且增加体外淀粉的消化率。因此，油凝胶应用于焙烤食品中替代饱和脂肪可能是未来的发展方向。

此外，油凝胶也被认为是调节脂质消化和输送营养物质或生物活性分子的有效工具。营养物质或生物活性分子的递送一般需要封装到一个合适的递送体系中，但在大多数递送体系（如乳剂、水凝胶、纳米颗粒）中，营养物质或生物活性分子在储存过程中容易结晶和沉淀，这极大地限制了其有效负载量和生物利用度。食品级油凝胶的三维网络结构可以为营养物质或生物活性分子提供物理屏障，延缓营养物质或生物活性分子的释放，已被广泛应用于生物活性物质的装载，以提高营养物质的溶解度和生物利用度。有学者研究不同凝胶剂对负载姜黄素葵花籽油凝胶的脂解和姜黄素的生物可及性影响，发现凝胶强度与脂解程度呈负相关，且含有晶体粒子网络结构的油凝胶（凝胶剂为单硬脂酸甘油酯和米糠蜡）表现出较低姜黄素的生物可及性，说明凝胶剂类型会影响油凝胶的消化和生物活性物质的生物可及性；有报道还发现含量为10%的β-胡萝卜素在油凝胶中不会产生结晶，而在相同条件下的纯油相中则会形成结晶并析出，说明油凝胶化可以提高β-胡萝卜素的负载能力和稳定性。此外，有研究体外消化过程中负载姜黄素油凝胶中姜黄素的生物可及性发现，油凝胶中姜黄素的生物可及性高达67.66%，而非凝胶化油中姜黄素的生物可及性仅为35.95%，说明油凝胶化可以显著提高姜黄素的生物可及性。这些发现可为澳洲坚果油凝胶应用于亲脂性生物活性物质的递送提供借鉴，为澳洲坚果油凝胶功能食品开发提供新思路。

二、澳洲坚果油凝胶的制备及性质表征

澳洲坚果油富含不饱和脂肪酸（＞80%），且具有较好的降血脂功效，在功能性食

品和膳食补充剂的开发方面具有较大的潜力。但由于不饱和脂肪酸含量高,其在储藏和加工过程中极易发生氧化,这不仅影响其物理化学性质,而且还会影响其感官和营养属性。大量研究已表明,油凝胶化作为一种通过自组装形成三维网络结构将液态油转变成类固态凝胶的有效手段,不仅可以提高油脂的氧化稳定性,而且在替代许多食品中的饱和脂肪也表现出独特优势。然而,油脂种类、凝胶剂浓度和类型等因素均会显著影响油凝胶的性能,有学者以β-谷甾醇和硬脂酸为凝胶剂,比较4种植物油制备的油凝胶,发现油脂种类对油凝胶的硬度、油结合能力、微观结构、晶型和流变特性等均有显著影响;有研究也证实油脂中不饱和脂肪酸含量和类型会影响油凝胶的结晶行为。目前,关于澳洲坚果油凝胶体系的构建、性质表征等方面的研究还未见有报道。

此外,油凝胶也被认为是调节脂质消化和输送营养物质或生物活性分子的有效工具。有研究报道凝胶结构会显著影响负载姜黄素葵花籽油凝胶的体外脂解和姜黄素的生物可及性,凝胶强度越大,脂解程度越低,且含有晶体颗粒的油凝胶呈现较低的生物可及性;有学者也证实凝胶剂类型会影响菜籽油凝胶在体外消化过程中的脂解程度,以单双甘酯为凝胶剂制备的油凝胶表现出高达90%的游离脂肪酸释放率;这些结果表明,在设计具有特定功能的食品时,通过合理选择凝胶剂的类型和浓度可以改变脂质消化或控制生物活性物质的释放。因此,明晰凝胶结构对澳洲坚果油凝胶的体外脂解和负载生物活性物质的生物可及性影响至关重要。

因此,本研究以澳洲坚果油为原料,采用4种低分子量凝胶剂[蜂蜡、单硬脂酸甘油酯、精制米糠蜡以及γ-谷维素与β-谷甾醇的混合物(其配比为3∶2)]制备澳洲坚果油凝胶,探究凝胶剂浓度、类型对澳洲坚果油凝胶的形貌、微观结构、分子间相互作用力、晶体形态、流变特性、氧化稳定性和模拟体外消化过程中游离脂肪酸释放等性质影响,并考察油凝胶作为可可脂替代物对巧克力的硬度、流变和热稳定性等性质影响;同时,通过负载脂溶性虾青素,研究虾青素对不同类型澳洲坚果油凝胶的形貌、微观结构、分子间相互作用力、晶体形态、流变特性和氧化稳定性的影响,并基于体外消化模型,研究凝胶剂类型对澳洲坚果油凝胶的体外脂解和虾青素的生物可及性影响。

(一)凝胶剂浓度对澳洲坚果油凝胶的结构和理化性质影响

首先,以单硬脂酸甘油酯[MG,添加量(质量百分比)分别为0%、1.0%、3.0%、5.0%、7.0%、10.0%和15.0%]作为凝胶剂,在90 ℃下磁力搅拌($400 \text{ r} \cdot \text{min}^{-1}$)加热30 min,使其完全溶解在澳洲坚果油中。然后,样品在室温下冷却,4 ℃冰箱储存过夜,以制备澳洲坚果油凝胶。采用偏振光显微镜、傅里叶变换红外光谱、差示扫描量热法、X射线衍射、质构和流变学分析等方法评价油凝胶的物化特性,并分别采用pH滴定法和加速氧化法测定澳洲坚果油的脂解和氧化稳定性。最后,探究澳洲坚果油凝胶替代可可脂的可行性,并对油凝胶基巧克力(制备工艺如图4-17所示)的脂肪酸组成、固体脂肪含量、硬度、流变性和热行为进行表征。研究结果可为澳洲坚果油凝胶的制备及其在食品工业中的应用提供参考。

1. 外观形貌和微观结构分析

油凝胶的形成在很大程度上取决于凝胶剂的类型和浓度。本试验首先基于MG作为

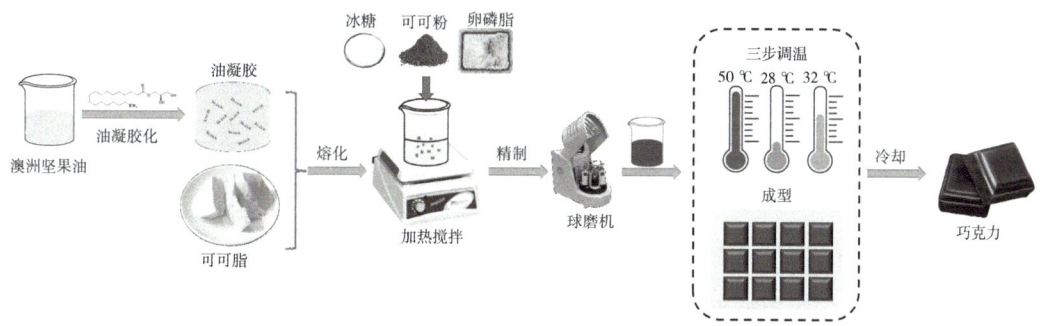

图 4-17 澳洲坚果油凝胶基巧克力制备工艺示意

凝胶剂，研究凝胶剂浓度对澳洲坚果油凝胶的结构和理化性质影响。MG 是一种由一个极性头基团（甘油）和一个非极性尾基团（硬脂酸）组成的低分子量凝胶剂。MG 可以在热油中溶解，然后通过冷却使其结晶并形成 3D 晶体网络，从而将液态油转化为半固态状脂肪。通过装有样品烧杯倒置观察，来确定澳洲坚果油凝胶形成所需最低 MG 浓度。如图 4-18A 所示，当 MG 浓度为 3% 及以上时，澳洲坚果油形成了不流动的固态状凝胶，且当 MG 浓度超过 3% 时，所有油凝胶样品都表现出不透明的乳脂状外观。采用偏振光显微镜观察不同 MG 浓度制备澳洲坚果油凝胶的微观结构（图 4-18B），发现

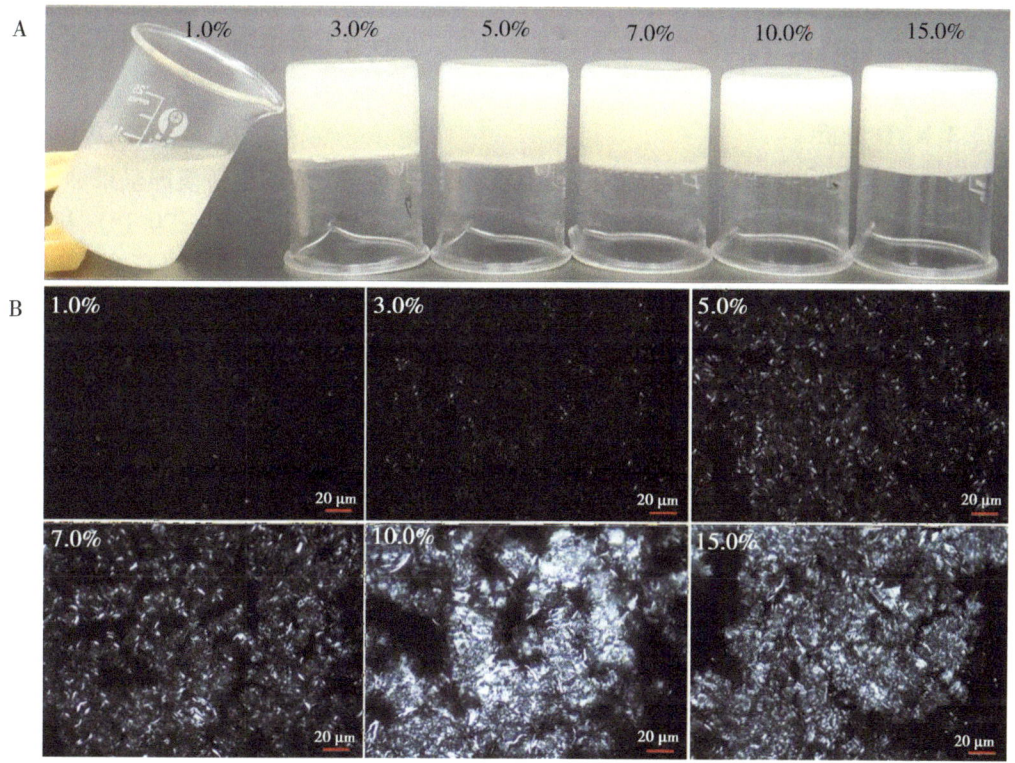

图 4-18 不同浓度 MG 制备澳洲坚果油凝胶的外观形貌（A）和偏振光显微镜（B）

MG在油相中形成了针状晶体，且均匀分布在整个油相。当MG浓度低于3%时，其不足以在澳洲坚果油中形成稳定的三维晶体网络，因此样品无法保持自身的形态而流动。随着MG浓度的增加，油凝胶体系中晶体的大小和数量增加。当浓度足够高时，MG晶体网络扩展到整个油相，从而使样品具有类固体特性。MG浓度越高，热的MG—油混合溶液在冷却过程中过饱和程度越高，这将促进成核和结晶现象，从而形成更强的晶体网络。

2. FTIR 分析

FTIR被广泛用于表征材料的分子结构和相互作用。MG、澳洲坚果油和澳洲坚果油凝胶的FTIR光谱如图4-19A所示。可以看出，澳洲坚果油和MG在2 924 cm^{-1}、2 853 cm^{-1}和1 746 cm^{-1}处观察到吸收峰，这归因于C-H和C=O基团的伸缩振动。澳洲坚果油在3 004 cm^{-1}处存在一个小而尖锐的吸收峰，这是-CH基团的伸缩振动峰。在1 000～1 500 cm^{-1}范围内的吸收峰主要归因于CH_2（约1 464 cm^{-1}）和CH_3（约1 377 cm^{-1}）基团的C-H弯曲振动，以及C-O-H（约1 164 cm^{-1}）和C-O-C（约1 093 cm^{-1}）基团的C-O伸缩振动，而在720 cm^{-1}处的吸收峰则归因于烷基链中的$(CH_2)_n$弯曲振动。与澳洲坚果油和MG的FTIR光谱图相比，在所有澳洲坚果油凝胶的光谱图中未观察到吸收峰的产生或消失，说明油凝胶的形成过程中未发生共价相互作用。但随着MG浓度的增加，油凝胶样品的C-H伸缩振动峰分别由2 924.07 cm^{-1}和2 853.59 cm^{-1}转变成2 923.23 cm^{-1}、2 853.07 cm^{-1}，说明存在范德华力相互作用。在3 150～3 500 cm^{-1}范围内的吸收峰强度随着MG浓度的增大而增强，这说明存在分子间氢键作用。

3. XRD 分析

通过XRD分析澳洲坚果油凝胶的晶体形态。不同MG浓度制备澳洲坚果油凝胶的XRD图如图4-19B所示。从图中可以看出，在4.4～4.7Å（18.7°～20.1°）和3.8～4.0Å（22°～23.2°）的广角范围内存在吸收峰，这表明油凝胶样品中存在β-和β′-多晶态。随着MG浓度的增加，其吸收峰强度逐渐增强，但其位置未发生改变，说明澳洲坚果油凝胶中晶体数量增加了，但其晶体形态没有改变。这与前面通过偏振光显微镜观察的结果相符（图4-18B）。

4. DSC 分析

通过DSC分析了不同MG浓度制备澳洲坚果油凝胶的热力学行为。图4-19C显示了澳洲坚果油凝胶样品在冷却和加热过程中的热流曲线。除澳洲坚果油外，所有油凝胶样品的结晶和熔化曲线均存在两个吸/放热峰，且吸/放热峰的强度在低温时较小，而高温时较大。这些峰的存在表明MG在澳洲坚果油中存在多晶态。这两个峰的产生分别归因于澳洲坚果油凝胶中β′和β-晶体形态的存在，这与MG中不饱和和饱和脂肪酸组分的存在相关。

在冷却过程中，随着MG浓度的增加，第一个结晶峰（峰1）的转变温度（T_m）和焓值（ΔH_m）显著增加。当MG浓度从1%增加到15%时，T_m从17.70 ℃升高到52.20 ℃，ΔH_m从0.44 $J \cdot g^{-1}$增加到12.10 $J \cdot g^{-1}$（表4-1）。而第二个结晶峰（峰

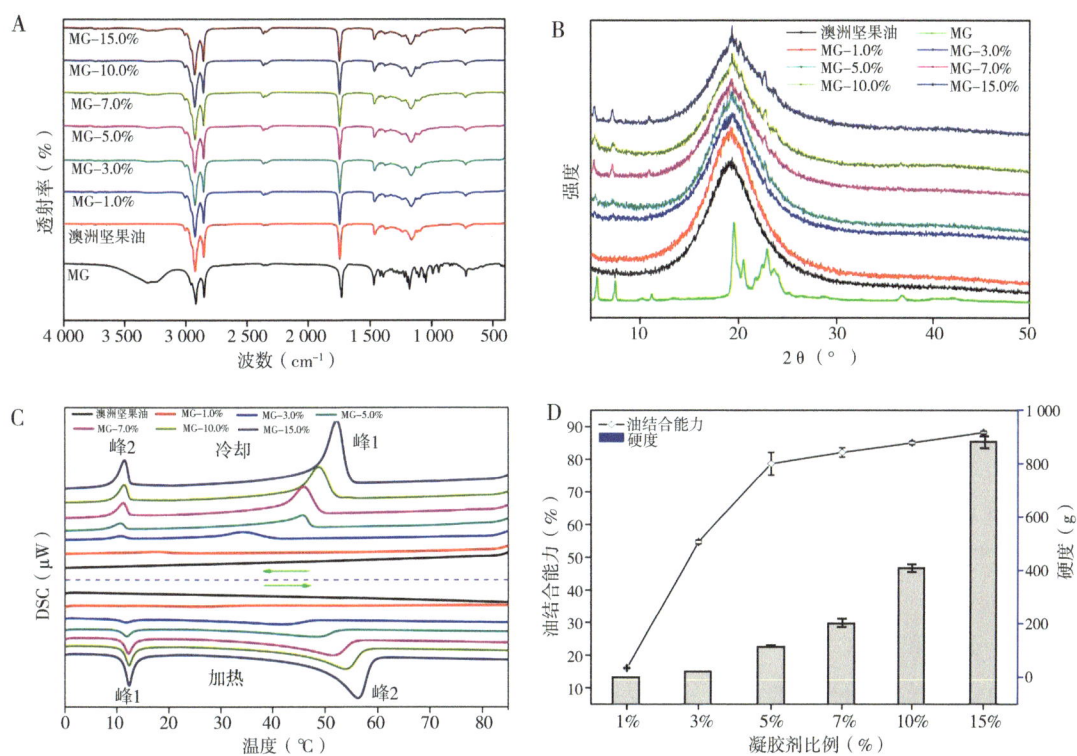

图 4-19 不同浓度 MG 制备澳洲坚果油凝胶的 FTIR 光谱图（A）、X 射线衍射图（B）、DSC 曲线（C）、油结合能力和硬度（D）

2）的 T_m 则没有显著变化，但 ΔH_m 从 0.10 J·g^{-1} 增加到 2.60 J·g^{-1}。其中焓值（峰 1）的增加是由于有更多的 MG 分子参与晶体形成，而 T_m 的升高则归因于过饱和程度增加，有利于成核。峰 2 的 T_m 与 MG 浓度无关，这与澳洲坚果油凝胶中晶体的多态转变有关。

在熔化阶段也观察到类似的趋势。样品在加热过程中，峰 1 的 T_m 显示与 MG 浓度不存在依赖性，但 ΔH_m 随着 MG 浓度的增加从 0.10 J·g^{-1} 增加到 2.86 J·g^{-1}。相反，峰 2 的 T_m 和 ΔH_m 则均显著增加，T_m 从 29.89 ℃ 上升到 56.39 ℃，ΔH_m 从 0.44 J·g^{-1} 增加到 12.90 J·g^{-1}。以上结果表明，MG 浓度的增加会提高澳洲坚果油凝胶的熔化温度。

表 4-1 澳洲坚果油凝胶在结晶和熔化过程中的热力学参数

样品	结晶过程				熔化过程			
	峰 1		峰 2		峰 1		峰 2	
	T_m (℃)	ΔH_m (J·g^{-1})	T_m (℃)	ΔH_m (J·g^{-1})	T_m (℃)	ΔH_m (J·g^{-1})	T_m (℃)	ΔH_m (J·g^{-1})
MG-1.0%	17.70± 0.20a	−0.44± 0.11f	11.52± 0.20a	−0.10± 0.05f	12.35± 0.22a	0.10± 0.04a	29.89± 0.30a	0.44± 0.16a

（续表）

样品	结晶过程				熔化过程			
	峰1		峰2		峰1		峰2	
	T_m（℃）	ΔH_m（J·g^{-1}）	T_m（℃）	ΔH_m（J·g^{-1}）	T_m（℃）	ΔH_m（J·g^{-1}）	T_m（℃）	ΔH_m（J·g^{-1}）
MG-3.0%	35.10±0.11b	-2.06±0.10e	11.80±0.20a	-0.36±0.03e	12.40±0.09a	0.39±0.03b	43.70±0.20b	1.98±0.10b
MG-5.0%	45.46±0.02c	-2.91±0.13d	11.45±0.18a	-0.71±0.10d	12.27±0.10a	0.69±0.05c	48.84±0.21c	3.21±0.08c
MG-7.0%	45.84±0.03d	-4.92±0.21c	11.47±0.15a	-1.06±0.04c	12.25±0.07a	1.13±0.10d	51.26±0.16d	5.24±0.21d
MG-10.0%	48.66±0.10e	-6.19±0.16b	11.50±0.10a	-1.46±0.10b	12.44±0.13a	1.61±0.09e	53.87±0.13e	6.56±0.16e
MG-15.0%	52.20±0.12f	-12.10±0.20a	11.66±0.11a	-2.60±0.11a	12.45±0.16a	2.86±0.13f	56.39±0.22f	12.90±0.25f

注：同一列的不同字母代表数据间的显著性差异（$P<0.05$）；T_m—转变温度，ΔH_m—焓值。

5. 硬度和 OBC 分析

油凝胶样品的硬度和 OBC 分别反映其机械强度和持油能力，这与油凝胶中结晶网络的形成有关。不同 MG 浓度制备澳洲坚果油凝胶的硬度和 OBC 如图 4-19D 所示。可以看出，随着 MG 浓度从 1.0% 增加到 15.0%，油凝胶的硬度和 OBC 均发生显著变化，硬度从 2.25 g 增加到 883.7 g，OBC 从 16.1% 增加到 88.3%，这说明 MG 在油凝胶中形成了三维网络结构，改善了其机械强度，并已束缚了澳洲坚果油。其硬度的增加可能是由于 MG 浓度较高时更容易形成 β-晶型，澳洲坚果油凝胶的硬度与其 OBC 结果呈正相关。

6. 流变性质分析

MG 浓度对澳洲坚果油凝胶的流变特性影响如图 4-20 所示。频率扫描试验结果表明，在 0.1~25 Hz 的频率范围内，所有油凝胶样品的储存模量（G'）均大于损失模量（G''）（图 4-20A），这与类固态状流体行为相符。当 MG 浓度从 3.0% 增加到 15.0%，G' 和 G'' 均逐渐增大。这些结果表明，随着 MG 浓度的增加，形成了更强的凝胶网络，这归因于更多的 MG 晶体在油相中形成了致密的三维晶体网络。这与上述硬度、OBC 和偏振光显微镜的结果是相吻合的。同时，澳洲坚果油凝胶的复合黏度也随着 MG 浓度的增加而增加（图 4-20B），但随着频率的增加而减小，呈现剪切稀化行为。

同时，在固定频率（1 Hz）和应力（0.01%）条件下，考察了澳洲坚果油凝胶在加热和冷却过程（20~90 ℃）中 G' 和 G'' 随温度的变化情况，结果如图 4-20C 和 4.20D 所示。当 $G'>G''$ 时样品呈固态，而 $G'<G''$ 时则呈液态。在加热过程中（图 4-20C），G' 和 G'' 都急剧下降，直至 $G'=G''$，表明加热使油凝胶发生熔化。且随着 MG 浓度的增加，油凝胶样品的熔化温度（$G'=G''$ 时的温度）逐渐升高，这与 DSC 结果相符。然而，在冷却过程中则正相反（图 4-20D），当温度达到特定值（$G'=G''$ 时的温度）时，G' 和 G''

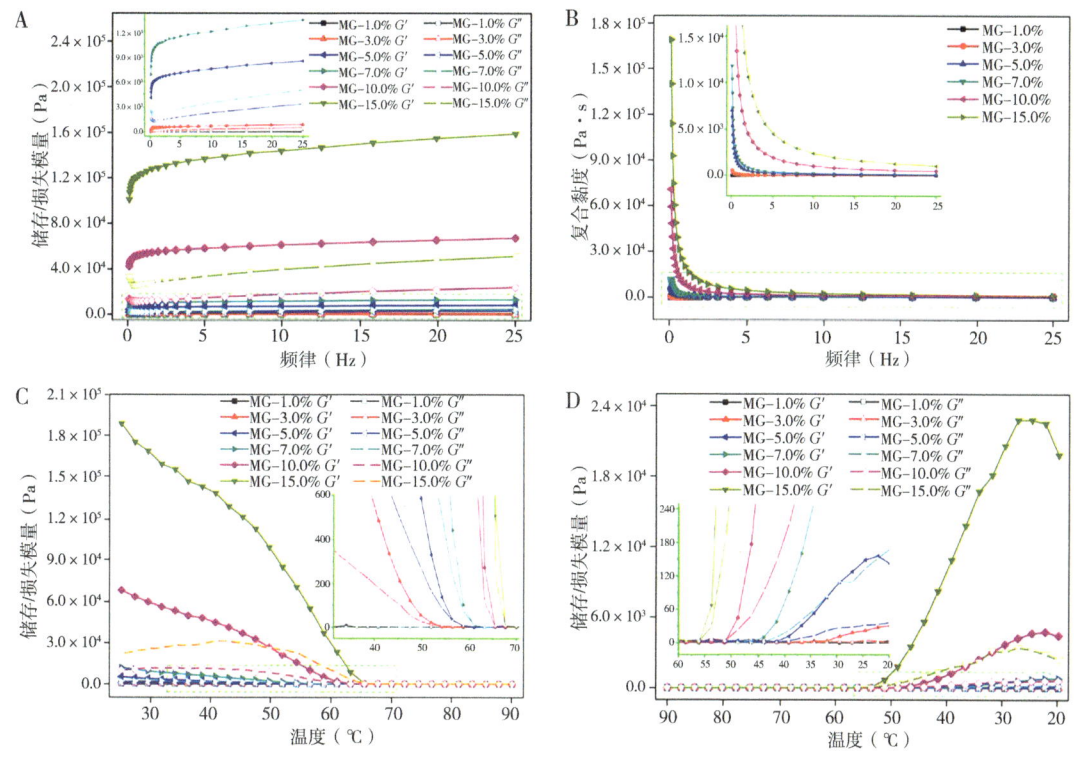

曲线 G'—储存模量，曲线 G''—损失模量

图 4-20 不同浓度 MG 制备澳洲坚果油凝胶的储存和损失模量（A）、复合黏度（B）和温度扫描（C 为加热过程，D 为冷却过程）

均急剧增加，这归因于 MG 发生结晶和油相中三维晶体网络的形成。且结晶温度随 MG 浓度的增加而升高，这与 DSC 结果一致。以上结果表明，澳洲坚果油凝胶呈现出热可逆的凝胶行为，即冷却时凝胶，加热时熔化。

7. 氧化稳定性分析

氧化是富含不饱和脂肪酸的高油基食品品质下降的主要原因。脂质氧化的程度可以通过测定初级（POV）和次级（TBARS）氧化产物的含量变化来评价。图 4-21A 和 4.21B 显示了不同 MG 浓度制备的澳洲坚果油凝胶在储藏过程中 POV 和 TBARS 值的变化。可以看出，两种脂质氧化产物含量在所有样品中均随储藏时间的增加而升高，表明储藏过程中发生了脂质的氧化。与澳洲坚果油相比，MG 的添加降低了 POV 和 TRABS 值的增加速率。在相同储藏条件下，随着 MG 浓度的增加，POV 和 TRABS 值的增加速率逐渐降低。以澳洲坚果油为例，在 40 ℃ 条件下储藏 21 d，POV 和 TRABS 值分别增加了 76.3 倍和 58.3 倍（分别从 1.17 mmol·kg^{-1}坚果油增加到 89.25 mmol·kg^{-1}坚果油，从 0.56 μmol·kg^{-1}坚果油增加到 32.66 μmol·kg^{-1}坚果油），而 MG 添加量为 15% 的油凝胶仅增加 12.6 倍（从 1.88 mmol·kg^{-1}坚果油增加至 23.68 mmol·kg^{-1}坚果油）和

16.8 倍（从 0.92 μmol·kg^{-1}坚果油增加至 15.46 μmol·kg^{-1}坚果油）。

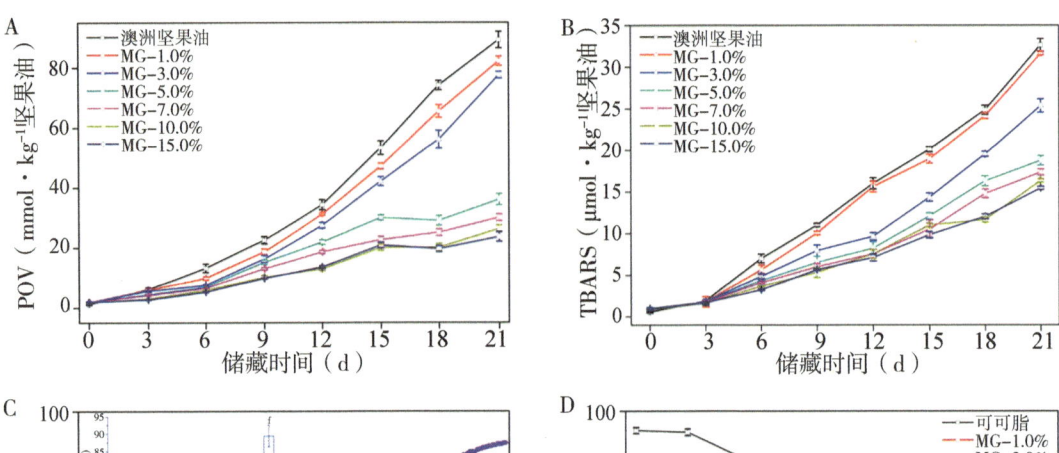

图 4-21　不同浓度 MG 制备澳洲坚果油凝胶的氧化稳定性 [40 ℃时 POV（A）和 TBARS（B）的变化]、体外脂解（C）和固体脂肪含量（D）

注：不同字母代表数据间的显著性差异（$P<0.05$）。

以上结果表明，MG 在油凝胶中的存在抑制了脂质氧化，从而提高了澳洲坚果油的氧化稳定性。此外，MG 添加增强抗氧化作用的能力呈浓度依赖性。这可能是因为 MG 诱导澳洲坚果油发生凝胶化，油被固定在一个晶体网络中，减少了氧、自由基和脂质氧化产物从一个位置迁移到另一个位置，从而减缓了氧化的进程。

8. FFAs 释放

油凝胶中脂质的消化特性是一个非常重要的指标，它直接影响食物在胃肠道中的消化吸收。通过体外模拟小肠消化模型研究不同 MG 浓度对澳洲坚果油凝胶的脂解程度影响。从图 4-21C 可以看出，FFAs 释放量随着脂解时间的延长而增加，表明消化过程中甘油三酯被脂肪酶分解。在消化的第一个小时内，所有样品的 FFAs 释放速率没有显著性的差异，但随着脂解时间的延长，油凝胶样品呈现出更高的 FFAs 释放量。而且，在小肠消化结束时（120 min），脂质消化程度随着 MG 浓度的增加而增强。例如，15%MG 油凝胶样品的 FFAs 释放率（89.4%）比澳洲坚果油（62.1%）高出 1.44 倍。

以上结果表明，凝胶化促进了澳洲坚果油中甘油三酯的消化。这可能归因于具有两亲性的 MG 分子的加入促进了脂解过程中混合胶束的形成，从而增加了它们对 FFAs 的增溶能力。

9. 固体脂肪含量分析

不同 MG 浓度和温度对澳洲坚果油凝胶的 SFC 影响如图 4-21D 所示。正如预期的那样，澳洲坚果油凝胶的 SFC 随 MG 浓度的增加而增加（只需要较低浓度 MG 即可形成固态状凝胶），但在较低的温度（<21 ℃）下，油凝胶样品的 SFC（<20%）均显著低于可可脂（<75%），这归因于澳洲坚果油富含不饱和脂肪酸，在试验测定的温度范围内不会形成结晶。

同时，所有样品的 SFC 均随着温度的升高而降低，这归因于脂肪晶体的熔化。可可脂在温度高于 25 ℃时，其 SFC 急剧下降，且当温度高于 35 ℃时，SFC 接近于零，表明脂肪已经完全熔化。相反，油凝胶样品在 30~45 ℃范围内，其 SFC 仅随温度的升高而略有降低，且 SFC 随 MG 浓度的增加而增加。这是由于 MG 晶体的熔化温度相对较高（图 4-19C 和表 4-1）。以上结果表明，在室温下，澳洲坚果油凝胶具有形成可可脂的类固态潜力，并表现出与纯可可脂巧克力不同的口感特性（如入口即化）。因此，澳洲坚果油凝胶是否可以作为可可脂替代物值得进一步研究。

10. 澳洲坚果油凝胶作为可可脂替代物的可行性分析

澳洲坚果油凝胶基巧克力的脂肪酸组成分析

根据上述对澳洲坚果油凝胶特性的综合评价，选择含有 7.0% MG 的澳洲坚果油凝胶作为可可脂的替代物。通过不同比例（0%、10%、30%、50%、70%、100%）澳洲坚果油凝胶替代可可脂制备油凝胶基巧克力样品，按照替代比例的不同，分别命名为 CB-C（替代 0%）、10%MG/CB-C（替代 10%）、30%MG/CB-C（替代 30%）、50%MG/CB-C（替代 50%）、70%MG/CB-C（替代 70%）和 100%MG-C（替代 100%）。通过肉眼观察，所有的澳洲坚果油凝胶基巧克力样品均具有巧克力的外观。由于巧克力中油脂的脂肪酸组成会影响其物理化学、功能和营养属性，因此，本试验首先对所有澳洲坚果油凝胶基巧克力样品的脂肪酸组成进行了分析（表 4-2）。由表 4-2 可知，CB-C 样品中含有 8 种脂肪酸，主要包括棕榈酸（C16：0，26.55%）、硬脂酸（C18：0，35.39%）、油酸（C18：1，32.62%）和亚油酸（C18：2，3.22%）。在部分或完全替代可可脂的油凝胶基巧克力样品中，随着油凝胶替代比例从 0%增加到 100%，样品中不饱和脂肪酸含量从 36.4%逐渐增加到 83.9%，主要表现在 C18：1 和 C16：1 含量增加，C16：0 和 C18：0 含量降低。当用油凝胶 100%替代可可脂时，C18：1 含量从 32.6%增加到 59.7%，C16：1 含量从 0%增加到 19.1%，而 C16：0 含量从 26.6%降低到 8.7%，C18：0 含量从 35.4%降低到 3.4%，这归因于澳洲坚果油富含不饱和脂肪酸（>80%），尤其是 C18：1（>62%）和 C16：1（>11%）。因此，澳洲坚果油凝胶替代可可脂有助于提升巧克力的营养品质。

表 4-2　黑巧克力和澳洲坚果油凝胶基巧克力的脂肪酸组成、卡森和幂指模型参数

样品		CB-C	10%MG/CB-C	30%MG/CB-C	50%MG/CB-C	70%MG/CB-C	100%MG-C
脂肪酸含量（%）	C14：0	N.D. a	0.13±0.01b	0.20±0.07c	0.31±0.03d	0.42±0.01e	0.60±0.04f
	C16：0	26.55±0.21f	25.01±0.14e	21.76±0.13d	18.11±0.17c	14.35±0.10b	8.72±0.21a
	C16：1	N.D. a	1.85±0.02b	5.12±0.11c	9.19±0.05d	12.90±0.08e	19.08±0.15f
	C17：0	0.22±0.01e	0.18±0.02de	0.15±0.01cd	0.11±0.02bc	0.08±0.03ab	0.03±0.01a
	C18：0	35.39±0.55f	32.42±0.26e	26.62±0.06d	20.12±0.44c	13.41±0.05b	3.35±0.10a
	C18：1	32.62±0.25a	35.14±0.63b	40.11±0.26c	45.48±0.33d	51.19±0.50e	59.67±0.65f
	C18：2	3.22±0.05c	3.19±0.06c	3.16±0.10c	2.93±0.06b	2.91±0.08b	2.39±0.10a
	C20：0	1.12±0.03a	1.24±0.10a	1.53±0.07b	1.82±0.01c	2.11±0.10d	2.61±0.05e
	C20：1	N.D. a	0.21±0.01b	0.57±0.03c	0.94±0.01d	1.68±0.08e	2.32±0.13f
	C18：3	0.25±0.01a	0.26±0.02a	0.27±0.01a	0.33±0.02b	0.37±0.03b	0.45±0.01c
	C22：0	0.20±0.01a	0.24±0.02a	0.35±0.05b	0.48±0.01c	0.59±0.03d	0.77±0.04e
	C24：0	N.D. a	0.14±0.01ab	0.16±0.01bc	0.18±0.01c	0.26±0.01d	0.32±0.01e
	SFA	63.66±0.28f	59.36±0.50e	50.77±0.15d	41.13±0.40c	31.22±0.11b	16.40±0.17a
	UFA	36.35±0.41a	40.65±0.43b	49.23±0.60c	58.87±0.37d	69.05±0.45e	83.91±0.61f
卡森模型拟合参数	τ_{CA} (Pa)	12.2±1.0a	21.5±1.3b	36.65±0.85c	44.2±1.4d	50.3±1.5e	89.5±2.3f
	η_{CA} (Pa·s)	1.10±0.08a	1.10±0.02a	1.22±0.02b	1.41±0.13c	1.57±0.02d	1.861±0.10e
	R^2	0.999	0.998	0.997	0.996	0.998	0.995
幂指模型拟合参数	a (Pa·s)	2 518±64a	4 870±220b	35 230±690c	45 010±440d	57 060±760e	64 290±390f
	b	0.291±0.04f	0.198±0.04e	0.182±0.02d	0.171±0.01c	0.162±0.01b	0.142±0.02a
	R^2	0.963	0.913	0.965	0.949	0.932	0.974

注：同一行的不同字母代表数据间的显著性差异（$P<0.05$）；SFA—饱和脂肪酸，UFA—不饱和脂肪酸，τ_{CA}—卡森屈服应力，η_{CA}—卡森塑性黏度，a—常数，b—流体行为指数。

澳洲坚果油凝胶基巧克力的固体脂肪含量和硬度

固体脂肪含量（SFC）是影响巧克力品质的重要指标。如图 4-22A 所示，在 5~10 ℃范围内，随着澳洲坚果油凝胶替代比例的增加，油凝胶基巧克力样品的 SFC 逐渐降低，这是由于可可脂的 SFC 高于澳洲坚果油凝胶（图 4-21D）。例如，CB-C 样品在 10 ℃时的 SFC 大于 90%，而 10%MG/CB-C、30%MG/CB-C、50%MG/CB-C、70%MG/CB-C 和 100%MG-C 样品的 SFC 分别为 88.2%、77.8%、66.3%、56.7% 和 41.6%。当温度从 10 ℃上升到 33.3 ℃时，由于可可脂逐渐熔化，含有可可脂的巧克力样品的 SFC 急剧下降，而 100%MG-C 样品的 SFC 则稍有增加。在较高的温度下，所有油凝胶基巧克力样品的 SFC 均保持在 45%左右，这可能是由于巧克力中存在其他固体物质（如糖粉、可可粉等）。当含油凝胶的巧克力从 33.3 ℃加热到 45.0 ℃时，SFC 值

保持相对稳定，仅略高于纯巧克力，这表明澳洲坚果油凝胶的替代可能不会对巧克力的口感产生较大的影响。在温度超过可可脂熔点时，含有油凝胶的巧克力样品的 SFC 略高于仅含有可可脂的巧克力样品，这是由于 MG 形成的澳洲坚果油凝胶具有更高的熔点（表 4-1）。

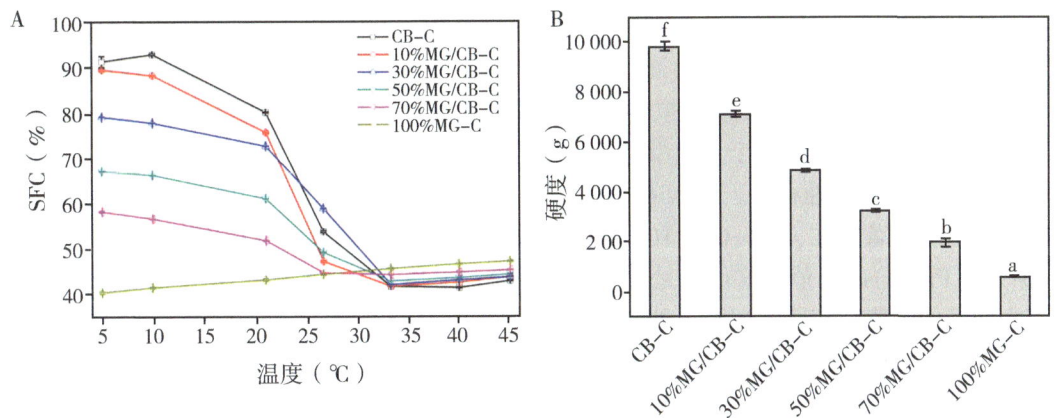

图 4-22 黑巧克力和不同比例替代的澳洲坚果油凝胶基巧克力的固体脂肪含量（A）和硬度（B）

注：不同字母代表数据间的显著性差异（$P<0.05$）。

巧克力的硬度在决定最终产品的质地属性方面起着至关重要的作用。不同澳洲坚果油凝胶替代比例对巧克力样品的硬度影响如图 4-22B 所示。可以看出，纯巧克力样品的硬度最大（9 870 g），但随着油凝胶替代比例的增加，巧克力样品硬度显著降低。例如，用油凝胶替代 10%、30%、50%、70% 或 100% 可可脂的油凝胶基巧克力样品的硬度分别为 7 130 g、4 870 g、3 230 g、1 970 g 和 596 g。这主要是由于可可脂比澳洲坚果油凝胶具有更高的饱和脂肪酸含量（表 4-2），从而形成了更强的晶体网络。虽然以澳洲坚果油凝胶替代可可脂制备的巧克力样品的硬度显著降低，但它们仍然保持巧克力的固态状，且可以很好地与模具分离。

澳洲坚果油凝胶基巧克力的流变特性

巧克力的流变特性可以很好地反映最终产品的品质。在高于可可脂熔点的温度（40 ℃）下，分析用澳洲坚果油凝胶替代 0%、10%、30%、50%、70% 和 100% 可可脂制备油凝胶基巧克力的流动曲线，结果如图 4-23 所示。由图 4-23 可知，所有巧克力样品的表观黏度均随剪切速率（2~150 s^{-1}）的增大而逐渐降低，表现出典型的非牛顿剪切变稀行为。使用国际可可和巧克力办公室推荐的卡森模型对巧克力样品的流变曲线进行拟合，发现所有样品的拟合系数（R^2）均大于 0.99（表 4-2）。基于卡森模型计算油凝胶基巧克力的卡森屈服应力（τ_{CA}）和卡森塑性黏度（η_{CA}）分别代表维持恒定基质流动所需的压力和启动流动所需的最低剪切应力。表 4-2 显示了巧克力样品的 τ_{CA} 随着澳洲坚果油凝胶替代比例的增加而显著增加，100%MG-C 和 CB-C 样品分别展现为最大（89.5 Pa）和最小（12.2 Pa）的 τ_{CA} 值。η_{CA} 则表现出与 τ_{CA} 相似的趋势，这归因于巧克力样品中油凝胶比例越高，提供的固态晶体就越多（在高于可可脂熔点的温度下），从而形成更坚固、更致密的三维网络结构，增加了流动的阻力。基于以上结果，制备的澳洲坚果油凝胶基巧克力的流变参数均符合巧克力规定的 τ_{CA}（10~200 Pa）和 η_{CA}（1~5 Pa·s）范围。

同时，本试验还对澳洲坚果油凝胶基巧克力进行了频率扫描分析，以进一步了解其流变特性。图4-23B显示了在整个频率范围内，所有巧克力样品的 G' 均大于 G''，且没有观察到交叉点，表明所有的巧克力样品均呈现弹性（类固体），并且 G' 和 G'' 均随着澳洲坚果油凝胶替代比例的增加而逐渐增加。此外，采用幂指模型来揭示 G' 与频率间的关系（表4-2）。通过流变数据拟合均获得较高相关系数（$R^2 > 0.91$），说明该模型适合用来拟合流变数据。基于该模型计算巧克力样品的 a 值和 b 值分别表示储存模量和频率与 G' 之间的依赖性程度。从表4-2可知，随着油凝胶替代比例的增加，巧克力样品的 a 值呈现显著增加，CB-C和100%MG-C样品分别展现出最小（2 520 Pa·s）和最大（64 290 Pa·s）的 a 值，这可能是由于油凝胶替代增强了巧克力中晶体网络结构。而巧克力样品的 b 值则随着澳洲坚果油凝胶替代比例的增加而降低，说明随着油凝胶替代比例的增加，澳洲坚果油凝胶基巧克力的流动行为趋于弹性变化。

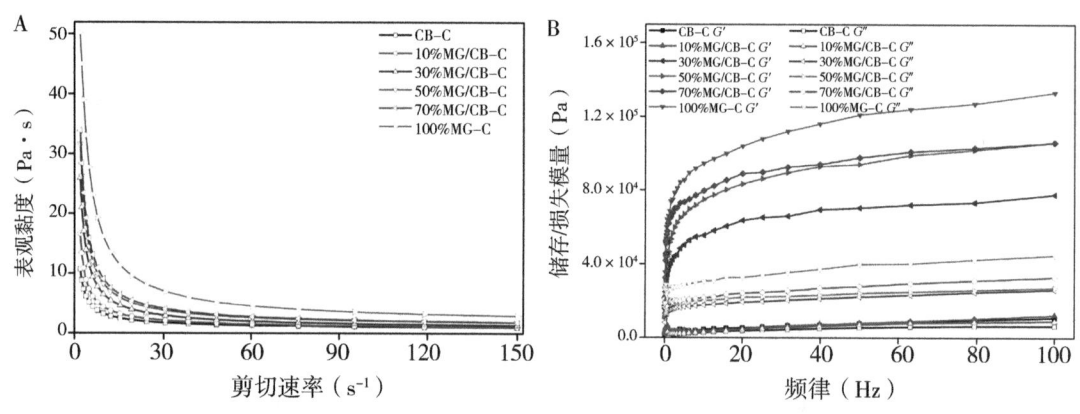

图4-23 黑巧克力和不同比例替代的澳洲坚果油凝胶基巧克力的
剪切扫描（A）和频率扫描（B）曲线

<u>澳洲坚果油凝胶基巧克力的热力学行为</u>

巧克力的熔化行为对其功能和口感起着至关重要的作用。因此，采用DSC表征澳洲坚果油凝胶基巧克力在10~85 ℃范围的熔化特性。从图4-24A可以看出，CB-C样品的热流曲线在较低温度（24.85 ℃）时出现了一个单一的熔化峰，但呈现最高的焓值（28.40 J·g^{-1}）。随着澳洲坚果油凝胶替代比例的增加，巧克力样品中可可脂的熔化峰温度逐渐增加，而焓值则逐渐减小，当澳洲坚果油凝胶替代比例从0%增加到70%时，其熔化温度从24.85 ℃提高到30.80 ℃。相反，与MG熔化（60 ℃）相关的焓值则随着油凝胶替代比例的增加而逐渐增加。值得注意的是，只有当巧克力中可可脂被70%或100%的澳洲坚果油凝胶替代时，与MG熔化相关的峰才会明显存在。

此外，对澳洲坚果油凝胶基巧克力的热耐受性进行了研究。结果发现，所有巧克力样品在35℃左右开始软化，但CB-C样品在此温度下已完全坍塌，而油凝胶基巧克力样品还能保持了原来的形状（图4-24B）。有趣的是，含有超过50%澳洲坚果油凝胶的巧克力样品在较高的温度（40℃）下仍然保持其形状。耐热巧克力在25~30℃范围内应保持固体状，当温度达到人体温时应完全熔化，以保证良好的口感和滋味。因此，选择适当比例的澳洲坚果油凝胶替代可可脂为开发耐热巧克力提供了新的策略。

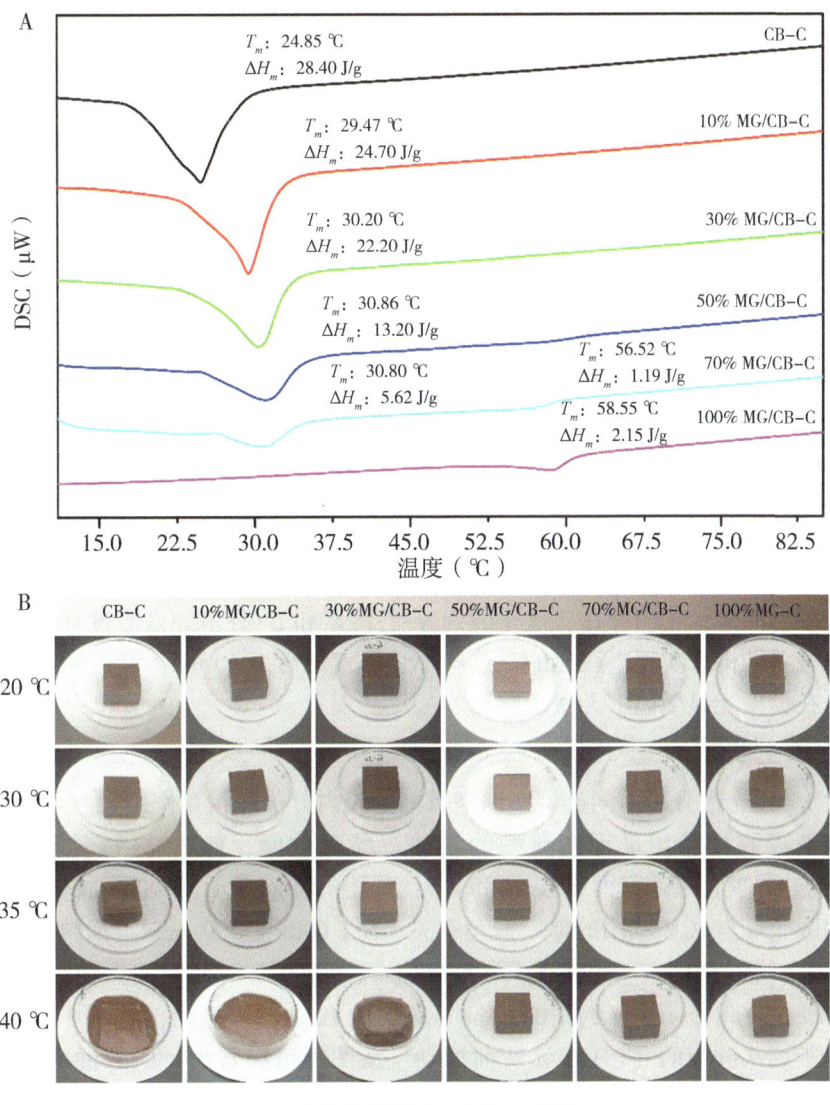

T_m—熔化峰值温度，ΔH_m—焓值

图4-24 黑巧克力和不同比例替代的澳洲坚果油凝胶基巧克力的熔化曲线（A）和热耐受性（B）

11. 结 论

（1）质量百分比不代于3.0%的MG可使澳洲坚果油凝胶化。

(2) 澳洲坚果油凝胶的三维晶体网络结构形成是基于氢键和范德华力相互作用，且呈现热可逆的类固体黏弹性行为。

(3) 凝胶化提高了澳洲坚果油的氧化稳定性和脂解速率，且呈浓度依赖性。

(4) 澳洲坚果油凝胶可用于替代巧克力中的可可脂，且与纯巧克力相比，澳洲坚果油凝胶基巧克力表现出较低的饱和脂肪酸含量和较好的热耐受性。

（二）凝胶剂类型对澳洲坚果油凝胶的结构和理化性质的影响

凝胶剂类型会显著影响油凝胶的结构和理化性质，目前关于凝胶剂类型对澳洲坚果油凝胶性质的影响研究还未见报道。基于上述研究结果，在凝胶剂添加量为 7.0% 时，研究不同低分子量凝胶剂 [单硬脂酸甘油酯（MG）、蜂蜡（BW）、米糠蜡（SO）和 γ-谷维素与 β-谷甾醇的混合物（RBW）] 对澳洲坚果油凝胶的结构和理化性质影响。

1. 外观形貌和微观结构分析

凝胶剂类型直接影响油凝胶的形成和微观结构。图 4-25 显示了 4 种低分子量凝胶剂制备澳洲坚果油凝胶的外观形貌和微观结构。可以看出，所有的油凝胶样品都能形成自支撑的凝胶状，且 MG、BW 和 RBW 油凝胶样品呈现不透明奶油状结构，而 SO 油凝胶则呈透明固体，这种差异是由于凝胶机制不同所造成的。通过偏振光显微镜对不同类型澳洲坚果油凝胶的微观结构进行观察，从图 4-25B 中可以看出，在 MG、BW 和 RBW 油凝胶样品中形成了晶体网络（亮区代表晶体颗粒，暗区代表液体油），MG 油凝胶中可以观察到随机分散的针状晶体。MG 可通过 β-亚晶体自组织成层状结构。对于 BW 和 RBW 油凝胶样品，观察到类似球状和纤维状晶体结构。然而，在 SO 油凝胶样品中则没有观察到晶体结构的存在，这是因为 γ-谷维素和 β-谷甾醇是通过自组装成纳米大小的空心管状结构来实现凝胶化的，这些小管的直径约为 10 nm，其透明度比可见光的波长小，在偏振光显微镜下无法观察到。

2. FTIR 分析

通过 FTIR 光谱分析不同类型澳洲坚果油凝胶内分子间相互作用力。如图 4-26A 所示，所有油凝胶样品均呈现出典型的甘油三酯吸收峰，如 2 924 cm^{-1}、2 853 cm^{-1} 和 1 746 cm^{-1} 处的吸收峰是归因于 C-H 和 C=O 基团的伸缩振动，3 004 cm^{-1} 处存在一个小而尖锐的吸收峰与 -CH 基团的伸缩振动有关，而 1 000~1 500 cm^{-1} 范围内的吸收峰主要归因于 CH_2（约 1 464 cm^{-1}）和 CH_3（约 1 377 cm^{-1}）基团的 C-H 弯曲振动，以及 C-O-H（约 1 164 cm^{-1}）和 C-O-C（约 1 093 cm^{-1}）基团的 C-O 伸缩振动，且 720 cm^{-1} 处的吸收峰则归因于烷基链中的 $(CH_2)n$ 弯曲振动。从图中可以看出，所有油凝胶样品 FTIR 光谱的差异主要出现在指纹区域（<1 500 cm^{-1}），这是由于不同凝胶剂的特征吸收导致的。其中，与澳洲坚果油相比，所有油凝胶样品在 2 924 cm^{-1} 和 2 853 cm^{-1} 左右的 C-H 伸缩振动吸收峰发生了红移，说明范德华力相互作用的存在。此外，在 3 150~3 500 cm^{-1} 范围内，澳洲坚果油、BW 油凝胶和 RBW 油凝胶样品没有形成特征吸收峰，而 MG 油凝胶和 SO 油凝胶样品存在一个弱的羟基吸收峰，这说明存在分子间氢键相互作用。以上结果表明 MG 油凝胶和 SO 油凝胶样品形成过程中存在范德华力和分子间氢

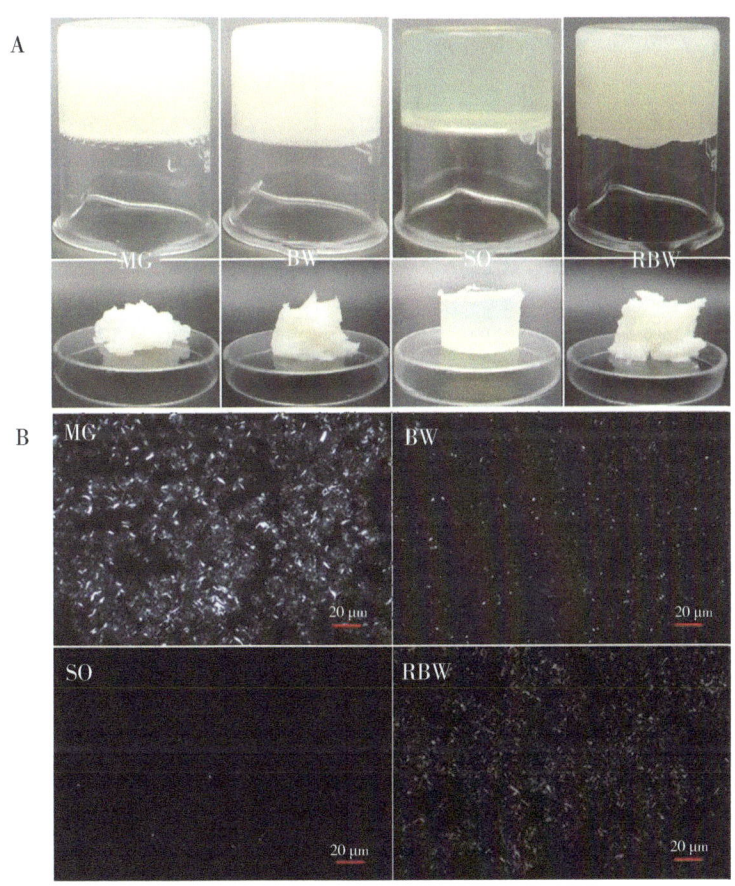

MG—单硬脂酸甘油酯，BW—蜂蜡，RBW—米糠蜡，
SO—γ-谷维素与β-谷甾醇的混合物

图4-25 凝胶剂类型对澳洲坚果油凝胶的外观形貌（A）
和微观结构（B）影响

键相互作用，而BW油凝胶和RBW油凝胶样品则主要是基于范德华力相互作用的晶体网络。

3. XRD分析

XRD是用来分析物质内部结晶形态的重要手段。图4-26B显示了4种凝胶剂对澳洲坚果油凝胶的晶体形态影响。可以看出，所有油凝胶样品在4.5~4.6Å（18.7°~20.1°）范围内都存在衍射峰，说明其均含有β-多态晶型。RBW油凝胶在约4.15Å和约3.70Å处的强衍射峰表明其β'-多态晶型也较为突出。由于β'-多态晶型呈现较小的晶体颗粒，可以形成更紧密的晶体网络结构，相比于稳定的β-多态晶型可包裹住更多液态油。而且，BW油凝胶在约4.15Å和约3.70Å也存在衍射峰，表明β'-多态晶型也是存在，但SO油凝胶在此处没有观察到衍射峰，说明其主要存在β-多态晶型。此外，4种凝胶剂制备的澳洲坚果油凝胶在特征峰处的衍射强度也存在较大的差异，RBW油凝胶在特征峰处的衍射强度最强，这可能与凝胶剂的内在特性有关。以上结果表明凝胶

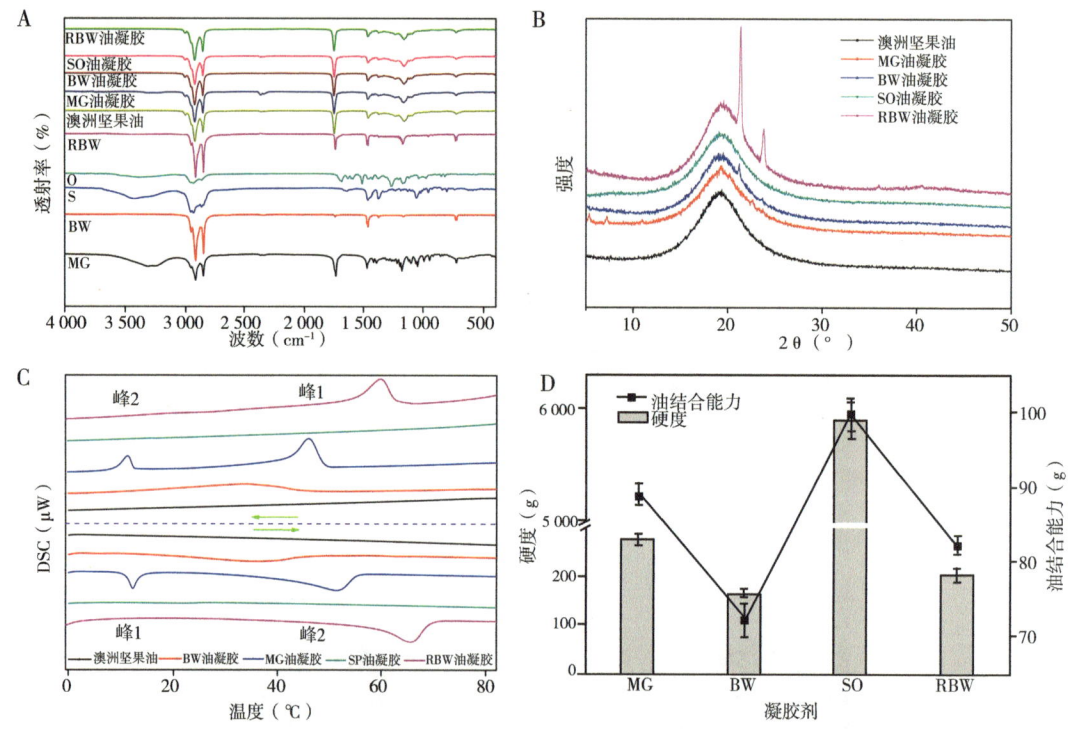

MG—单硬脂酸甘油酯，BW—蜂蜡，RBW—米糠蜡，SO—γ-谷维素与β-谷甾醇的混合物

图 4-26　凝胶剂类型对澳洲坚果油凝胶的 FTIR 光谱图（A）、X 射线衍射图（B）、DSC 曲线（C）、油结合能力和硬度（D）影响

剂类型会显著影响澳洲坚果油凝胶中晶体形态的形成。

4. DSC 分析

图 4-26C 显示了不同凝胶剂制备的澳洲坚果油凝胶在冷却和加热过程中的热流曲线。可以看出，不同凝胶剂制备油凝胶的结晶和熔化曲线存在较大差异，MG 油凝胶存在 2 个结晶峰和熔化峰，BW 油凝胶和 RBW 油凝胶有 1 个结晶峰和熔化峰，而 SO 油凝胶则没有观察到结晶峰和熔化峰，这种差异归因于油凝胶样品中存在的晶体形态差异。在冷却过程，MG 油凝胶、BW 油凝胶和 RBW 油凝胶中结晶峰的转变温度和焓值分别为 45.8 ℃/-4.92 J·g^{-1}、34.5 ℃/-7.53 J·g^{-1} 和 60.0 ℃/-5.50 J·g^{-1}（表 4-3），其中 RBW 油凝胶呈现最高的结晶温度，这与其存在较多的 β'-多态晶型有关。且 MG 油凝胶在较低温度（11.4 ℃）下还观察到一个小的结晶峰，这归因于其在油凝胶形成过程存在晶型转变。然而，SO 油凝胶在测定温度范围内没有观察到结晶现象，由于 γ-谷维素和 β-谷甾醇的凝胶机制是通过自组装形成螺旋带，螺旋带随后聚集而形成凝胶，在 5~80 ℃ 范围内不能诱导其发生自组装。在加热过程中，相似的变化趋势也是被观察到的。RBW 油凝胶呈现最高的熔点（65.8 ℃），且与结晶温度相比，所有澳洲坚果油凝胶（SO 油凝胶除外）的熔化温度都升高，这归因于不稳定的 β'-多态晶型向更稳定的 β-多态晶型的转变。

表 4-3 不同凝胶剂制备澳洲坚果油凝胶的热力学参数

样品	结晶过程				熔化过程			
	峰1		峰2		峰1		峰2	
	T_m (℃)	ΔH_m (J·g^{-1})	T_m (℃)	ΔH_m (J·g^{-1})	T_m (℃)	ΔH_m (J·g^{-1})	T_m (℃)	ΔH_m (J·g^{-1})
MG 油凝胶	45.80±0.10	-4.92±0.11	11.40±0.10	-1.06±0.11	12.30±0.22	1.13±0.04	51.3±0.30	5.24±0.16
BW 油凝胶	34.5±0.20	-7.53±0.12					36.4±0.26	5.01±0.12
SO 油凝胶								
RBW 油凝胶	60.00±0.32	-5.50±0.10					65.8±0.30	7.03±0.15

注：MG—单硬脂酸甘油酯，BW—蜂蜡，RBW—米糠蜡，SO—γ-谷维素与β-谷甾醇的混合物；T_m—转变温度，ΔH_m—焓值。

5. 硬度和 OBC 分析

油凝胶属于高脂制品，硬度和 OBC 极大地影响其在食品中的应用。从图 4-26D 可知，4 种凝胶剂制备澳洲坚果油凝胶的硬度和 OBC 呈现显著性差异，造成这种现象的原因可能归结为不同的凝胶机制，即结晶网络和聚合物网络。由于 β-谷甾醇和 γ-谷维素在空心管结构中共结晶，以有效的方式聚合，形成具有高硬度值的强凝胶网络。而 MG、BW 和 RBW 则是基于晶体网络形成凝胶，其结构单元较小，分子间相互作用力（如氢键、范德华力）弱，表现出较低的硬度值。但 MG 油凝胶的硬度显著高于 BW 油凝胶和 RBW 油凝胶。此外，澳洲坚果油凝胶样品的 OBC 与硬度表现出相同的趋势，且与硬度值呈正相关。

6. 流变性质分析

凝胶剂类型对澳洲坚果油凝胶的流变特性影响如图 4-27 所示。频率扫描结果（图 4-27A）表明，在 0.1~25 Hz 的频率范围内，所有油凝胶样品的 G' 始终大于 G''，表现出类固态状流变行为，且随着频率的增加，G' 和 G'' 的变化不显著，说明所有类型的油凝胶中均形成了稳定的三维网络结构。其中，SO 油凝胶样品具有最大的 G' 和 G''，而 MG 油凝胶、BW 油凝胶和 RBW 油凝胶则表现出相当的 G' 和 G''，这归因于 SO 形成油凝胶的凝胶机制不同，其通过聚合物的共结晶作用形成了更强的凝胶网络，这与上述的硬度、OBC 等结果相印证。

同时，不同类型澳洲坚果油凝胶的复合黏度也展示相似的变化趋势，SO 油凝胶样品呈现最大的黏度，且所有油凝胶样品的复合黏度随着频率的增加而线性降低，呈典型的剪切稀化流体行为（图 4-27B）。

7. 氧化稳定性分析

澳洲坚果油富含不饱和脂肪酸（＞80%），在加工或储藏过程中极易发生氧化，从

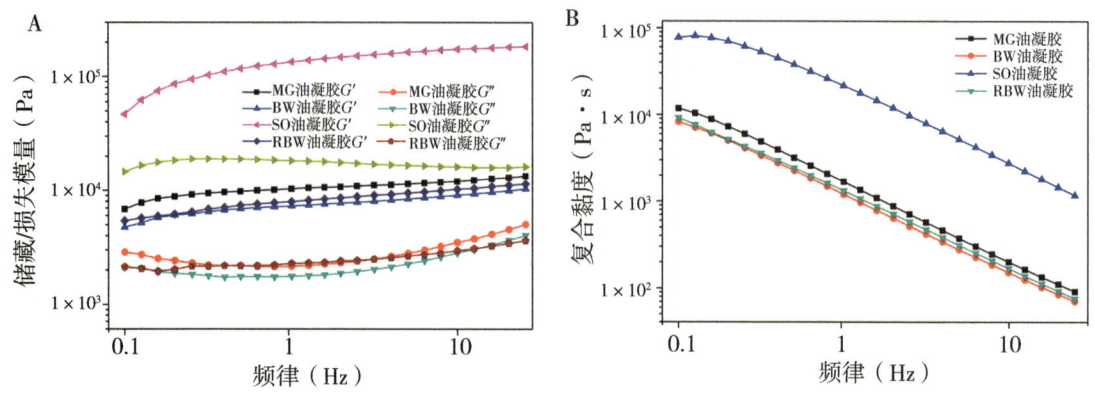

A—储存模量（G'）和损失模量（G''），B—复合黏度；MG—单硬脂酸甘油酯，
BW—蜂蜡，RBW—米糠蜡，SO—γ-谷维素与β-谷甾醇的混合物

图4-27 凝胶剂类型对澳洲坚果油凝胶的流变性质影响

而降低产品的品质。通过测定加速氧化过程中初级（POV）和次级（TBARS）氧化产物的含量变化来评价凝胶剂类型对澳洲坚果油的氧化稳定性影响。从图4-28可以看出，随着储藏时间的增加，POV和TBARS值是逐渐升高的，说明储藏过程中油脂发生了氧化。但与澳洲坚果油相比，油凝胶样品的脂质氧化产物含量发生显著的降低，在储藏21 d时，MG油凝胶、BW油凝胶、SO油凝胶和RBW油凝胶的POV值分别为30.08 mmol·kg^{-1}、43.33 mmol·kg^{-1}、14.68 mmol·kg^{-1}、42.25 mmol·kg^{-1}、TBRAS值分别为17.36 μmol·kg^{-1}、21.44 μmol·kg^{-1}、10.68 μmol·kg^{-1}、19.39 μmol·kg^{-1}。其中，SO油凝胶降低的最为显著，与澳洲坚果油（89.25 mmol·kg^{-1}和32.66 μmol·kg^{-1}）相比，分别降低83.5%和67.3%。以上结果表明，澳洲坚果油凝胶化可以抑制脂质氧化，提高了油脂的氧化稳定性。这可能是因为油脂的凝胶化，油被固定在一

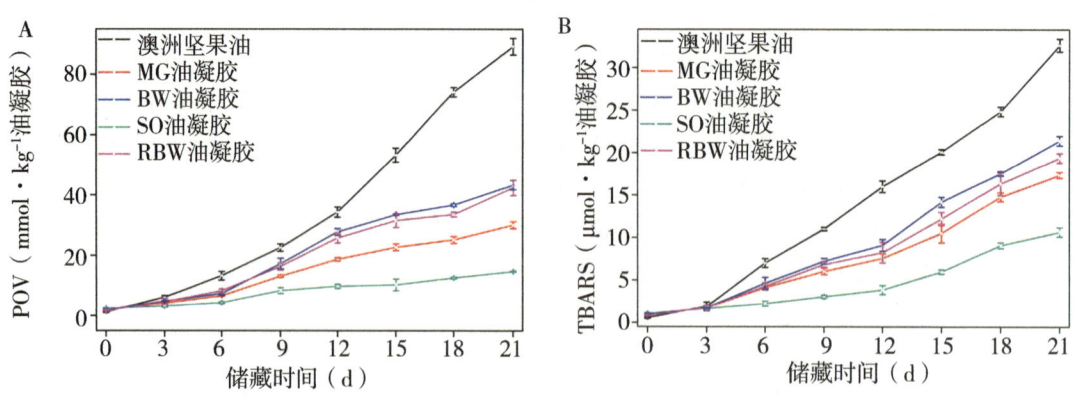

A—POV，B—TBARS；MG—单硬脂酸甘油酯，BW—蜂蜡，
RBW—米糠蜡，SO—γ-谷维素与β-谷甾醇的混合物

图4-28 凝胶剂类型对澳洲坚果油凝胶的脂质氧化产物影响

个三维凝胶网络中，减少了氧、自由基和脂质氧化产物从一个位置迁移到另一个位置，从而减缓了氧化的进程。此外，4种低分子量凝胶剂制备的澳洲坚果油凝胶抑制脂质氧化的能力依次为：SO＞MG＞RBW＞BW，这可能与SO油凝胶形成了更强的凝胶网络结构和具有更高的OBC有关。

8. 油凝胶类型对油凝胶基巧克力的性质影响

澳洲坚果油凝胶及油凝胶基巧克力的SFC分析

SFC是影响巧克力物理性能的重要因素，如硬度、流变和熔化行为。图4-29A显示了4种低分子量凝胶剂对澳洲坚果油凝胶的SFC含量影响。可以看出，在较低温度（＜10℃）下，可可脂的SFC是超过90%，且随着温度的升高，其SFC急剧下降，当温度高于37℃时，基本不能检测到SFC。然而，4种低分子量凝胶剂制备的澳洲坚果油凝胶的SFC受温度影响较小，在低于30℃时，MG油凝胶、BW油凝胶和RBW油凝胶的SFC基本维持在5.5%~8.0%，而SO油凝胶则在1.0%~2.5%，这归因于凝胶剂类型和凝胶机制的差异。而且，当温度升高至45℃时，MG油凝胶、SO油凝胶和RBW油凝胶的SFC基本没有发生变化，而BW油凝胶则发生轻微降低，这是因为MG油凝胶、SO油凝胶和RBW油凝胶在凝胶过程中形成了更强的凝胶网络结构。

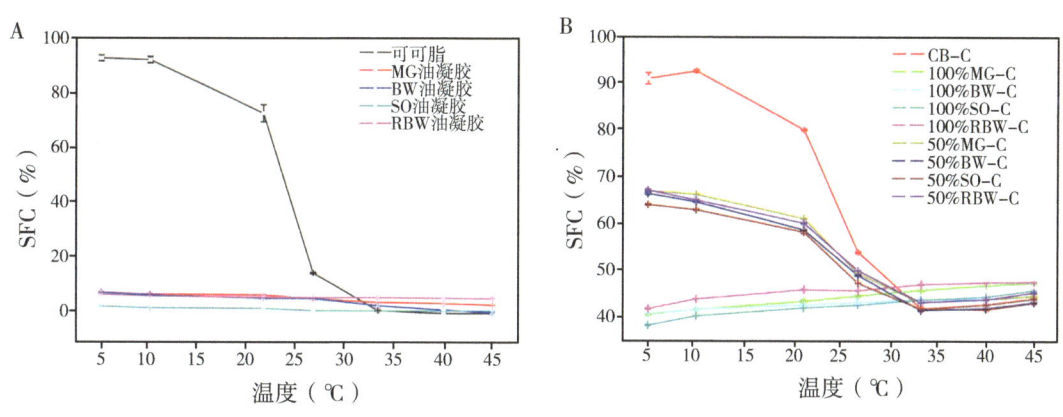

A—凝胶剂类型对澳洲坚果油凝胶固体脂肪含量的影响，B—不同类型油凝胶及替代比例对巧克力样品固体脂肪含量的影响；MG—单硬脂酸甘油酯，BW—蜂蜡，RBW—米糠蜡，SO—γ-谷维素与β-谷甾醇的混合物，CB—可可脂

图4-29　凝胶剂类型及比例对固体脂肪含量的影响

同时，采用不同类型澳洲坚果油凝胶部分或全部替代可可脂制备油凝胶基巧克力，并对其SFC进行分析，结果如图4-29B所示。可以看出，在0~10℃范围，所有采用油凝胶替代可可脂的油凝胶基巧克力样品的SFC均比CB-C样品更低，且50%油凝胶替代的巧克力样品SFC比100%油凝胶替代的更高，这是由于可可脂比澳洲坚果油凝胶具有更高SFC。当温度从10.0℃上升至33.3℃的过程中，CB-C和50%油凝胶替代的巧克力样品的SFC均发生急剧下降，其中CB-C、50%MG/CB-C、50%BW/CB-C、50%SO/CB-C和50%RBW/CB-C样品的SFC分别降低至41.8%、43.0%、41.4%、

41.7%和43.1%。这归因于在此温度范围内巧克力样品中的可可脂发生熔化。而且，随着温度的继续升高，所有油凝胶基巧克力样品的SFC均不会发生显著变化。值得注意的是，100%澳洲坚果油凝胶替代可可脂的巧克力样品在0~45℃的温度范围内，其SFC基本维持不变，这与澳洲坚果油凝胶具有较高的熔化温度有关，此外，在温度超过可可脂熔点时，含有油凝胶的巧克力样品的SFC略高于仅含有可可脂的巧克力样品，这表明不同类型的澳洲坚果油凝胶作为可可脂的替代物可能不会对巧克力的口感产生较大的影响。

澳洲坚果油凝胶基巧克力的硬度分析

图4-30显示了不同类型澳洲坚果油凝胶和替代比例对油凝胶基巧克力的硬度值影响。从图中可以看出，CB-C样品表现出最大硬度（9 870 g），这可能归因于其含有高含量的不饱和脂肪酸。不同类型澳洲坚果油凝胶在相同可可脂替代比例下和不同替代比例下相同类型油凝胶基巧克力样品的硬度值均小于CB-C样品，且不同样品间均存在显著性差异。结构脂类作为可可脂的替代物，一般会降低巧克力的硬度，这可能与共晶软化有关。在50%替代可可脂时，50%MG/CB-C样品呈现出最大硬度值（3 225.4 g），而在100%替代时，则SO/CB-C样品具有最大硬度值（4 278.9 g），这可能归因于其凝胶机制的差异，MG是通过晶体颗粒形成三维网络结构，而SO则是通过在空心管结构中共结晶聚合，因而形成了更强的凝胶网络，这与不同类型澳洲坚果油凝胶硬度结果是相符合的。但值得注意的是，在所有样品中，100%BW-C样品不能很好地成型，与其具有最低的硬度值相一致。以上结果表明，不同凝胶剂制备的澳洲坚果油凝胶替代可可脂会显著影响油凝胶基巧克力的硬度。此外，采用同类型油凝胶替代时，所有油凝胶基巧

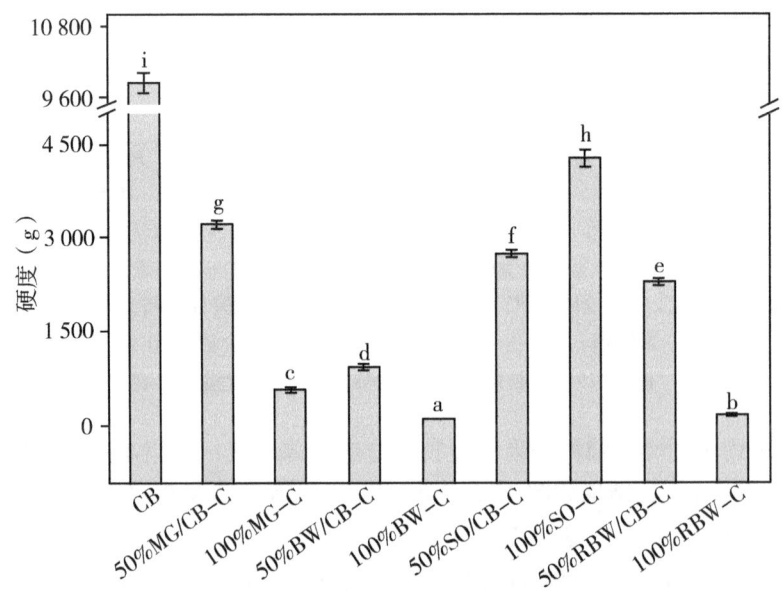

图4-30 不同类型澳洲坚果油凝胶及替代比例对油凝胶基巧克力的硬度影响

注：不同字母代表显著性差异（$P<0.05$）。

克力样品（SO除外）的硬度均随着油凝胶替代比例的增加而降低。

澳洲坚果油凝胶基巧克力的流变特性分析

巧克力的流变性质直接影响产品的品质。图4-31显示了在40 ℃下，用不同类型澳洲坚果油凝胶替代50%或100%可可脂制备油凝胶基巧克力的表观黏度随剪切速率变化的曲线。可以看出，所有油凝胶基巧克力样品的表观黏度均随剪切速率（2～150 s^{-1}）的增大而逐渐降低，表现出典型的非牛顿剪切变稀行为，这是由于剪切处理破坏了油凝胶的晶体结构。采用同种类型澳洲坚果油凝胶替代时，其表观黏度随着替代比例的增加而增加，100%MG-C呈现最大初始表观黏度，其次是100%SO-C和100%RBW-C，50%BW/CB-C具有最低的初始表观黏度，这可能是由于不同凝胶机制形成的凝胶网络强弱所引起的。同时，当剪切速率超过50 s^{-1}时，所有样品的表观黏度均趋于恒定。此外，采用国际可可和巧克力办公室推荐使用卡森模型对流变数据进行拟合，结果发现所有巧克力样品的拟合系数（R^2）均大于0.99（表4-4），且基于卡森模型拟合得到的卡森屈服应力（τ_{CA}）和卡森塑性黏度（η_{CA}）如表4-4所示，采用同种类型澳洲坚果油凝胶替代时，100%替代的巧克力样品比50%替代的样品具有更高的τ_{CA}和η_{CA}，其中用100%油凝胶替代可可脂可显著提高巧克力样品的τ_{CA}和η_{CA}，4种澳洲坚果油凝胶替代的大小顺序依次为：100%MG-C＞100%SO-C＞100%RBW-C＞100%BW-C＞CB-C。在50%油凝胶替代时，τ_{CA}和η_{CA}值显示相似的变化趋势，但RBW油凝胶和BW油凝胶显示出比CB-C更低的τ_{CA}和η_{CA}值，这可能归因于油凝胶基巧克力样品的分散体系中最终凝胶剂浓度降低，蜡基（RBW和BW）澳洲坚果油凝胶的凝胶强度变弱。

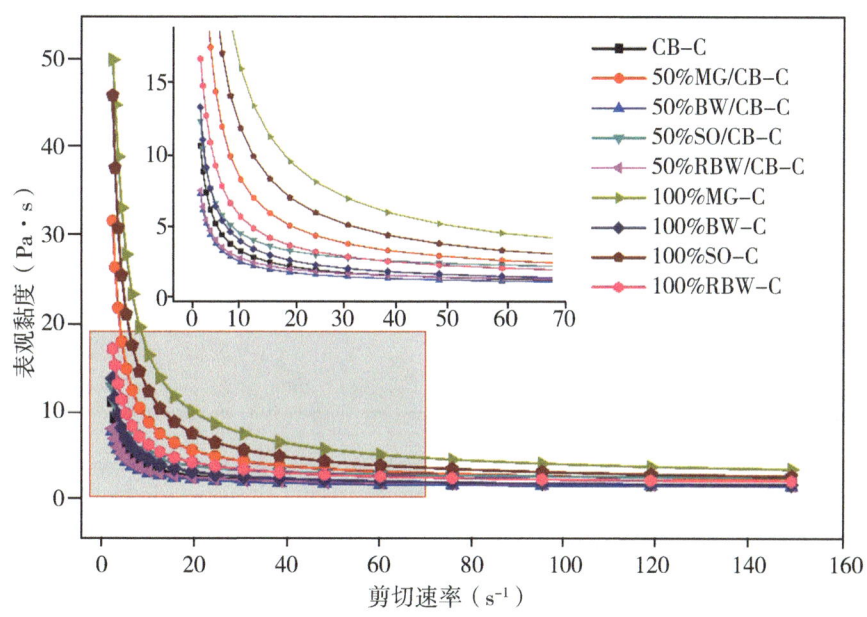

MG—单硬脂酸甘油酯，BW—蜂蜡，RBW—米糠蜡，
SO—γ-谷维素与β-谷甾醇的混合物，CB—可可脂

图4-31 澳洲坚果油凝胶基巧克力的流动曲线

以上结果表明，油凝胶类型会显著影响油凝胶基巧克力的 τ_{CA} 和 η_{CA}，蜡基油凝胶替代的巧克力样品均表现出较低的 τ_{CA} 和 η_{CA}。除了 50%BW/CB-C 样品，其他澳洲坚果油凝胶基巧克力的流变参数符合巧克力规定的 τ_{CA}（10~200 Pa）和 η_{CA}（1~5 Pa·s）范围。

表 4-4 澳洲坚果油凝胶基巧克力基于卡森模型和幂指模型的流变参数

样品	卡森模型拟合参数			幂指模型拟合参数		
	τ_{CA} (Pa)	η_{CA} (Pa·s)	R^2	a (Pa·s)	b	R^2
CB-C	12.20±1.00b	1.10±0.08b	0.999	2 518±64b	0.29±0.04h	0.963
50%MG/CB-C	44.20±1.40f	1.41±0.13d	0.996	45 010±440g	0.17±0.01c	0.949
50%BW/CB-C	8.88±0.51a	0.86±0.06a	0.999	2 032±34a	0.27±0.02g	0.981
50%SO/CB-C	14.19±0.66c	1.26±0.11c	0.997	19 155±163d	0.19±0.01d	0.914
50%RBW/CB-C	10.16±0.37b	1.01±0.05b	0.999	2 632±18c	0.23±0.03f	0.974
100%MG-C	89.50±2.30h	1.86±0.10f	0.995	64 290±390i	0.14±0.02a	0.974
100%BW-C	16.18±0.40d	1.32±0.01d	0.999	23 434±131e	0.21±0.01e	0.992
100%SO-C	71.55±2.11g	1.56±0.10e	0.999	48 955±87h	0.15±0.01b	0.944
100%RBW-C	22.45±1.00e	1.37±0.07d	0.999	31 534±173f	0.17±0.04c	0.970

注：同一列不同字母代表数据间的显著性差异（$P<0.05$）；τ_{CA}—卡森屈服应力，η_{CA}—卡森塑性黏度；a—常数，b—流体行为指数。

此外，通过频率扫描测试进一步分析澳洲坚果油凝胶基巧克力的黏弹特性，结果如图 4-32 所示。可以看出，所有巧克力样品的 G' 均大于 G''，呈现弹性（类固体）流体行为。针对同类型油凝胶替代的油凝胶基巧克力，其 G' 和 G'' 均随着替代比例的增加而增加。然而，在相同的替代比例条件下，通过考察 4 种不同类型的澳洲坚果油凝胶替

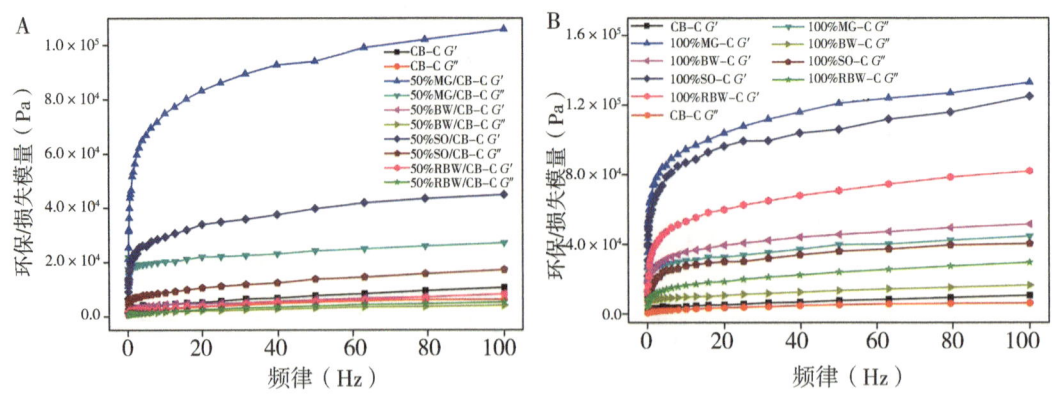

MG—单硬脂酸甘油酯，BW—蜂蜡，RBW—米糠蜡，
SO—γ-谷维素与β-谷甾醇的混合物，CB—可可脂

图 4-32 澳洲坚果油凝胶基巧克力的频率扫描曲线

代，其 G' 和 G'' 表现出相同的变化趋势，大小顺序均为：100%MG-C＞100%SO-C＞100%RBW-C＞100%BW-C（图4-32B）或50%MG/CB-C＞50%SO/CB-C＞50%RBW/CB-C＞50%BW/CB-C。但是在50%油凝胶替代时，50%RBW/CB-C 和 50%BW/CB-C 样品的 G' 和 G'' 比 CB-C 样品小，而在完全替代时，所有油凝胶基巧克力样品的 G' 和 G'' 均大于 CB-C 样品，这一方面可能是由于凝胶机制的差异，另一方面可能归因于50%油凝胶替代的分散体系中最终凝胶剂浓度是更低的。此外，采用幂指函数对油凝胶基巧克力的 G' 与频率的依赖性进行分析，从表4-4可知，所有样品的流变数据与幂指函数的拟合系数均大于0.91，且随着油凝胶替代比例的增加，a 值逐渐增加，而 b 值则相反。在相同替代比例（以100%替代为例）下，MG 油凝胶和 BW 油凝胶基巧克力样品分别显示最大（64 290 Pa·s）和最小（23 434 Pa·s）的 a 值，且 BW 油凝胶基巧克力样品的 b 值最大（0.213），说明该分散体系的流动性增强。以上结果表明，可以通过选择合适的凝胶剂或调整替代比例来调节巧克力基质的流变性质。

<u>澳洲坚果油凝胶基巧克力的热耐受性分析</u>

通过恒定温度贮藏试验探究澳洲坚果油凝胶基巧克力样品的热耐受性。从图4-33可以看出，CB-C 样品在30℃开始变软，当温度达到35℃时已完全坍塌。除100%BW-C 样品因已不能很好地成型，其他采用不同类型澳洲坚果油凝胶和替代比例制备的油凝胶基巧克力在30℃基本都可以保持原有形状，这可能是由于油凝胶具有比可可脂（低于30℃）更高的熔点。当温度达到40℃时，50%MG/CB-C、50%RBW/CB-C、100%MG-C、100%RBW-C 和 100%SO-C 样品仍能保持巧克力原有的形状，而其他样品则发生熔化。有研究表明，耐热型巧克力应在25~30℃范围内应保持固体状，当温度达到人体温时应完全熔化，以保证良好的口感和滋味。因此，澳洲坚果油凝胶作为一种可可脂的替代物可为新型巧克力的开发提供新思路。

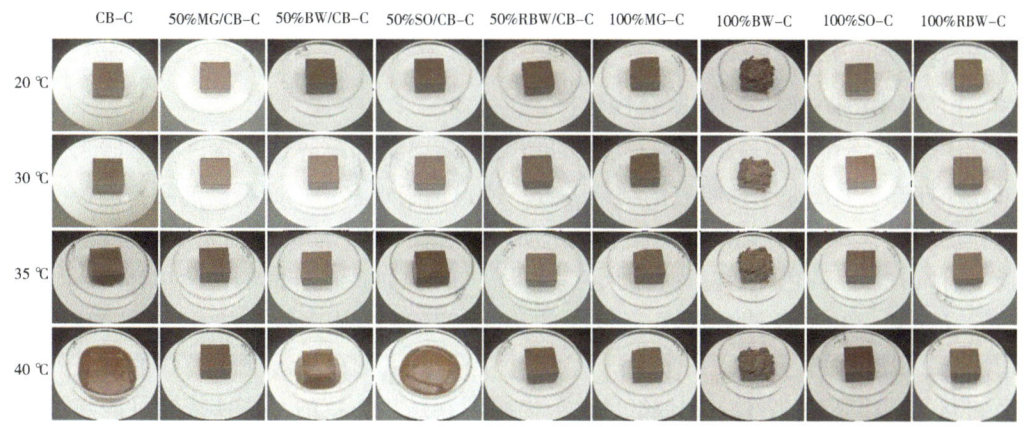

MG—单硬脂酸甘油酯，BW—蜂蜡，RBW—米糠蜡，
SO—γ-谷维素与β-谷甾醇的混合物，CB—可可脂

图4-33 澳洲坚果油凝胶基巧克力在不同温度下的外观形貌

9. 结　论

（1）4种类型澳洲坚果油凝胶的分子间作用力、晶体形态、硬度、持油能力和氧化稳定性均存在显著的差异。

（2）MG油凝胶和SO油凝胶分子内主要存在范德华力和氢键相互作用，而RBW油凝胶和BW油凝胶则仅存在范德华力相互作用。

（3）SO油凝胶表现出最强的硬度和持油能力，且4种类型的澳洲坚果油凝胶均能改善油脂的氧化稳定性，其中SO油凝胶效果最佳，这与其形成的更强的聚合物网络结构有关。

（4）4种类型澳洲坚果油凝胶内部均形成较为稳定的晶体结构，且均呈现类固态剪切稀化流体行为，SO油凝胶具有显著更高的黏度。

（5）澳洲坚果油凝胶类型和替代比例均会显著影响油凝胶基巧克力的品质。

（三）澳洲坚果油凝胶的消化特性研究

近年来，油凝胶除作为塑性脂肪替代品外，也被认为是调节脂质消化和输送营养物质或生物活性分子的有效工具。大量研究表明，凝胶剂类型会显著影响油凝胶的体外脂解和生物活性物质的生物可及性。虾青素是一种广泛存在于虾、蟹、鱼等水生动物体内的类胡萝卜素，由于其分子尺寸小，很容易穿过血脑屏障，具有较好的抗炎、抗凋亡、抗肿瘤和保护神经的作用。然而，与其他类胡萝卜素相似，虾青素的生物可及性较低，限制了其在食品中的广泛应用。基于此，为了设计具有定制功能的食品，充分了解油凝胶和负载生物活性物质在消化过程中的行为是至关重要的。因此，本研究选择虾青素作为亲脂性生物活性物质，一方面研究虾青素对不同类型澳洲坚果油凝胶结构和理化性质的影响，另一方面对富含虾青素的澳洲坚果油及其油凝胶进行体外模型消化，探究凝胶剂类型对负载虾青素澳洲坚果油凝胶的脂解和虾青素生物可及性的影响。

1. 澳洲坚果油凝胶的微观结构分析

从图4-34中可以看出，所有负载虾青素澳洲坚果油凝胶均具有自支撑能力，这与未添加虾青素澳洲坚果油凝胶的结果一致。通过肉眼观察，不同凝胶剂制备的油凝胶颜色存在差异，其中SO油凝胶的颜色呈透明暗淡，而RBW油凝胶则表现出鲜艳的红色。通过对所有样品的色泽指标进行测定，结果表明不同油凝胶样品的色泽指标呈现显著性差异（表4-5），SO油凝胶具有最大的L^*（32.57）以及最小的a^*（2.99）与b^*（1.55），RBW油凝胶呈现出最大的a^*（7.52）与b^*（2.93），说明SO油凝胶具有最高的亮度，而RBW油凝胶则偏红色，与肉眼观察是相一致的，这种差异可能与不同凝胶剂的自身颜色和凝胶机制有关。此外，通过偏振光显微镜对不同类型负载虾青素澳洲坚果油凝胶的微观结构进行分析，发现在MG油凝胶、BW油凝胶和RBW油凝胶中形成了晶体网络（亮区代表晶体颗粒，暗区代表液体油），而SO油凝胶中则没有观察到晶体存在，其中MG油凝胶存在随机分散的针状晶体（图4-34），这与未添加虾青素澳洲坚果油凝胶中形成的晶体形态一致，说明虾青素的添加不会影响澳洲坚果油凝胶内部形成的晶体形态。

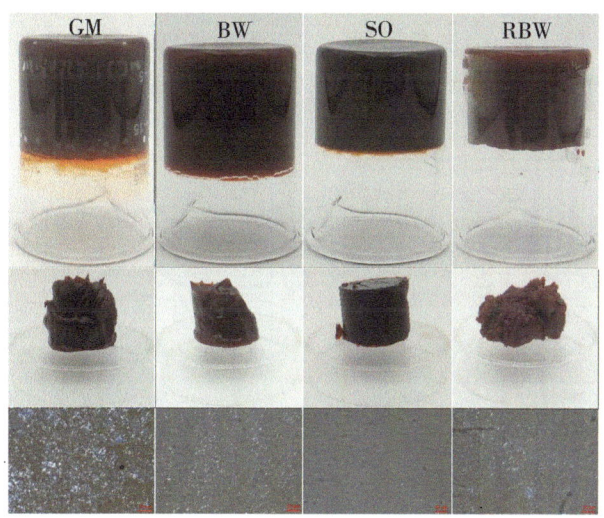

MG—单硬脂酸甘油酯，BW—蜂蜡，RBW—米糠蜡，
SO—γ-谷维素与β-谷甾醇的混合物

图4-34 负载虾青素澳洲坚果油凝胶的外观形貌和微观结构

表4-5 负载虾青素澳洲坚果油凝胶的色泽指标

指标	MG 油凝胶	BW 油凝胶	SO 油凝胶	RBW 油凝胶
L^*	24.03±0.02a	24.20±0.03b	32.57±0.17c	24.16±0.01b
a^*	6.07±0.01b	6.21±0.07c	2.99±0.09a	7.52±0.06d
b^*	2.45±0.02b	2.49±0.02b	1.55±0.10a	2.93±0.02c

注：同一行的不同字母代表数据间的显著性差异（$P<0.05$）；MG—单硬脂酸甘油酯，BW—蜂蜡，RBW—米糠蜡，SO—γ-谷维素与β-谷甾醇的混合物。

2. 澳洲坚果油凝胶的理化性质分析

图4-35A显示了凝胶剂类型对负载虾青素澳洲坚果油凝胶的红外光谱图。可以明显发现，所有油凝胶样品红外吸收峰的差异主要存在于指纹区域（<1 500 cm^{-1}），这可能归因于凝胶剂类型和虾青素的内在特性。与澳洲坚果油红外光谱相比，所有油凝胶样品在2 924~2 853 cm^{-1}范围内的对称和非对称CH$_2$伸缩振动吸收峰向低波数偏移，说明存在范德华力相互作用。此外，MG和SO油凝胶在3 150~3 500 cm^{-1}范围还存在一个较弱的吸收峰，表明分子间氢键相互作用存在。这与未添加虾青素澳洲坚果油凝胶的结果一致，说明虾青素的添加不会改变澳洲坚果油凝胶中分子间的相互作用力。

图4-35B显示了凝胶剂类型对负载虾青素澳洲坚果油凝胶的XRD图谱影响。可以看出，所有油凝胶样品在4.5~4.6Å范围内都存在衍射峰，说明其均含有β-多态晶型。此外，BW和RBW油凝胶在4.15Å左右和3.70Å左右处还存在衍射峰，说明β′-多态晶型也是存在，其中RBW油凝胶在4.15Å左右的强衍射峰表明其以β′-多态晶型为主。

MG 油凝胶在 3.80Å 左右处也存在衍射峰，说明存在 β′-多态晶型，而 SO 油凝胶则没有观察到其他衍射峰。以上结果表明，MG、BW 和 BW 油凝胶内存在 β′和 β-多态晶型，而 SO 油凝胶则仅存在 β-多态晶型。这与未添加虾青素的澳洲坚果油凝胶结果相一致，说明虾青素添加也不会影响澳洲坚果油凝胶内的晶体形态。

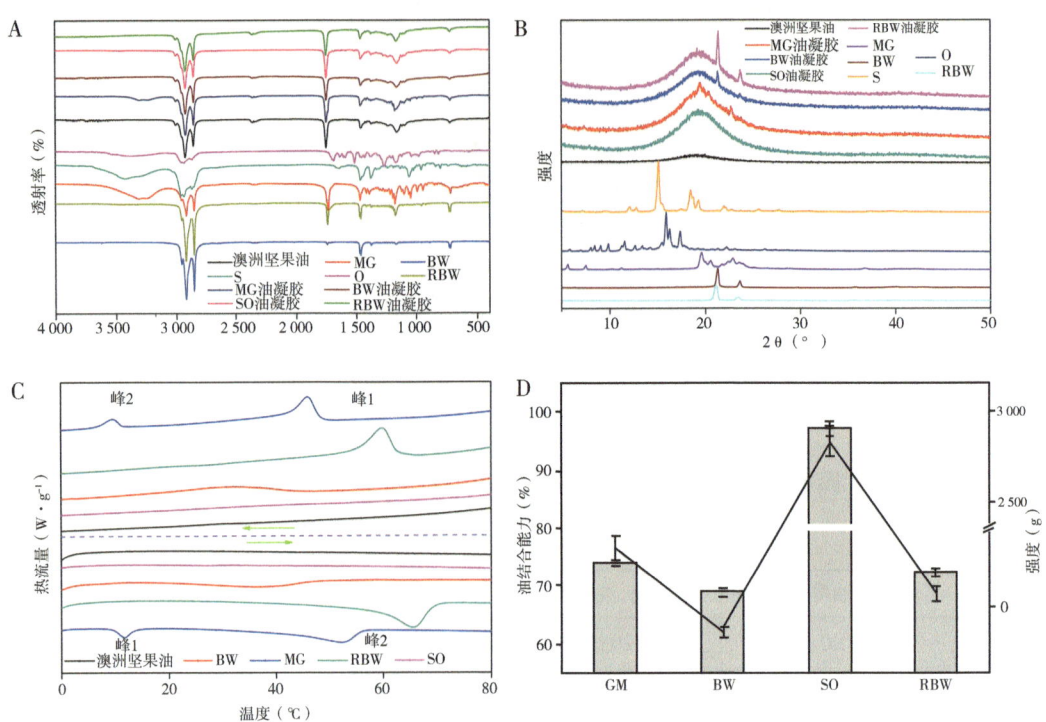

MG—单硬脂酸甘油酯，BW—蜂蜡，RBW—米糠蜡，
SO—γ-谷维素与β-谷甾醇的混合物，S—γ-谷维素，O—谷甾醇
图 4-35 负载虾青素澳洲坚果油凝胶的 FTIR（A）、XRD（B）、
DSC（C）、硬度和油结合能力（D）

图 4-35C 显示了不同凝胶剂制备负载虾青素澳洲坚果油凝胶的 DSC 曲线。可以看出，不同凝胶剂制备油凝胶在冷却和加热过程中的 DSC 曲线存在明显差异，其中 MG 油凝胶存在 2 个吸/放热峰，BW 和 RBW 油凝胶仅存在 1 个吸/放热峰，而 SO 油凝胶则没有观察到吸/放热峰。此外，不同凝胶剂制备负载虾青素澳洲坚果油凝胶在冷却和加热过程中的转变温度和焓值如表 4-6 所示，从表中可以看出，与未添加虾青素的澳洲坚果油凝胶相比，负载虾青素的 MG 油凝胶、BW 油凝胶和 RBW 油凝胶的结晶温度和焓值绝对值分别从 45.8 ℃/4.92 J·g^{-1}、34.5 ℃/7.53 J·g^{-1}和 60.0 ℃/5.5 J·g^{-1}降低至 41.3 ℃/4.52 J·g^{-1}、30.6 ℃/5.48 J·g^{-1}和 56.6 ℃/5.36 J·g^{-1}，且熔化温度和焓值也呈现出相似的降低趋势，说明虾青素的添加降低了澳洲坚果油凝胶的热稳定性。

同时，探究了凝胶剂类型对负载虾青素澳洲坚果油凝胶的硬度和油结合能力影响。硬度和油结合能力是评价油凝胶质量的重要参数，它们不仅反映油凝胶网络的油结构化能力，而且也体现出油凝胶的稳定性。从图4-35D可以看出，SO油凝胶具有最大的硬度（2 908 g）和油结合能力（95.05%），且硬度与油结合能力呈现正相关。4种油凝胶的硬度和油结合能力的大小顺序为SO油凝胶＞MG油凝胶＞RBW油凝胶＞BW油凝胶，与未添加虾青素澳洲坚果油凝胶的变化趋势是一致的，但其数值大小均发生显著降低，如SO油凝胶的硬度和油结合能力分别从5 911.47 g和99.5%降低至2 908 g和95.05%，说明虾青素的添加减弱了澳洲坚果油凝胶中形成的凝胶网络结构，这也与DSC的结果吻合。

表4-6 不同凝胶剂制备负载虾青素澳洲坚果油凝胶的热力学参数

样品	结晶过程				熔化过程			
	峰1		峰2		峰1		峰2	
	T_m (℃)	ΔH_m (J·g^{-1})	T_m (℃)	ΔH_m (J·g^{-1})	T_m (℃)	ΔH_m (J·g^{-1})	T_m (℃)	ΔH_m (J·g^{-1})
MG油凝胶	41.30±0.14	-4.52±0.10	8.70±0.17	-0.99±0.10	13.50±0.14	0.92±0.02	52.00±0.21	4.70±0.11
BW油凝胶	30.60±0.11	-5.48±0.21					35.10±0.18	4.77±0.21
SO油凝胶								
RBW油凝胶	56.60±0.26	-5.36±0.31					65.1±0.41	5.36±0.11

注：MG—单硬脂酸甘油酯，BW—蜂蜡，RBW—米糠蜡，SO—γ-谷维素与β-谷甾醇的混合物；T_m—转变温度，ΔH_m—焓值。

3. 澳洲坚果油凝胶的流变性质分析

通过流变分析来探究凝胶剂类型对负载虾青素澳洲坚果油凝胶的黏弹特性影响。首先测定了油凝胶样品的线性黏弹区间，从图4-36可以看出，所有油凝胶样品的G'和G''在应力0.001%～0.03%范围内是相对稳定的，因此，频率扫描的固定应变为0.01%。

图4-37显示了负载虾青素澳洲坚果油凝胶的G'和G''随频率的变化。可以看出，在测定频率范围内，所有油凝胶样品的G'均大于G''，且随着频率的增加，G'和G''均没有显著变化，说明所有样品均具有低的频率依赖性，表现出典型弹性凝胶状材料特性。其中，SO油凝胶呈现出最大的G'和G''，BW油凝胶则最小，这与未添加虾青素的4种澳洲坚果油凝胶表现出相同的趋势，但所有负载虾青素澳洲坚果油凝胶样品的G'和G''均发生显著降低，这可能是因为虾青素的添加干扰了澳洲坚果油凝胶内晶体网络结构的形成，这与其硬度和油结合能力的结果相吻合。然而，由于所有油凝胶样品的G''/G'值均小于0.1，所以负载虾青素澳洲坚果油凝胶仍然是保持着强凝胶状。此外，随着频率的增加，所有油凝胶样品的复合黏度呈线性降低，表现出典型剪切变稀流体行为，且复合黏度大小依次为SO油凝胶＞MG油凝胶＞RBW油凝胶＞BW油凝胶，这与未添加虾青

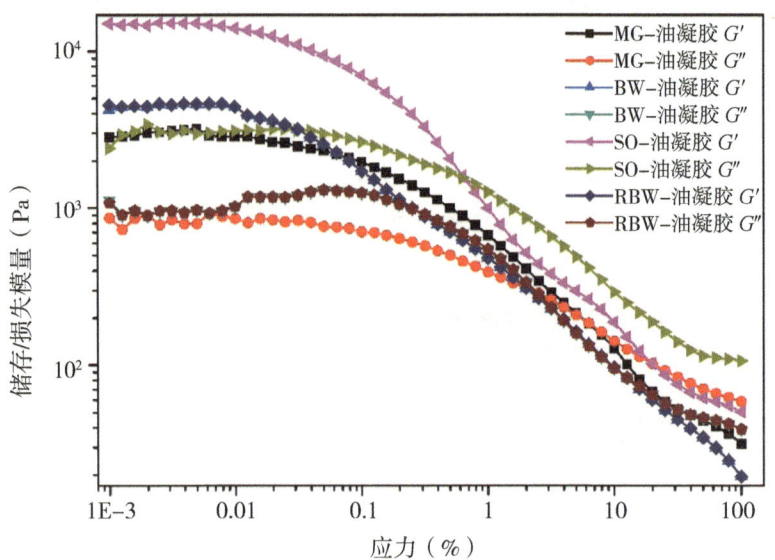

MG—单硬脂酸甘油酯，BW—蜂蜡，RBW—米糠蜡，
SO—γ-谷维素与β-谷甾醇的混合物；G'—储存模量，G''—损失模量

图4-36 负载虾青素澳洲坚果油凝胶的应力扫描曲线

素澳洲坚果油凝胶结果一致，但其黏度大小均发生了明显的降低，这可能是由于虾青素的添加在澳洲坚果油凝胶中产生了拮抗作用，降低了油凝胶内部结构的致密度，从而减弱了其抗剪切的能力。

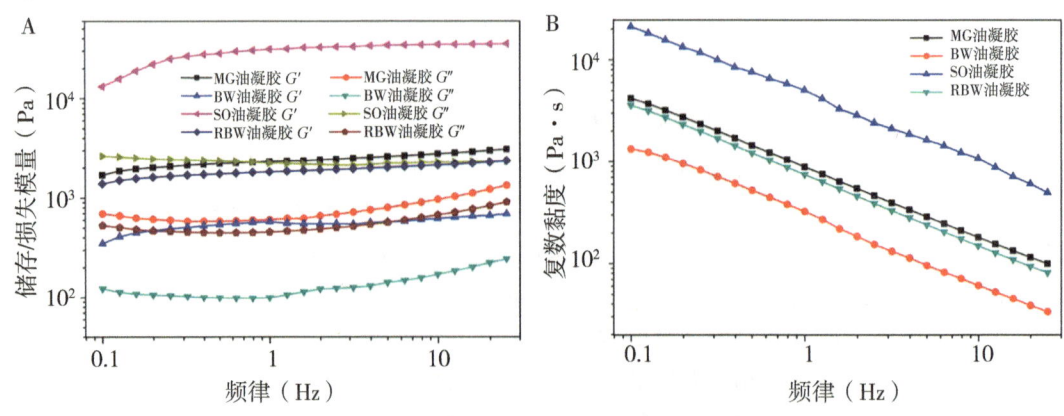

MG—单硬脂酸甘油酯，BW—蜂蜡，RBW—米糠蜡，
SO—γ-谷维素与β-谷甾醇的混合物；G'—储存模量，G''—损失模量

图4-37 负载虾青素澳洲坚果油凝胶的动态频率扫描曲线

4. 澳洲坚果油凝胶的氧化稳定性分析

澳洲坚果油富含不饱和脂肪酸，在贮藏过程中易发生脂质氧化。虾青素作为一种类胡萝卜素，具有较强的抗氧化活性，但其易氧化又限制了其在食品中的应用。油凝胶化可以

有效地抑制虾青素的损失，分析贮藏过程中凝胶剂类型对负载虾青素澳洲坚果油凝胶 POV 和 TRABS 的影响，从图 4-38 可以看出，随着贮藏时间的增加，所有样品的 POV 和 TBARS 是逐渐升高的，说明油脂发生了氧化。与纯澳洲坚果油相比，负载虾青素的澳洲坚果油在贮藏过程中 POV（图 4-38A）和 TRABS（图 4-38B）的升高速率得到抑制，这归因于虾青素的强抗氧化能力。同时，油凝胶化可以进一步抑制脂质氧化，但不同类型负载虾青素澳洲坚果油凝胶间存在差异，SO 油凝胶表现出最好的抑制效果，其次为 MG＞RBW＞BW，这与未添加虾青素的澳洲坚果油凝胶的效果相似，但虾青素的添加使样品的 POV 和 TRABS 在贮藏阶段上升的速率得到抑制，在贮藏 21 d 时，SO、MG、RBW 和 BW 油凝胶的 POV 和 TRABS 分别为 9.89 mmol·kg^{-1} 坚果油、19.62 mmol·kg^{-1} 坚果油、27.33 mmol·kg^{-1} 坚果油、33.68 mmol·kg^{-1} 坚果油和 6.97 mmol·kg^{-1} 坚果油、9.21 mmol·kg^{-1} 坚果油、15.39 mmol·kg^{-1} 坚果油、17.33 mmol·kg^{-1} 坚果油，这表明可能除了油凝胶的结晶网络阻碍了氧化产物的生成，还与虾青素具有强抗氧化能力有关。以上结果表明，虾青素的添加可以进一步改善澳洲坚果油及其油凝胶的氧化稳定性。

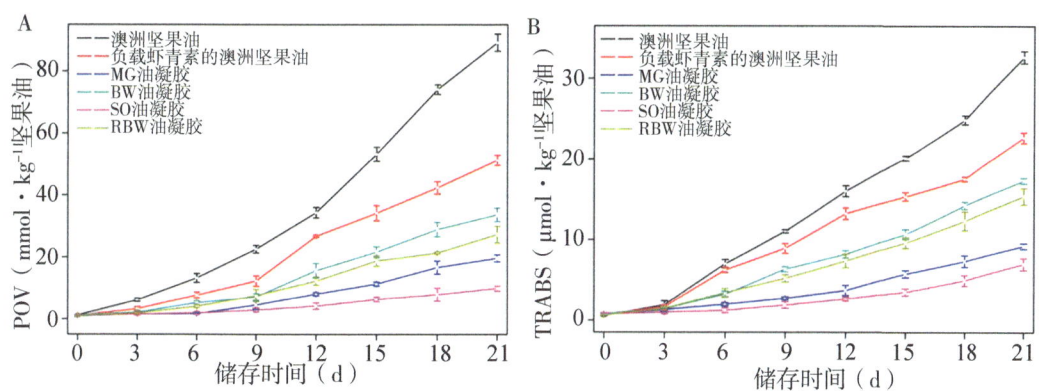

MG—单硬脂酸甘油酯，BW—蜂蜡，RBW—米糠蜡，SO—γ-谷维素与 β-谷甾醇的混合物

图 4-38　负载虾青素澳洲坚果油凝胶在贮藏过程中 POV（A）和 TRABS（B）的变化

5. 澳洲坚果油凝胶的体外脂解及虾青素的生物可及性

负载虾青素澳洲坚果油凝胶的消化特性是通过测定其在体外静态模拟小肠消化过程中的游离脂肪酸释放来表征。如图 4-39 所示，所有样品在消化过程中脂肪酸释放均呈线性增加，在 120 min 消化过程中并没有达到相对平衡，这可能与油凝胶形成的三维晶体网络结构有关。与纯澳洲坚果油相比，虾青素的添加没有影响其脂解过程和最大游离脂肪酸释放量。但凝胶剂类型会显著影响负载虾青素油凝胶的消化过程，与负载虾青素澳洲坚果油相比，MG 油凝胶具有更高的游离脂肪酸释放量，而 SO 油凝胶、RBW 油凝胶和 BW 油凝胶则呈现更低的游离脂肪酸释放量，其中 SO 油凝胶具有最低的游离脂肪酸释放量，其次是 RBW 油凝胶，BW 油凝胶则与负载虾青素的澳洲坚果油接近，这种差异可归因于不同类型澳洲坚果油凝胶的凝胶机制、结构和凝胶强度差异。SO 油凝胶是通过自组装成纳米大小的空心管状结构来实现凝胶化的，形成了较强的凝胶网络结

构，从而阻碍了脂肪酶接触甘油三酯的酶解位点。而 MG 油凝胶具有更高的游离脂肪酸释放量可能归因于几方面，一方面是 MG 可以作为酶解的底物，胰脂肪酶的 sn-1,3 特异性可以将 MG 位于 sn-1 位或 sn-3 位的脂肪酸水解，产生额外的游离脂肪酸，另一方面是 MG 可作为乳化剂提高脂解效率。此外，在脂解 120 min 时，澳洲坚果油、负载虾青素的澳洲坚果油和 MG 油凝胶、BW 油凝胶、RBW 油凝胶、SO 油凝胶的游离脂肪酸释放率分别为 62.1%、61.9%、72.9%、59.3%、46.2%、40.8%。以上结果表明，凝胶剂类型会显著影响澳洲坚果油凝胶的脂解敏感性。

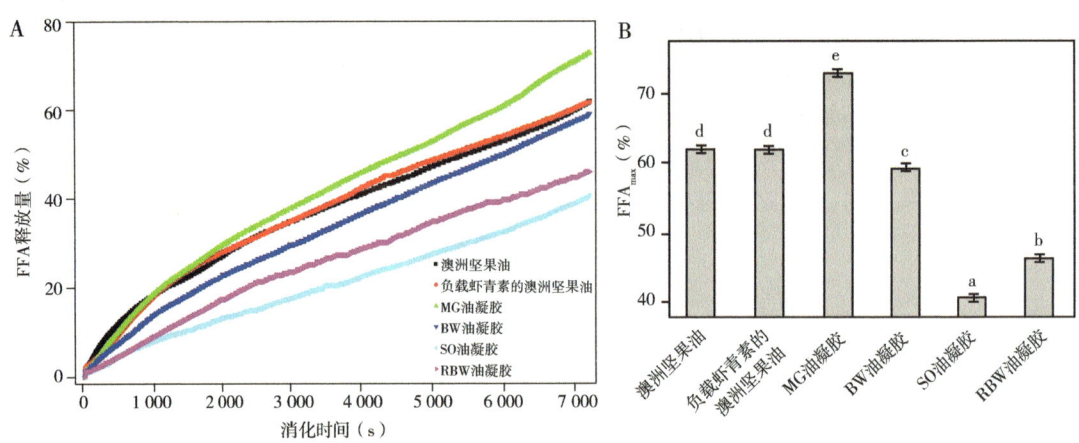

MG—单硬脂酸甘油酯，BW—蜂蜡，RBW—米糠蜡，SO—γ-谷维素与 β-谷甾醇的混合物

图 4-39　负载虾青素澳洲坚果油凝胶在体外消化过程中游离脂肪酸释放

为了了解不同凝胶剂对负载虾青素澳洲坚果油凝胶的虾青素的生物可及性影响，本试验采用体外模型测定了负载虾青素澳洲坚果油及其油凝胶中虾青素的生物可及性。众所周知，生物可及性衡量的是生物活性物质从脂相转移到水相的百分比，首先生物活性物质从基质中释放出来，随后溶于混合胶束相，只有包裹在胶束相中的物质在小肠消化过程中才能被肠上皮细胞吸收利用。如图 4-40 所示，与负载虾青素的澳洲坚果油（20.3%）相比，MG 作为凝胶剂的油凝胶（36.3%）显著提高了虾青素的生物可及性，说明 MG 的存在促进了虾青素释放到胶束中，而以 SO、BW 和 RBW 作为凝胶剂的油凝胶则显示了更低生物可及性，分别为 12.7%、18.7% 和 14.6%。而且，虾青素的生物可及性与其游离脂肪酸释放是呈现出正相关的，这说明脂解是有利于虾青素释放到胶束中的。以上结果表明，凝胶剂类型会显著影响负载虾青素澳洲坚果油凝胶中虾青素的生物可及性，MG 油凝胶可能是提高虾青素体外生物可及性的有效递送载体。

6. 结　论

（1）虾青素的添加不会改变澳洲坚果油凝胶的晶体形态和分子内的相互作用力，但降低了澳洲坚果油凝胶的热稳定性、硬度和油结合能力。

（2）虾青素的添加可以进一步提高了澳洲坚果油凝胶的氧化稳定性。

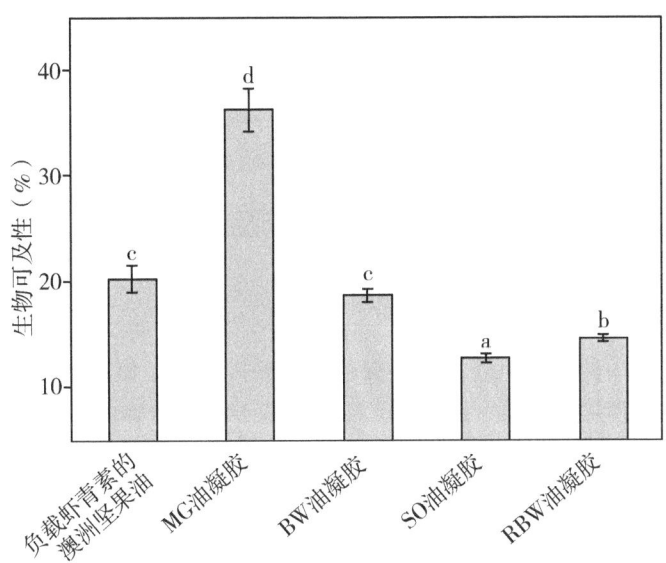

MG—单硬脂酸甘油酯，BW—蜂蜡，RBW—米糠蜡，SO—γ-谷维素与β-谷甾醇的混合物

图4-40 负载虾青素澳洲坚果油凝胶在体外消化后虾青素的生物可及性

（3）凝胶剂类型会显著影响负载虾青素澳洲坚果油凝胶的脂解和虾青素体外生物可及性，脂解程度与虾青素体外生物可及性呈正相关，MG油凝胶可能是提高虾青素体外生物可及性的有效递送载体。

第三节 高油基澳洲坚果酱制备技术及应用

澳洲坚果中油脂含量超过73%，富含不饱和脂肪酸，且表现出较好的降血脂功效，是一种高油脂的营养健康食品。目前商业化澳洲坚果产品主要包括坚果油和一些休闲食品，产品结构比较单一。近年来，随着居民营养健康膳食需求的增加，全组分食品变得越来越受青睐，全组分澳洲坚果酱的开发将具有极大的市场潜力。在工业生产过程中，植物基酱的加工过程主要包括烘烤和研磨，其中，研磨作为关键工艺，在产品口感和品质方面起到至关重要的作用。目前，工业上常用的研磨设备有锤式粉碎机、胶体磨、球磨机等，这些设备在研磨过程均会引起产品温度升高，一定程度上导致产品质地受损、油脂氧化和营养成分的损失。因此，有必要探索一种适合高油植物基酱的研磨工艺。

此外，坚果酱作为一种高油基食品，普遍存在油脂迁移和油析现象，这严重影响产品的品质和适销性。目前，市售产品主要通过添加氢化油作为稳定剂来进行改善，但过多的摄入氢化油会对人体健康会产生不利影响。低分子量凝胶剂不仅提高油的结合能力，而且还可以改善油脂的氧化稳定性和消化特性。通过油凝胶化可以改善高油食品体系的稳定性，如在花生酱中添加冷冻干燥的羟甲基丙基纤维素和甲基纤维素（大于1.0%）或植物蜡（大于5.0%）可以避免油析产生并提高储藏过程中的氧化稳定性。

因此，本研究首先采用新型高能介质磨系统制备全组分澳洲坚果酱，考察研磨强度对全组分澳洲坚果酱的粒径、色泽、质构、流变特性、挥发性风味成分及贮藏稳定性影响；其次，基于油凝胶化机制，创制凝胶型全组分澳洲坚果酱，比较不同低分子量凝胶剂（MG、BW、SO 和 RBW）作为稳定剂对全组分澳洲坚果酱的质构、流变特性、涂抹性能、3D 打印性能等的影响，以期为高油基食品的开发提供新策略。

一、高能介质磨制备全组分澳洲坚果酱及性质表征

（一）全组分澳洲坚果酱的制备

高能介质磨是一种简单、经济、环保的超细粉碎技术。该设备由研磨系统和冷却系统组成，其工作原理如图 4-41 所示。该技术是基于纳米研磨的原理，通过物料与研磨介质之间的剧烈运动，物料颗粒在研磨过程中被剪切、挤压和摩擦，当应力达到物料颗粒屈服或断裂的极限时，就会发生塑性变形或断裂，从而达到细化物料粒度的目的。

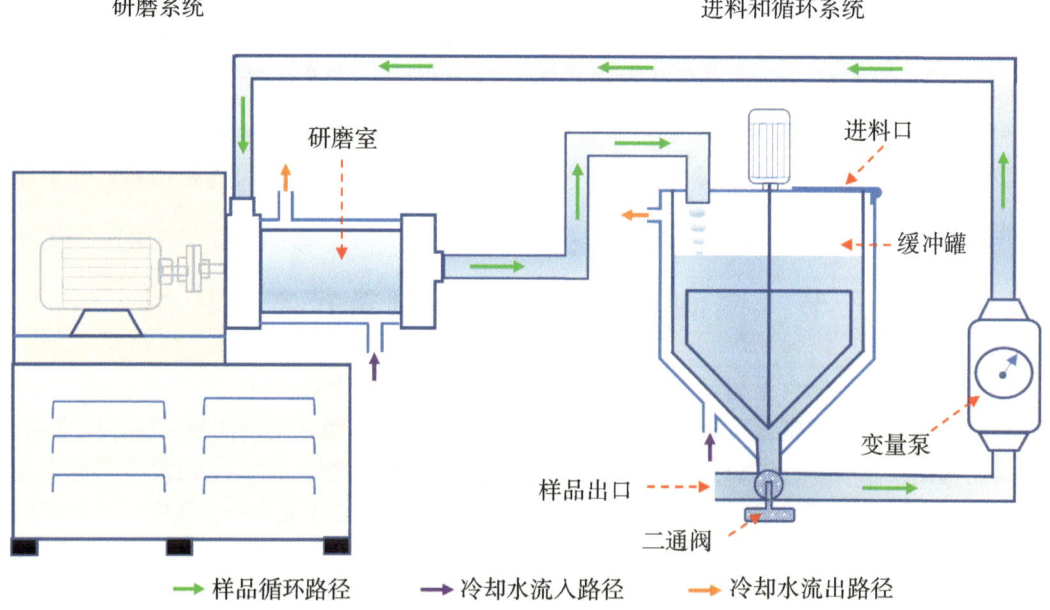

图 4-41　高能介质磨工作原理示意

全组分澳洲坚果酱的制备：采用食品级胶体磨将干燥的澳洲坚果仁进行粗磨制浆，浆料加入进料桶中，然后按照浆料与研磨介质（0.6 mm 氧化锆微珠）质量比为 4∶1 加入研磨介质到研磨腔中，最后，在通过冷却循环控制温度低于 40 ℃条件下分别研磨 10 min、25 min、45 min、65 min 得到不同研磨强度的去全组分澳洲坚果酱。仅通过胶体磨处理的样品（未用高能介质磨处理）作为对照，所有收集的样品在分析前均储存在 4 ℃冰箱。

(二) 全组分澳洲坚果酱的性质表征

1. 粒径分布及大小

经高能介质磨研磨后的产品常通过测颗粒粒径观测组分研磨情况。颗粒的大小叫做粒度,一般以微米或纳米为单位,个别领域也用毫米为单位。通常用颗粒的直径(粒径)来描述颗粒的粒度。由固体颗粒堆积而成的集合体称作粉体,固体颗粒是组成粉体的基本单元。用特定方法测定的不同粒径区间内的颗粒占总量的百分数称为粒度分布。粒度分布有多种基准,如数量分布、长度分布、面积分布、体积分布、重量分布等,最常用的是体积分布。常用 D_{50}、D_{90}、$D_{[3,2]}$、$D_{[4,3]}$ 表示产品颗粒粒径情况。D_{50} 又称中位径或中值粒径,是指累积分布百分数达到 50% 时所对应的粒径值。假设一个样品的 $D_{50}=5$ μm,说明在组成这个样品的颗粒中,粒径大于 5 μm 的占 50%,小于 5 μm 的颗粒也占 50%。D_{50} 是粉体生产和应用中评价粉体粒度的一个典型指标,通常也用它来代表粉体的平均粒径;D_{90} 是指累积分布百分数达到 90% 时所对应的粒径值。就是说粒径小于 D_{90} 的颗粒占总量的 90%,大于 D_{90} 的占 10%;$D_{[3,2]}$、$D_{[4,3]}$ 二者都是以体积为基准表示平均粒径的。其中 $D_{[4,3]}$ 全称为质量矩体积平均粒径,简称为体积平均径。它的计算方法是将每一个粒径区间两端粒径值进行平均,再与这个区间对应的粒度分布百分数相乘,然后将乘积累加,即 $D_{[4,3]}=f_1 \cdot D_1+f_2 \cdot D_2+f_3 \cdot D_3+\cdots f_i \cdot D_i$。$D_{[3,2]}$ 全称为"体积面积平均粒径",简称为面积平均径。计算方法是将每一个粒径区间百分数除以它对应的粒径区间的平均值后累加,再求倒数,即 $D_{[3,2]}=1\div(f_1\div D_1+f_2\div D_2+f_3\div D_3+\cdots f_i \cdot D_i)$,其中,$f_i$ 表示第 i 个粒径区间百分含量,D_i 表示第 i 个粒径区间的平均粒径。

颗粒特性对全组分澳洲坚果酱的口感和保质期起着重要的作用。全组分澳洲坚果酱样品如图 4-42A 所示。一般情况下,较大的颗粒易发生沉降而导致产品品质下降,但较小的颗粒可能导致更多的油脂释放。不同研磨时间对全组分澳洲坚果酱中颗粒粒径 $D_{[3,2]}$、$D_{[4,3]}$、D_{50} 和 D_{90} 的影响如图 4-42B 所示。如预期的那样,随着高能介质磨研磨时间的增加,所有粒径值都显著降低。例如,未经高能介质磨处理的全组分澳洲坚果酱样品的 $D_{[3,2]}$、$D_{[4,3]}$、D_{50} 和 D_{90} 值分别为 24.03 μm、68.48 μm、59.50 μm 和 124.67 μm。研磨 65 min 后,这些值分别降至 4.37 μm、14.25 μm、8.82 μm 和 34.07 μm。同时,观察到研磨 65 min 样品的 $D_{[4,3]}$ 和 D_{90} 值与研磨 45 min 的相比差异不显著,$D_{[3,2]}$ 和 D_{50} 的变化也很小,表明样品研磨 45 min 已达到了机械破碎平衡。人的舌头能感触到的最小粒径为 20~30 μm,小于 30 μm 的物质可能无法感觉到口感差异。因此,高能介质磨可能适合用来生产超细的全组分澳洲坚果酱。

图 4-42C 显示了高能介质磨研磨时间对全组分澳洲坚果酱样品粒径分布的影响。高能介质磨处理后的样品呈宽的单峰分布(约 90 μm),处理 10 min 后的样品峰值变化不明显,但略有左移。随着研磨时间的延长,全组分澳洲坚果酱样品的粒径分布显著左移,表明较大的颗粒或植物组织被研磨成了较小的颗粒。此外,全组分澳洲坚果酱样品粒径分布的峰值随着研磨时间的增加而向下移,这也说明样品的整体粒径随着研磨时间的增加而减小。

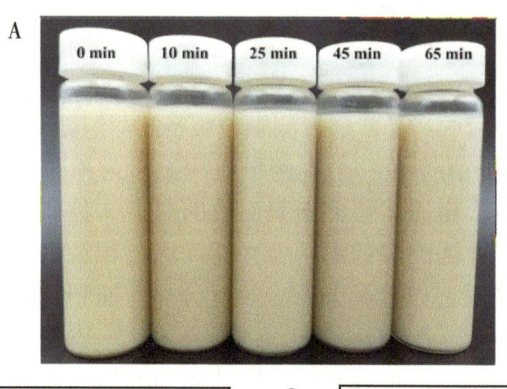
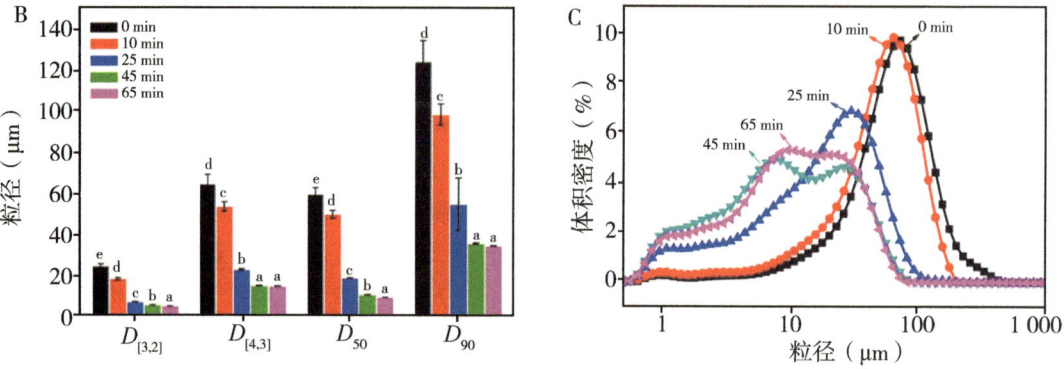

图 4-42　高能介质磨处理对全组分澳洲坚果酱的外观（A）、粒径（B）和粒径分布（C）影响

注：相同粒径下不同字母表示数据的显著性差异（$P<0.05$）；0 min、10 min、25 min、45 min、65 min 代表不同研磨时间的全组分澳洲坚果酱样品。

2. 微观结构

图 4-43A 为经不同研磨时间处理的全组分澳洲坚果酱样品的共聚焦显微镜图。可以看出，油滴（红色）在浆液中以连续相的形式均匀分布，而蛋白质（绿色）则呈大颗粒的聚集体，这与图 4-42C 中占主导地位的单峰粒径分布相一致。其中，未经研磨的样品有较大的蛋白质颗粒聚集，随着研磨时间的增加，聚集程度逐渐减弱，且其他颗粒如油滴或蛋白质也逐渐被分散，在研磨 65 min 的样品中尤为明显，这与粒径大小和分布的结果相吻合。

此外，对脱脂粉进行了环境扫描电子显微镜观察，以进一步探究高能介质磨处理对全组分澳洲坚果酱样品中颗粒结构的影响（图 4-43B）。结果发现，未经过高能介质磨研磨的样品呈现较大颗粒聚集，随着研磨时间的增加，小颗粒逐渐增加且分布更均匀。以上结果表明，高能介质磨在改善全组分澳洲坚果酱样品的口感和品质方面具有较大的潜力。

3. 色　泽

色泽是食品的重要感官指标，也是消费者选择产品的重要参考依据。食品的色泽很大程度受产品的状态和结构的影响。表 4-7 显示了不同研磨时间对 WMB 样品 L^*、a^*、b^* 的影响。可以看出，全组分澳洲坚果酱样品的色泽指标范围为 70.82 ~ 71.42

第四章 澳洲坚果油降血脂功效及其应用

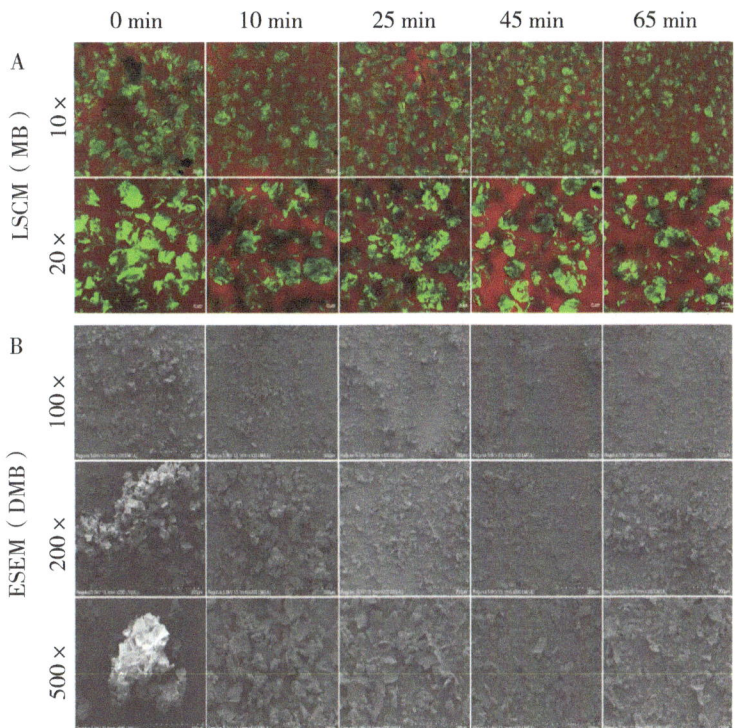

LSCM—激光扫描共聚焦显微镜，ESEM—环境扫描电子显微镜；
MB—澳洲坚果酱，DMB—脱脂澳洲坚果粉

图 4-43 高能介质磨处理制备全组分澳洲坚果酱的共聚焦图（A）和扫描电子显微镜图（B）

注：0 min、10 min、25 min、45 min、65 min 代表不同研磨时间的全组分澳洲坚果酱样品。

(L^*)、-1.57~-0.68（a^*）和 16.73~19.30（b^*）。随着研磨时间的增加，其 a^* 和 b^* 逐渐减小，而 L^* 变化不明显，说明研磨不会影响全组分澳洲坚果酱样品的亮度。这种差异可能归因于随着研磨时间的增加，植物组织中的叶绿素和其他有色物质被溶出，导致 a^* 降低（绿色增大）。研磨时间的延长会引起热效应，加速褐变反应，增加棕色色素，从而造成 b^* 降低。但通过肉眼并不能观察到全组分澳洲坚果酱样品发生了明显的颜色变化（图 4-42A）。因此，认为高能介质磨处理不会对全组分澳洲坚果酱样品的色泽产生不利影响。

表 4-7 高能介质磨处理对全组分澳洲坚果酱的色泽、质构和流变参数影响

项目		0 min	10 min	25 min	45 min	65 min
色泽指标	L^*	70.82±0.01a	71.07±0.01c	71.42±0.01d	70.90±0.03b	70.84±0.02a
	a^*	-0.68±0.01e	-0.77±0.01d	-0.85±0.01c	-1.34±0.01b	-1.57±0.00a
	b^*	19.30±0.01e	19.18±0.02d	19.03±0.01c	17.57±0.02b	16.73±0.01a

(续表)

项目		0 min	10 min	25 min	45 min	65 min
质构性质	硬度（g）	204.47±1.24a	108.18±1.89b	82.84±1.45c	67.76±1.23d	69.99±0.89d
	黏附性（g·s）	130.87±6.78a	48.05±0.99b	29.05±0.98c	17.58±1.03d	15.02±3.80d
	弹性	0.891±0.03a	0.906±0.00a	0.923±0.01a	0.923±0.01a	0.916±0.05a
	内聚性	0.839±0.00a	0.877±0.00a	0.885±0.01a	0.884±0.01a	0.870±0.06a
	胶着性	171.45±0.94a	96.43±1.31b	73.27±1.29c	58.99±0.85d	60.93±4.55d
	咀嚼性	152.72±3.97a	87.34±0.94b	67.59±1.44c	54.45±0.99d	55.96±6.97d
幂指模型拟合参数	K（Pa·s^n）	14.55±1.01a	6.79±0.42b	3.63±0.41c	1.45±0.08d	0.94±0.12e
	n	0.86±0.03a	0.79±0.01b	0.76±0.02c	0.75±0.00d	0.75±0.01e
	R^2	0.999	0.998	0.995	0.997	0.997

注：同一行的不同字母表示数据的显著性差异（$P<0.05$）；0 min、10 min、25 min、45 min、65 min 代表不同研磨时间的全组分澳洲坚果酱样品；K—稠度系数，n—流动行为指数。

4. 质构特性

质构是食品的感官特性之一。表4-7显示了给高能介质磨处理对全组分澳洲坚果酱样品的硬度、黏附性、弹性、内聚性、胶着性和咀嚼性影响。从表中可以看出，随着研磨时间的增加，全组分澳洲坚果酱样品的硬度、胶着性、咀嚼性和黏附性均显著降低。与未处理的样品相比，研磨45 min后，样品的硬度（从204 g降至68 g）、胶着性（从171降至59）、咀嚼性（从153降至54）均降至原来的1/3，黏附性（从131 g·s降至18 g·s）则降至原来的1/7，而其他的质构参数无明显变化，这可能归因于样品粒径的降低。此外，当继续增加研磨时间，这些值无明显变化。

5. 流变特性

全组分澳洲坚果酱样品的流变性能与产品品质、口感和加工适宜性密切相关。从图4-44A和4-44B可以看出，所有样品均表现出相似的流动行为。随着剪切速率的增加，表观黏度逐渐减小，剪切应力逐渐增大，说明所有样品都具有典型的假塑性流体行为。此外，在研磨的前45 min，全组分澳洲坚果酱样品的黏度显著下降，继续增加研磨时间，这种效应被减弱，这可能是由于固体基质中的油被更多地释放出来。同时对全组分澳洲坚果酱样品的流动曲线进行拟合，所有样品的流变数据与幂指模型均表现出较好的拟合度（$R^2>0.99$）（表4-7），其稠度系数（K）和流动行为指数（n）如表4-7所示。从表4-7中可以看出，所有样品的 n 范围为0.75~0.86（均小于1），且随着研磨时间的增加，n 发生显著降低，这说明所有样品均表现出非牛顿剪切稀化流体行为，且剪切稀化程度随研磨时间的增加而增加。K 与 n 表现出相同的趋势，且随着研磨时间的增加，K 从 14.55 Pa·s^n 下降到 0.94 Pa·s^n，这与剪切扫描结果相吻合。这种现象主要归因于研磨过程中颗粒粒径的降低。

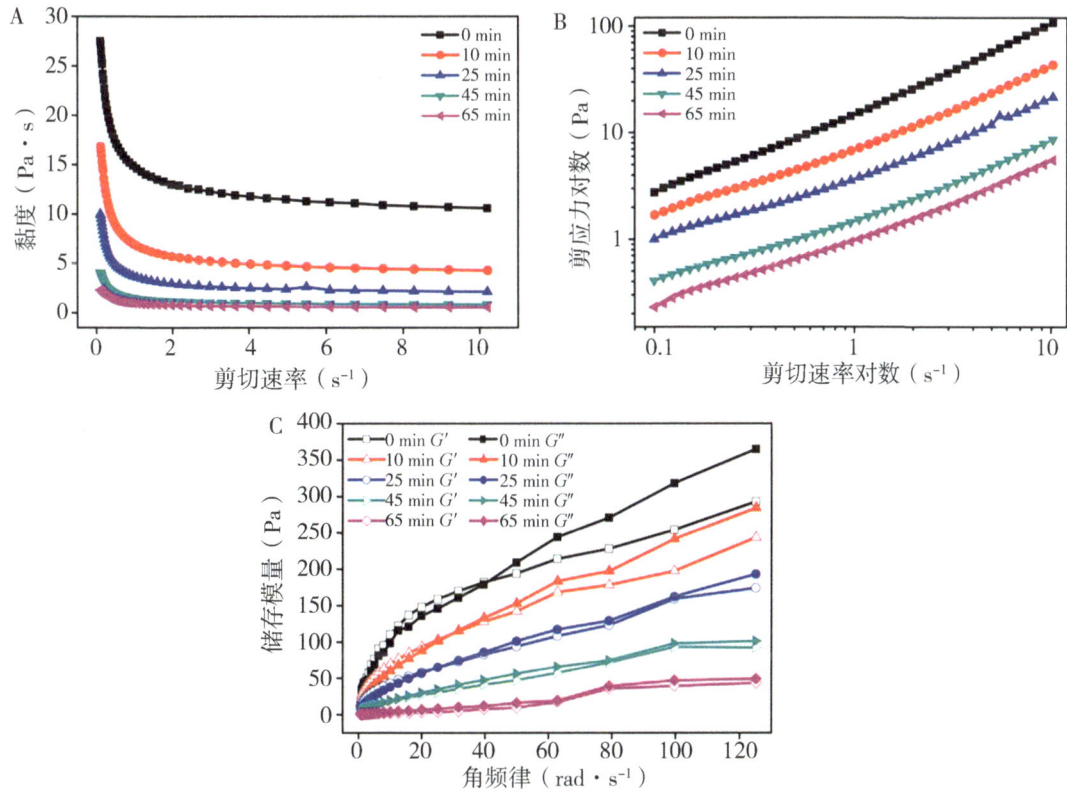

A 和 B—全组分澳洲坚果酱的静态剪切流变曲线，C—全组分澳洲坚果酱的动态剪切流变曲线；
G'—储存模量，G''—损耗模量

图 4-44　高能介质磨处理对全组分澳洲坚果酱的流变性质影响

注：0 min、10 min、25 min、45 min、65 min 代表不同研磨时间的全组分澳洲坚果酱样品。

动态剪切流变特性可以反映全组分澳洲坚果酱样品的黏弹性变化规律。G' 和 G'' 分别与物料的弹性和黏性有关。如图 4-44C 所示，所有样品的 G' 和 G'' 均随频率增加而增加，未研磨样品的 G' 和 G'' 最高。随着研磨时间的增加，该值均显著降低，表明颗粒—颗粒相互作用减弱，这与颗粒粒径的减小有关。而且，在低角频率下，$G' > G''$，但随着角频率的增加，逐渐转变成 $G'' > G'$，这说明 WMB 样品在低角频率时表现为弱凝胶状，而在高角频率时则表现出液体状。此外，随着研磨时间的增加，G' 和 G'' 曲线相交（G' 和 G''）的角频率逐渐降低，说明样品逐渐向液态转变。以上结果表明，研磨时间的增加降低了 WMB 样品的黏度，提高了流动性，这种性质有利于其在加工过程中的搅拌、泵送和输送等。

6. 营养品质

全组分澳洲坚果酱样品含油量超过 70%，加工过程中油脂成分的变化会直接影响

产品品质。通过对其脂肪酸组成和脂质伴随物进行分析，发现所有样品均含有丰富的不饱和脂肪酸（超过83%），主要为油酸（约61%）和棕榈油酸（约18%）。此外，其还含有高含量的角鲨烯（约203 mg·kg^{-1}）和总植物甾醇（约1 658 mg·kg^{-1}）。但不同研磨时间对脂肪酸组成和微量成分（表4-8）的影响并不显著，说明高能介质磨处理未对全组分澳洲坚果酱样品的营养品质产生不利影响，这可能与高能介质磨能维持整个研磨过程的物料温度低于40 ℃有关。

表4-8 高能介质磨处理对全组分澳洲坚果酱的脂肪酸组成和微量成分影响

项目		0 min	10 min	25 min	45 min	65 min
脂肪酸组成（%）	C14∶0	0.63±0.001a	0.63±0.000a	0.64±0.001a	0.63±0.001a	0.63±0.000a
	C16∶0	8.52±0.003a	8.54±0.005a	8.54±0.000a	8.51±0.003a	8.51±0.003a
	C16∶1	18.10±0.005a	18.09±0.004a	18.10±0.004a	18.09±0.005a	18.13±0.003a
	C18∶0	3.48±0.002a	3.50±0.000a	3.50±0.000a	3.48±0.002a	3.46±0.001a
	C18∶1	60.65±0.002a	60.56±0.000a	60.56±0.007a	60.65±0.000a	60.63±0.012a
	C18∶2	2.06±0.003a	2.06±0.000a	2.06±0.001a	2.06±0.003a	2.06±0.002a
	C18∶3	0.30±0.002a	0.32±0.000a	0.30±0.007a	0.30±0.002a	0.31±0.010a
	C20∶0	2.74±0.000a	2.76±0.000a	2.76±0.000a	2.74±0.000a	2.72±0.001a
	C20∶1	2.32±0.003a	2.32±0.000a	2.32±0.004a	2.33±0.003a	2.33±0.003a
	C22∶0	0.79±0.001a	0.80±0.000a	0.80±0.002a	0.79±0.001a	0.79±0.000a
	C22∶1	0.09±0.002a	0.09±0.005a	0.09±0.000a	0.09±0.002a	0.09±0.002a
	C24∶0	0.33±0.001a	0.34±0.000a	0.34±0.006a	0.33±0.001a	0.33±0.005a
	MUFA	81.16±0.012b	81.06±0.009a	81.07±0.014a	81.16±0.012b	81.16±0.012b
	PUFA	2.36±0.005a	2.38±0.000a	2.37±0.008a	2.36±0.005a	2.36±0.005a
	SFA	16.48±0.005b	16.56±0.005c	16.56±0.007c	16.46±0.009ab	16.45±0.001a

(续表)

项目		0 min	10 min	25 min	45 min	65 min
植物甾醇 (mg·kg^{-1})	菜油甾醇	100.63± 0.38a	101.18± 0.64a	102.10± 1.90a	102.00± 2.23a	102.63± 1.48a
	赤桐甾醇	13.75± 0.90a	13.99± 0.35a	13.78± 0.18a	14.04± 0.03a	13.98± 0.25a
	β-谷甾醇	1 268.99± 3.49a	1 284.55± 1.46b	1 293.30± 0.81b	1 295.31± 8.95b	1 293.06± 3.46b
	β-豆甾醇	7.30± 0.76a	7.61± 0.38a	7.70± 0.08a	7.59± 0.36a	7.78± 0.35a
	Δ^5-燕麦甾醇	211.54± 2.13a	215.58± 1.16a	221.18± 5.57a	216.28± 4.41a	220.31± 2.67a
	$\Delta^{5,24}$-豆二烯醇	18.55± 0.32a	18.60± 0.91a	19.06± 0.25a	18.84± 0.66a	15.30± 3.18a
	Δ^7-豆甾烯醇	22.79± 0.24a	24.11± 0.44a	24.13± 0.04a	24.44± 0.64a	24.19± 0.75a
	Δ^7-燕麦甾醇	14.14± 0.50a	15.19± 0.02a	14.15± 0.50a	14.91± 0.06a	14.55± 0.25a
	总甾醇	1 657.67± 8.23a	1 680.80± 1.75ab	1 695.38± 7.54b	1 693.40± 16.44ab	1 691.79± 3.33ab
角鲨烯 (mg·kg^{-1})		203.33± 1.51a	205.42± 2.97a	207.33± 0.50a	205.94± 1.57a	206.57± 1.45a

注：同一行的不同字母表示数据的显著性差异（$P<0.05$）；0 min、10 min、25 min、45 min、65 min 代表不同研磨时间的全组分澳洲坚果酱样品；SFA—饱和脂肪酸（C14：0+C16：0+C18：0+C20：0+C22：0+C24：0），MUFA—单不饱和脂肪酸（C16：1+C18：1+C20：1+C22：1），PUFA—多不饱和脂肪酸（C18：2+C18：3），UFA—不饱和脂肪酸（MUFA+PUFA）。

此外，采用电子鼻对高能介质磨处理后所有全组分澳洲坚果酱样品的挥发性风味成分进行了分析。图 4-45A 显示了 W1W（硫化物和萜烯）和 W2W（有机硫化物）传感器对全组分澳洲坚果酱中挥发性化合物表现出更强的响应，这表明萜烯和有机硫化物可能是全组分澳洲坚果酱样品的主要风味成分。随着研磨时间的增加，各传感器对挥发性风味成分的响应逐渐增加，尤其是 W1W、W2W 和 W1S（短链烷烃），它们是赋予全组分澳洲坚果酱样品独特风味的主要成分。以上结果表明，高能介质磨处理有利于全组分澳洲坚果酱样品中挥发性风味成分的释放，且释放量与研磨时间呈正相关。同时，为了更好了解不同研磨时间对全组分澳洲坚果酱的挥发性风味成分影响，采用主成分分析（PCA）对所有样品的传感器响应值进行分析。从图 4-45B 可知，PC1 和 PC2 分别贡献了挥发性风味成分的 80.57%和 10.93%，可以用来解释样品的挥发性风味成分差异。PCA 双标图显示，W1W、W2W 与 PC1、PC2 呈正相关。经 HEMM 处理的样品均位于 PC1 的正轴，且随着研磨时间的延长，样品的分布趋于 PC1 和 PC2 的正轴。这说明给高能介质磨处理对全组分澳洲坚果酱样品的挥发性风味成分有显著影响。

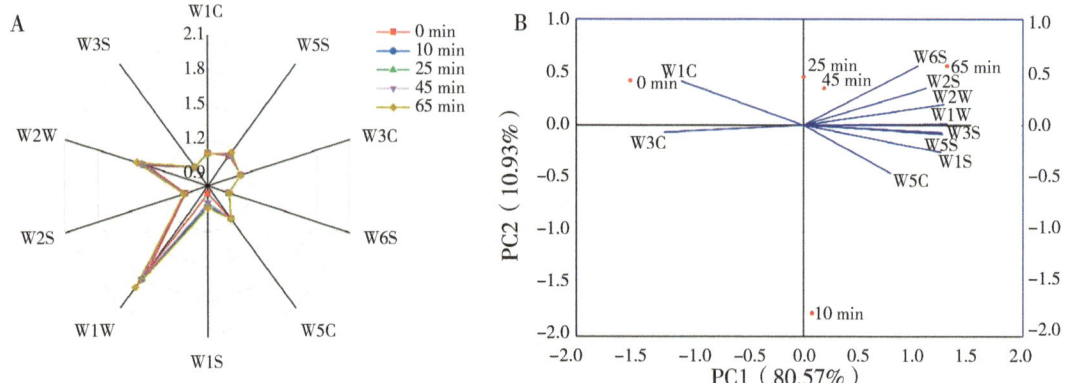

图 4-45 高能介质磨处理对全组分澳洲坚果酱挥发性风味成分影响的雷达图（A）和主成分分析图（B）

注：0 min、10 min、25 min、45 min、65 min 代表不同研磨时间的澳洲坚果酱样品；W1C、W3C、W5C、W1S、W2S、W3S、W5S、W6S、W1W、W2W 代表 10 个气体传感器。

7. 贮藏稳定性

坚果酱富含脂质，油脂迁移是其普遍存在的一个共性问题，这对产品品质和外观均会产生不利影响。根据斯托克斯氏定律，颗粒大小将直接影响分散体系中固体颗粒的沉降速率。图 4-46 显示了不同研磨时间全组分澳洲坚果酱样品的储藏稳定性。结果表明，室温下储藏 20 d，油脂就发生了明显的迁移现象，且随着研磨时间的增加，油脂迁移越明显，这表明其发生了典型的沉降现象。此外，离心加速试验也表明，随着研磨时间的增加，全组分澳洲坚果酱样品的离心出油率从 35.91% 增加到 49.46%，这与自然沉降观察到的结果一致。因此，避免油脂迁移将是全组分澳洲坚果酱在改善口感和风味前提下另一个需要解决的重要问题。

（三）结　论

（1）高能介质磨可用于制备超细全组分澳洲坚果酱，研磨 65 min 时，其粒径 $D_{[3,2]}$、$D_{[4,3]}$、D_{50} 和 D_{90} 值分别为 4.37 μm、14.25 μm、8.82 μm 和 34.07 μm。

（2）高能介质磨处理可以增加全组分澳洲坚果酱的挥发性风味成分释放，且不会影响其色泽和营养成分。

（3）随着研磨时间的增加，全组分澳洲坚果酱的表观黏度和剪切应力逐渐降低，表现出非牛顿剪切变稀流体行为。

（4）高能介质磨处理增加全组分澳洲坚果酱的离心出油率，表现出更差的储藏稳定性。

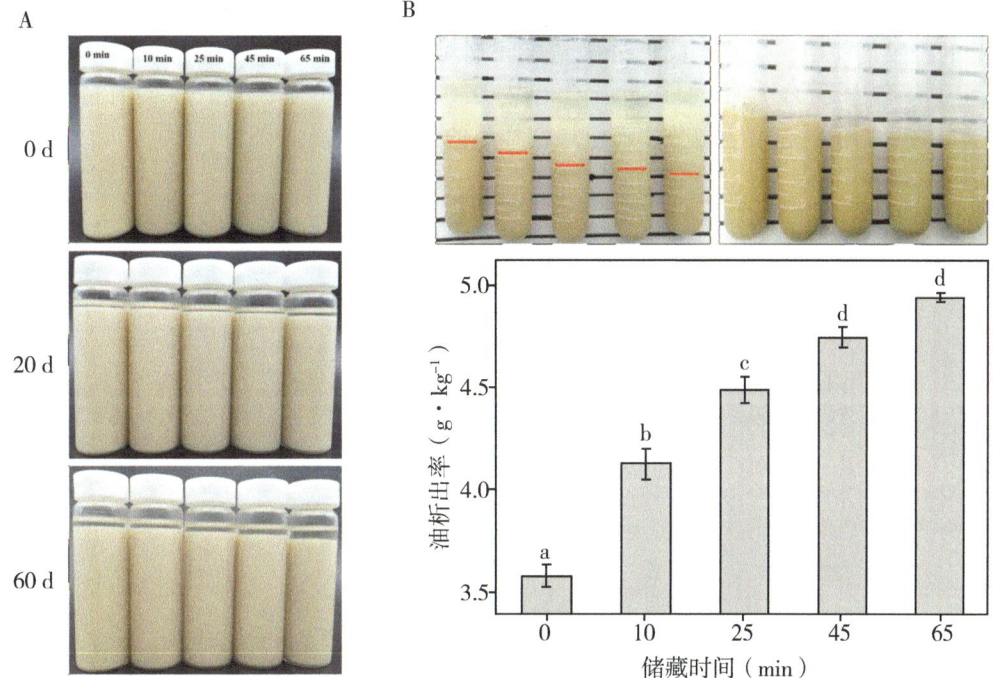

图 4-46　高能介质磨制备全组分澳洲坚果酱的储藏（A）和离心加速试验（B）

注：不同字母表示数据的显著性差异（$P<0.05$）；0 min、10 min、25 min、45 min、65 min 代表不同研磨时间的全组分澳洲坚果酱样品；0 d、20 d 和 60 d 表示在室温（25 ℃）下的不同储藏时间。

二、凝胶型全组分澳洲坚果酱的性质表征及其加工适用性

（一）凝胶型全组分澳洲坚果酱的制备

称取 100 g 研磨 65 min 的全组分澳洲坚果酱样品，按质量比为 0.5%、1.0%、2.0%、3.0%、4.0% 和 5.0% 的比例分别添加单硬脂酸甘油酯（MG）、精制米糠蜡（BRW）、蜂蜡（BW）、γ-谷维素和 β-谷甾醇混合物（二者比例为 3∶2，SO）。然后在 90 ℃水浴锅中磁力搅拌加热 30 min，快速冷却至室温后置于 4 ℃冰箱放置 24 h。

（二）凝胶型全组分澳洲坚果酱的性质表征

1. 外观形貌和微观结构

高能介质磨制备的全组分澳洲坚果酱样品在贮藏过程中易发生油析现象（图 4-47），这不仅对产品的品质造成影响，而且会影响消费者的接受度。因此，在确保全组分澳洲坚果酱口感和风味的前提下，如何降低离心出油率和提高储藏稳定性是其产业化应用的关键难题。本章第二节表明，油凝胶化可以将液态油转变为凝胶状或固态，有效

改善其油结合能力，硬度等性能，但这与所使用凝胶剂浓度和类型是密切相关的。因此，基于油凝胶化机制，选择研磨65 min的全组分澳洲坚果酱样品，通过不同浓度和类型的凝胶剂使用，探究不同低分子量凝胶剂对全组分澳洲坚果酱样品的理化性质影响。图4-47显示了分别添加0.5%、1.0%、2.0%、3.0%、4.0%和5.0%的MG、BW、SO和RBW制备凝胶型全组分澳洲坚果酱样品的外观形貌。

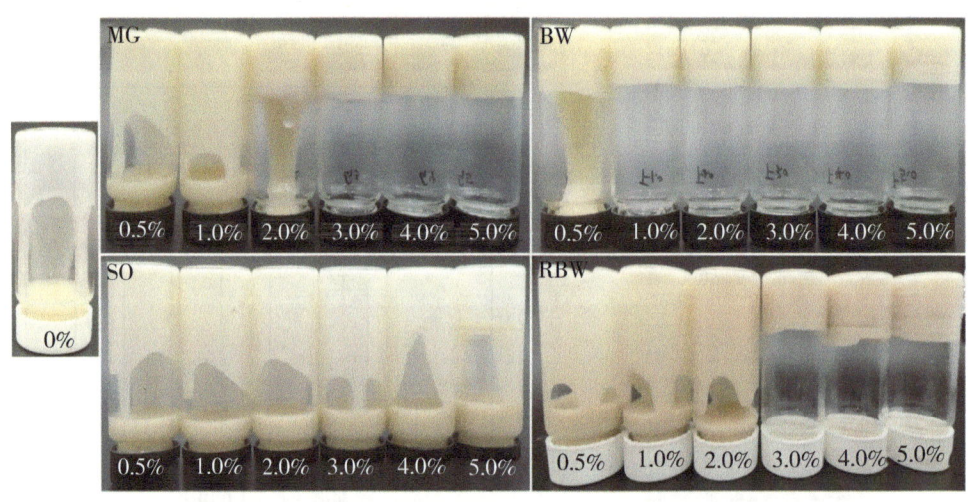

MG—单硬脂酸甘油酯，BW—蜂蜡，RBW—米糠蜡，SO—γ-谷维素与β-谷甾醇的混合物
图4-47 凝胶剂浓度和类型对全组分澳洲坚果酱的外观形貌影响

通过倒置试验发现，由于全组分澳洲坚果酱样品含有较高的油（＞70%），呈现出较好的流动性，随着凝胶剂加入，全组分澳洲坚果酱样品的流动性会明显降低，这归因于凝胶剂在全组分澳洲坚果酱样品中通过氢键或范德华力等相互作用形成了晶体网络结构，限制了液态油的流动。其中，当MG添加量为3.0%时，全组分澳洲坚果酱样品即可转变为不流动的凝胶状，RBW表现出相似的效果，BW则仅需添加1.0%，而SO在研究的浓度范围内不能将全组分澳洲坚果酱样品转变成不流动的凝胶状，这个结果通过相变图（图4-48）可以清晰地展示出来，说明不同凝胶剂在全组分澳洲坚果酱中的最低凝胶化浓度是存在差异的，这与不同凝胶剂的凝胶化机制有关。因此，在实际生产中，可以根据实际需要选择合适的凝胶剂，并通过调节凝胶剂浓度来实现预期效果。

同时，由于全组分澳洲坚果酱样品的主要成分是蛋白质和油脂，通过染液对其进行染色，采用共聚焦显微镜观察不同凝胶剂对全组分澳洲坚果酱样品的微观结构影响。从图4-49可以看出，油滴（红色）在浆液中以连续相的形式均匀分布，而蛋白质（绿色）则呈颗粒的聚集体，在原始全组分澳洲坚果酱样品中，蛋白质以大颗粒聚集体的形式存在，大量研究表明，颗粒的聚集容易产生沉降，从而加速油脂的析出。通过凝胶剂的使用发现，4种低分子量凝胶剂在添加量为0.5%时与原始全组分澳洲坚果酱样品具有相同的颗粒分布，随着凝胶剂添加量的继续增加，蛋白颗粒在油相中的分布逐渐变得更加均匀，且颗粒大小也逐渐降低，在凝胶剂添加量大于4.0%时表现得尤为明显，

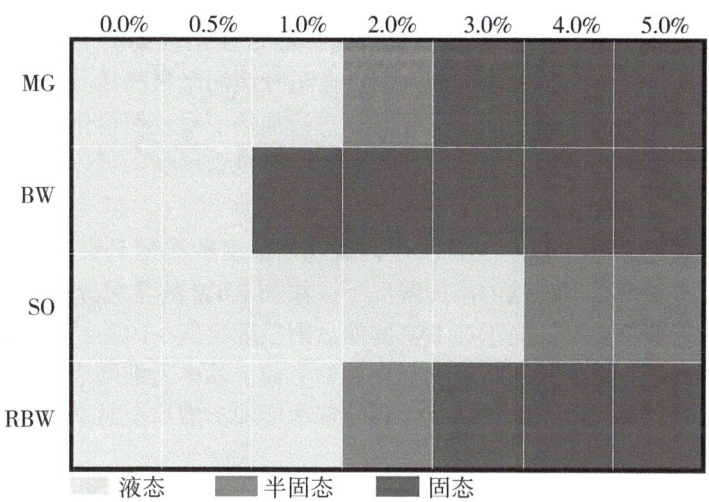

MG—单硬脂酸甘油酯，BW—蜂蜡，RBW—米糠蜡，
SO—γ-谷维素与β-谷甾醇的混合物

图4-48 添加不同凝胶剂全组分澳洲坚果酱的相变图

呈现浓度依赖关系。在本试验使用的4种低分子量凝胶剂中，BW对全组分澳洲坚果酱样品中蛋白颗粒的分散效果最优。

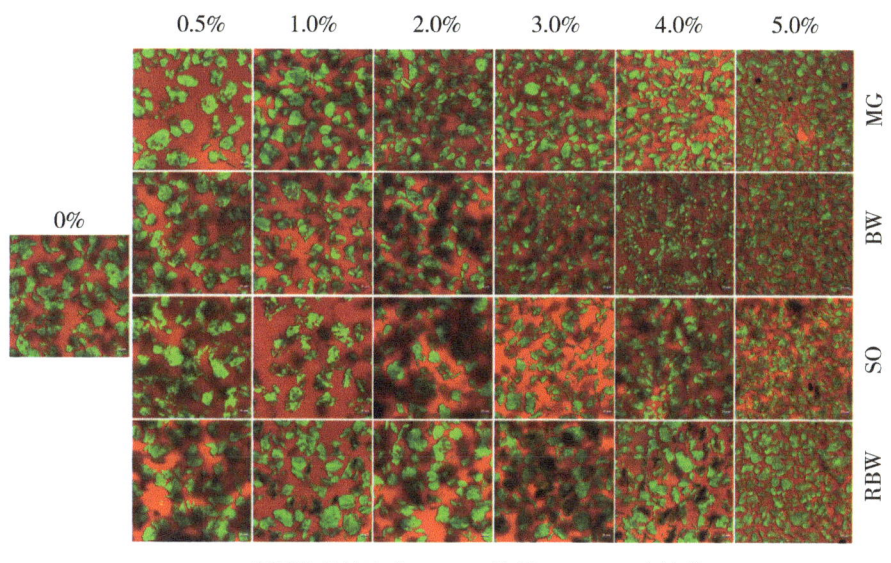

MG—单硬脂酸甘油酯，BW—蜂蜡，RBW—米糠蜡，
SO—γ-谷维素与β-谷甾醇的混合物

图4-49 凝胶剂浓度和类型对全组分澳洲坚果酱的微观结构影响

2. 色 泽

色泽作为食品的重要感官属性，直接影响着消费者的偏好和购买欲望。此外，食品

的色泽不仅受到食品中的组分影响,而且食品结构和状态的改变也会引起颜色的变化。从表4-9可以看出,原始全组分澳洲坚果酱样品表现出较高的 L^*,较低的 a^* 和 b^*,说明其具有较高的亮度。当加入凝胶剂后,全组分澳洲坚果酱样品的 a^* 和 b^* 均显著升高,这可能是由于加入凝胶剂后,样品需要进行加热使凝胶剂熔化和混合均匀,这个过程伴随着褐变和焦糖化反应的发生,从而引起棕色色素增加;另外,凝胶剂的内在特性也会引起样品色泽的变化。

同时,通过色差值(ΔE)对添加不同凝胶剂浓度和类型全组分澳洲坚果酱样品的色泽进行分析,发现在本试验的添加浓度下,添加RBW的全组分澳洲坚果酱样品与对照组具有最大的颜色差异,而添加BW的样品则呈现出最小的差异,这除了可能与凝胶剂的内在特性有关,可能还与凝胶剂在样品中形成了晶体三维网络结构引起样品中颗粒重新分布等因素有关。以上结果表明,凝胶剂浓度和类型均会对全组分澳洲坚果酱样品的色泽产生显著影响。

表4-9 凝胶剂对全组分澳洲坚果酱的色泽影响

凝胶剂浓度	凝胶剂类型	L^*	a^*	b^*	ΔE
全组分澳洲坚果酱		70.84±0.02	−1.57±0.00	16.73±0.01	
0.5%	MG	68.48±0.01	0.30±0.01	22.46±0.02	6.47
	BW	68.06±0.01	−0.41±0.01	21.52±0.01	5.66
	SO	68.47±0.01	0.01±0.01	22.04±0.01	6.02
	RBW	68.45±0.03	0.24±0.01	22.64±0.04	6.63
1.0%	MG	68.40±0.02	−0.35±0.01	21.37±0.01	5.39
	BW	69.00±0.02	0.28±0.01	22.13±0.02	5.99
	SO	68.00±0.01	−0.61±0.01	21.23±0.01	5.40
	RBW	68.14±0.04	0.46±0.01	23.14±0.02	7.25
2.0%	MG	69.44±0.02	−0.18±0.01	21.39±0.01	5.06
	BW	69.57±0.04	−0.32±0.00	20.67±0.01	4.33
	SO	68.04±0.02	−0.64±0.02	21.21±0.04	5.36
	RBW	67.07±0.02	0.26±0.01	22.42±0.01	7.06
3.0%	MG	70.13±0.02	−0.07±0.02	21.19±0.02	4.76
	BW	70.72±0.03	−0.16±0.01	21.18±0.01	4.67
	SO	69.49±0.01	−0.49±0.01	21.21±0.01	4.80
	RBW	66.81±0.03	0.26±0.01	22.93±0.01	7.62

（续表）

凝胶剂浓度	凝胶剂类型	L^*	a^*	b^*	ΔE
4.0%	MG	71.22±0.01	0.12±0.01	20.87±0.01	4.49
	BW	71.55±0.02	0.03±0.01	20.91±0.01	4.53
	SO	69.92±0.01	-0.03±0.01	21.98±0.01	5.55
	RBW	67.37±0.03	0.93±0.01	21.18±0.02	6.93
5.0%	MG	71.87±0.01	0.33±0.01	21.11±0.01	4.89
	BW	71.55±0.02	-0.19±0.02	20.36±0.02	3.95
	SO	70.90±0.02	0.58±0.00	22.32±0.00	5.99
	RBW	67.56±0.03	1.06±0.01	22.11±0.01	6.83

注：0.5%、1.0%、2.0%、3.0%、4.0%和5.0%代表全组分澳洲坚果酱中凝胶剂浓度，MG—单硬脂酸甘油酯，BW—蜂蜡，RBW—米糠蜡，SO—γ-谷维素与β-谷甾醇的混合物。

3. 离心出油率

一般认为，通过高速离心法从坚果酱中分离出来的油能反映其在储藏过程中的最大的分离油量，可以代表产品的稳定性。从图4-50可知，原始全组分澳洲坚果酱样品表现出最大的离心出油率（49.46%），说明其具有较差的储藏稳定性。4种低分子量凝胶剂的添加均能显著降低全组分澳洲坚果酱样品的离心出油率，这归因于不同凝胶剂均在样品中形成了三维网络结构，从而限制了液态油在基质中的流动。

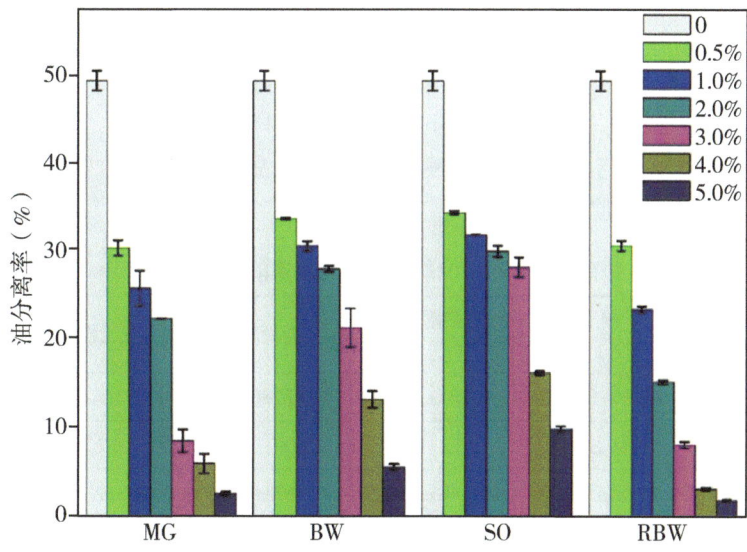

MG—单硬脂酸甘油酯，BW—蜂蜡，RBW—米糠蜡，
SO—γ-谷维素与β-谷甾醇的混合物

图4-50 凝胶剂浓度和类型对全组分澳洲坚果酱的持油能力影响

此外，随着凝胶剂浓度的增加，不同凝胶剂类型的全组分澳洲坚果酱样品的离心出油率均呈逐渐降低的趋势，在较低添加量（0.5%）时就表现出较好的稳定效果，如凝胶剂添加量为3.0%时，添加MG、BW、SO和RBW的全组分澳洲坚果酱样品的离心出油率分别为8.63%、21.45%、28.35%和8.22%，与原始全组分澳洲坚果酱样品相比，分别降低了82.6%、56.6%、42.7%和83.4%。值得注意的是，添加不同凝胶剂的全组分澳洲坚果酱样品的离心出油率呈现出一定的差异，RBW表现出较好的稳定效果，其次为MG，SO展现出的稳定效果最差。这种差异可能是由于凝胶机制和凝胶化最低浓度所造成的，MG、RBW和BW是通过结晶的方式形成晶体三维网络结构，且随着凝胶剂浓度的增加，晶体的数量增加，更有利于形成致密的晶体网络结构，而SO则是通过自组装成纳米大小的空心管状结构来实现凝胶化。

4. 质构特性

质构也是食品的感官特性之一。通过质构仪分析凝胶剂对全组分澳洲坚果酱样品质构特性（包括硬度、黏附性、内聚性、胶着性和咀嚼性）的影响，结果如表4-10所示。可以看出，原始全组分澳洲坚果酱样品表现出最小的硬度（69.99 g）、胶着性（60.93）、咀嚼性（55.96）、黏附性（15.02 g·s）以及最大的内聚性（0.87）。在全组分澳洲坚果酱样品中添加不同浓度的MG、BW和RBW后，发现其质构特性均发生显著变化，且呈现浓度依赖关系，其中，硬度、胶着性和咀嚼性均随着凝胶剂浓度的增加而逐渐增加，而内聚性则正好相反。当MG、BW和RBW添加量从0%增加至5.0%时，全组分澳洲坚果酱样品的硬度、胶着性、咀嚼性和黏附性分别增至1 549.77 g/791.63/776.2/6 088.7 g·s、3 418.77 g/930.05/924.93/6 707.9 g·s和590.59 g/413.86/341.86/3 835.84 g·s，而内聚性则分别降至0.415、0.272和0.465，说明凝胶剂的添加在全组分澳洲坚果酱样品中形成了凝胶网络结构，且凝胶强度与凝胶剂浓度正相关，这与其离心出油率的结果是相吻合的。然而，SO的添加对全组分澳洲坚果酱样品的质构性质影响较小，当凝胶剂浓度低3.0%时，与原始全组分澳洲坚果酱样品具有相似的质构性质，这与倒置试验观察到的结果相吻合。

表4-10 凝胶剂对全组分澳洲坚果酱的质构性质影响

凝胶剂浓度	凝胶剂类型	硬度（g）	黏附性（g·s）	内聚性	胶着性	咀嚼性
全组分澳洲坚果酱		69.99±0.89ab	15.02±3.80a	0.870±0.06i	60.93±4.55a	55.96±6.97abc
0.5%	MG	80.00±3.21d	52.62±1.21e	0.809±0.05i	64.70±2.21ab	58.46±0.98bc
	BW	103.31±5.33g	162.42±2.77g	0.669±0.01g	69.14±1.33b	56.81±0.89ab
	SO	66.12±1.01a	38.10±0.35c	0.845±0.01i	60.79±1.77a	54.10±2.01a
	RBW	77.87±2.33cd	38.85±1.88c	0.833±0.03i	67.63±2.38ab	56.26±2.35ab

(续表)

凝胶剂浓度	凝胶剂类型	硬度（g）	黏附性（g·s）	内聚性	胶着性	咀嚼性
1.0%	MG	109.78±5.22g	170.80±3.75g	0.693±0.03g	76.12±1.68c	64.41±2.53d
	BW	218.74±10.33j	563.30±41.15j	0.496±0.03d	108.51±3.77ef	99.62±1.96g
	SO	70.71±2.12b	39.42±0.88c	0.847±0.01i	62.21±2.01a	55.33±1.10a
	RBW	91.21±6.36f	55.21±1.15e	0.763±0.01h	83.35±3.62d	72.16±2.33e
2.0%	MG	126.56±5.11h	206.32±8.32h	0.608±0.03f	79.12±1.65cd	75.13±2.11e
	BW	621.60±30.25n	2 098.80±63.10m	0.438±0.03cd	272.33±16.33i	267.43±8.69k
	SO	69.64±1.83ab	36.01±1.13bc	0.848±0.02i	61.57±2.21a	54.25±1.37a
	RBW	124.01±1.20h	111.22±2.88f	0.658±0.01g	102.12±1.78e	87.77±2.33f
3.0%	MG	143.10±5.11i	297.68±10.20i	0.579±0.01ef	122.77±4.12f	107.33±3.66g
	BW	1 088.71±40.05o	33 680.7±115.30n	0.322±0.02b	351.07±8.31j	347.56±6.65l
	SO	72.38±1.69b	35.66±0.83b	0.855±0.02i	62.05±1.11a	56.42±0.89ab
	RBW	211.60±15.12k	999.77±16.94k	0.526±0.01d	161.36±12.58g	162.49±13.76h
4.0%	MG	530.35±15.21m	1 371.60±25.33l	0.511±0.01d	220.33±3.12h	191.59±7.35i
	BW	2 319.65±71.25q	4 602.81±67.35p	0.262±0.01a	608.63±21.33l	604.68±34.66m
	SO	78.82±2.00cd	38.45±1.12c	0.837±0.01i	62.25±0.95a	58.10±1.11bc
	RBW	330.51±8.86l	1 458.35±83.2l	0.509±0.02d	267.63±4.55i	226.78±6.97j
5.0%	MG	1 549.77±25.33p	6 088.70±124.30q	0.415±0.01c	791.63±22.33m	776.20±12.52n
	BW	3 418.78±141.30r	6 707.90±156.70r	0.272±0.02ab	930.05±83.12n	924.93±31.56o
	SO	87.21±1.06ef	47.64±0.92d	0.828±0.01i	67.36±1.66b	61.04±2.11cd
	RBW	590.69±8.86n	3 835.84±121.50o	0.501±0.02d	413.86±34.50k	341.86±6.97l

注：同一列的不同字母代表数据间的显著性差异（$P<0.05$）；0.5%、1.0%、2.0%、3.0%、4.0%和5.0%代表全组分澳洲坚果酱中凝胶剂浓度；MG—单硬脂酸甘油酯，BW—蜂蜡，RBW—米糠蜡，SO—γ-谷维素与β-谷甾醇的混合物。

5. 流变特性

坚果酱的流变性质在其输送、搅拌和杀菌等食品加工过程中起到重要作用。首先考察凝胶剂浓度和类型对全组分澳洲坚果酱样品的流动曲线影响，从图4-51可知，所有样品的表观黏度均随着剪切速率的增加而逐渐降低，表现出非牛顿剪切稀化流体行为，且随着凝胶剂浓度的增加，其表观黏度均逐渐增加，呈浓度依赖性，这可能是由于凝胶剂浓度的增加，降低了样品中蛋白颗粒的大小，颗粒间距离减小，导致流体动力学相互作用增加，从而导致黏度增加，微观结构观察到的结果也证实了这个推断。

同时，采用幂指模型对所有样品的流变数据进行拟合，n为流动行为指数，其偏离

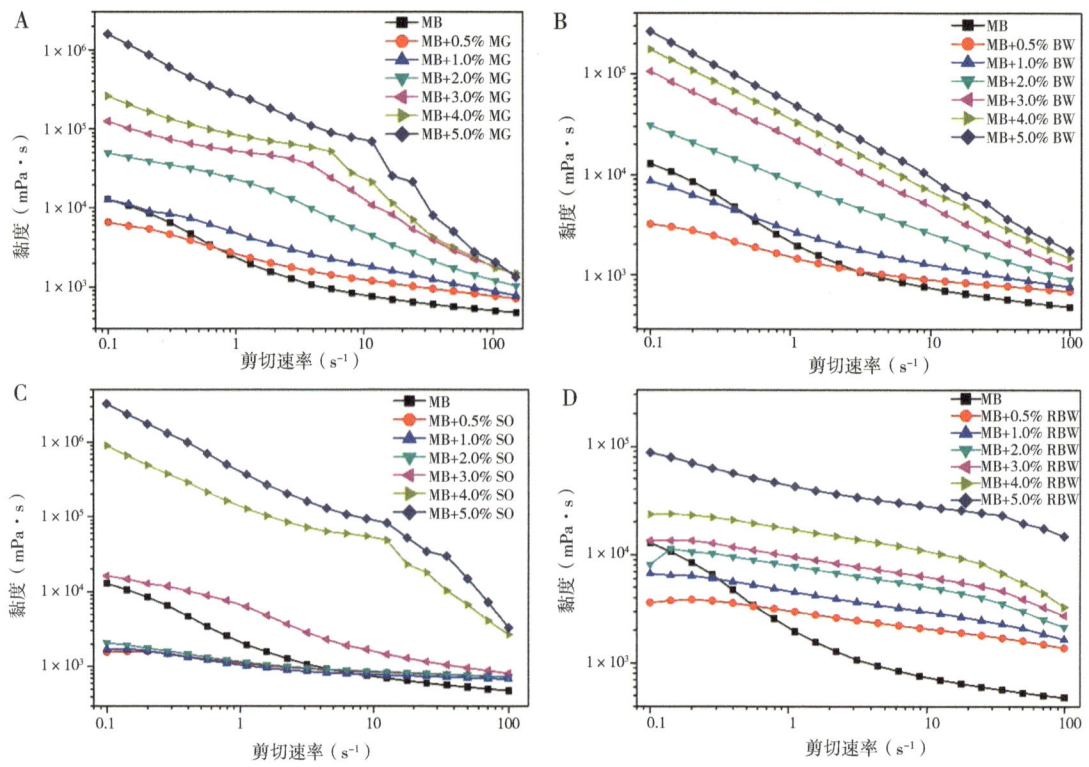

MG—单硬脂酸甘油酯，BW—蜂蜡，RBW—米糠蜡，SO—γ-谷维素与β-谷甾醇的混合物

图4-51 不同凝胶剂浓度和类型对全组分澳洲坚果酱的流动曲线影响

1的程度越大代表材料的非牛顿性越强，而K为稠度系数，一般与材料的黏度呈正相关。从表4-11可以看出，所有样品流变数据与幂指模型的拟合相关系数R^2均大于0.93，说明该模型是适合的，而且所有样品的n均小于1，表明所有样品均表现出剪切变稀的假塑性流体行为。对于4种低分子量凝胶剂来说，n均随着凝胶剂浓度的增加而逐渐降低，表明凝胶剂的添加增强了全组分澳洲坚果酱样品的非牛顿性，且呈浓度依赖性。K则表现出与n完全相反的趋势，随着凝胶剂浓度的增加而增加，这与本章第二节中关于不同MG浓度对澳洲坚果油凝胶的流动行为影响的研究结果相同。

以上结果表明，凝胶剂的添加不会改变全组分澳洲坚果酱样品的非牛顿剪切变稀流体行为。但在相同浓度下，凝胶剂类型会显著影响全组分澳洲坚果酱样品的流动曲线、n和K，如在凝胶剂浓度为2.0%时，n和K大小依次为SO（0.826）＞RBW（0.820）＞MG（0.576）＞BW（0.450）以及MG（20.170 Pa·s^n）＞BW（8.656 Pa·s^n）＞SO（2.890 Pa·s^n）＞RBW（0.750 Pa·s^n），而当浓度增加为5.0%时则依次为RBW（0.748）＞BW（0.280）＞MG（0.203）＞SO（0.126）以及SO（431.097 Pa·s^n）＞MG（250.392 Pa·s^n）＞BW（50.510 Pa·s^n）＞RBW（46.704 Pa·s^n），说明不同凝胶剂在全组分澳洲坚果酱样品中形成的晶体网络结构耐受剪切作用的能力存在显著的差异，这种差异的存在可能归因于不同凝胶剂的凝胶机制不同。

表 4-11 不同凝胶剂对全组分澳洲坚果酱的流变拟合参数影响

凝胶剂浓度	凝胶剂类型	n	K	R^2
全组分澳洲坚果酱		0.278±0.04c	2.502±0.11d	0.992
0.5%	MG	0.630±0.01h	2.843±0.10e	0.989
	BW	0.722±0.01i	1.669±0.21c	0.974
	SO	0.867±0.01n	1.178±0.08b	0.954
	RBW	0.853±0.03lmn	2.929±0.21e	0.966
1.0%	MG	0.585+0.02g	4.922±0.14g	0.996
	BW	0.553±0.02fg	3.033±0.10e	0.990
	SO	0.838±0.01lm	1.658±0.15c	0.937
	RBW	0.809±0.04kl	4.568±0.12f	0.991
2.0%	MG	0.576±0.02fg	20.170±1.03l	0.977
	BW	0.450±0.04d	8.656±0.58i	1.000
	SO	0.826±0.02kl	2.890±0.08e	0.940
	RBW	0.820±0.02kl	0.750±0.02a	0.991
3.0%	MG	0.589±0.02gh	47.589±2.24n	0.972
	BW	0.338±0.03c	22.939±1.36o	1.000
	SO	0.546±0.01f	6.126±0.57h	0.985
	RBW	0.805±0.03kl	9.485±0.47j	0.976
4.0%	MG	0.514±0.01e	81.031±5.33q	0.982
	BW	0.301±0.02c	35.258±2.68m	1.000
	SO	0.203±0.01b	140.966±8.77r	0.996
	RBW	0.794±0.03jk	16.386±0.87k	0.956
5.0%	MG	0.203±0.01b	250.392±11.32s	0.997
	BW	0.280±0.02c	50.510±4.33p	1.000
	SO	0.126±0.02a	431.097±18.36t	1.000
	RBW	0.748±0.03ij	46.704±4.68n	0.984

注：同一列的不同字母代表数据间的显著性差异（$P<0.05$）；0.5%、1.0%、2.0%、3.0%、4.0%和5.0%代表全组分澳洲坚果酱中凝胶剂浓度；MG—单硬脂酸甘油酯，BW—蜂蜡，RBW—米糠蜡，SO—γ-谷维素与β-谷甾醇的混合物。

同时，通过应力扫描确定凝胶型全组分澳洲坚果酱样品的线性黏弹区，即 G' 和 G'' 不随应力变化的区间。从图 4-52 可以看出，在低凝胶剂浓度时，添加凝胶剂的全组分澳洲坚果酱样品表现出与原始全组分澳洲坚果酱样品相似的应力曲线，即 $G'<G''$，呈

液态状流体行为,当 MG、BW、SO 和 RBW 在全组分澳洲坚果酱样品中的浓度分别大于3.0%、2.0%、3.0%和3.0%时,样品逐渐转变成类固态状（$G'>G''$）。此外,在低应力条件下,所有样品 G' 和 G'' 均保持相对稳定,随着应力的增加,G' 和 G'' 均发生显著的降低,说明较大的剪切作用引起了样品内部三维网络结构的破坏。从以上结果可知,所有样品的线性黏弹区间均呈现在 0.01%~0.1% 的应力范围内,因此,动态频率扫描选择在应力为 0.02% 的条件下进行测定。

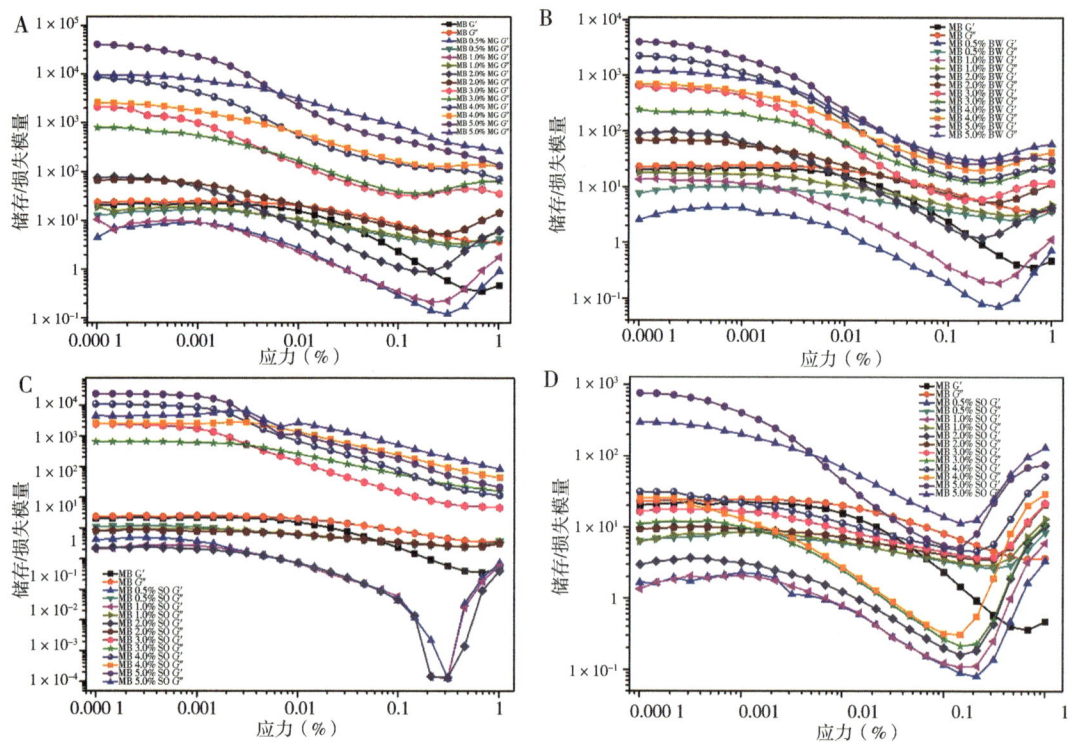

MG—单硬脂酸甘油酯,BW—蜂蜡,RBW—米糠蜡,SO—γ-谷维素与β-谷甾醇的混合物

图 4-52 凝胶剂浓度和类型对全组分澳洲坚果酱的应变扫描曲线影响

图 4-53 显示了在应力为 0.02% 时,凝胶剂浓度和类型对全组分澳洲坚果酱样品的 G' 和 G'' 影响。可以看出,在低凝胶剂浓度（MG<3.0%,BW<2.0%,SO<3.0%,RBW<3.0%）时,所有样品均呈现出 $G'<G''$,表明样品均呈液态状,且 G' 和 G'' 均随着频率的增加而增加,说明低浓度的凝胶剂在全组分澳洲坚果酱样品中没有形成稳定的三维网络结构。然而,随着凝胶剂浓度的继续增加,所有样品的 G' 和 G'' 均增加,并表现出浓度依赖性。当 MG、BW、SO 和 RBW 在全组分澳洲坚果酱样品中浓度分别大于3.0%、2.0%、3.0%和3.0%时,所有全组分澳洲坚果酱样品的 $G'>G''$,呈现出类固态,且 G' 和 G'' 随频率的变化不显著,表明 WMB 样品的内部结构变得更加稳定,这与前面微观结构、离心出油率和硬度的结果是相吻合的。

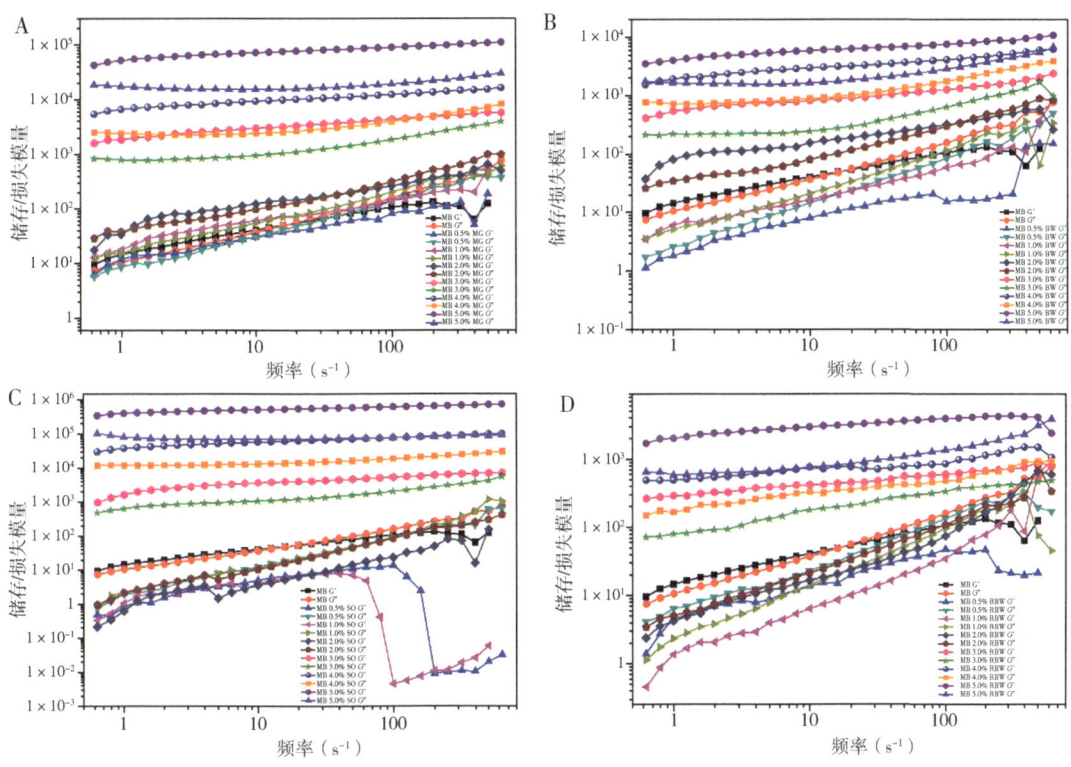

MG—单硬脂酸甘油酯，BW—蜂蜡，RBW—米糠蜡，SO—γ-谷维素与β-谷甾醇的混合物

图 4-53 凝胶剂浓度和类型对全组分澳洲坚果酱的频率扫描曲线影响

(三) 凝胶型全组分澳洲坚果酱的加工适用性

1. 涂抹性能

坚果酱是一种高蛋白、高脂肪的理想营养食品资源。消费者对这类产品的接受程度主要取决于它们在其他食物（如面包等）上的涂抹性，这与食品内部结构有直接关系。然而，坚果酱在储藏过程中易产生油析现象，并伴随着固体颗粒的沉降而在底部形成坚硬的板结，直接影响产品的品质、保质期和涂抹性。

在本试验中，通过在市售面包片上直接涂抹来直观地反映凝胶剂浓度和类型对全组分澳洲坚果酱样品的涂抹性能影响，结果如图 4-54 所示。可以看出，所有全组分澳洲坚果酱样品在凝胶剂浓度为 0.5% 时均表现出与原始全组分澳洲坚果酱样品相似流动性和较差的涂抹性，而随着凝胶剂浓度的增加，全组分澳洲坚果酱样品的流动性降低且更易在面包上涂抹，这与流变结果是相吻合的，即随着凝胶剂浓度增加，全组分澳洲坚果酱样品的表观黏度逐渐增加，在较高凝胶剂浓度下样品的 G' 大于 G''，说明随着凝胶剂浓度的增加，全组分澳洲坚果酱样品逐渐从流动性较好的液态状转变呈不易流动的类固态。然而，不同的凝胶剂在改善全组分澳洲坚果酱样品流动性时所需的最低浓度存在差异，如 RBW 和 BW 在全组分澳洲坚果酱样品中的浓度大于 2.0% 时，样品即可转变成不流动状，MG仅需大于1.0%，而SO则需要更高的浓度（>4%），这可以通过外观形貌和质构特性的结果得到证实。此外，从图4-54中可以发现，全组分澳洲坚果酱样品的涂抹性并不与凝胶剂浓度呈正相关，当RBW浓度大于4.0%或MG浓度大于5.0%时，全组分澳洲坚果酱样品在面包上不易涂抹。以上结果表明，凝胶剂可以用来改善全组分澳洲坚果酱的涂抹性，为满足消费者对产品状态的不同喜好，仅通过简单调整凝胶剂浓度即可实现。

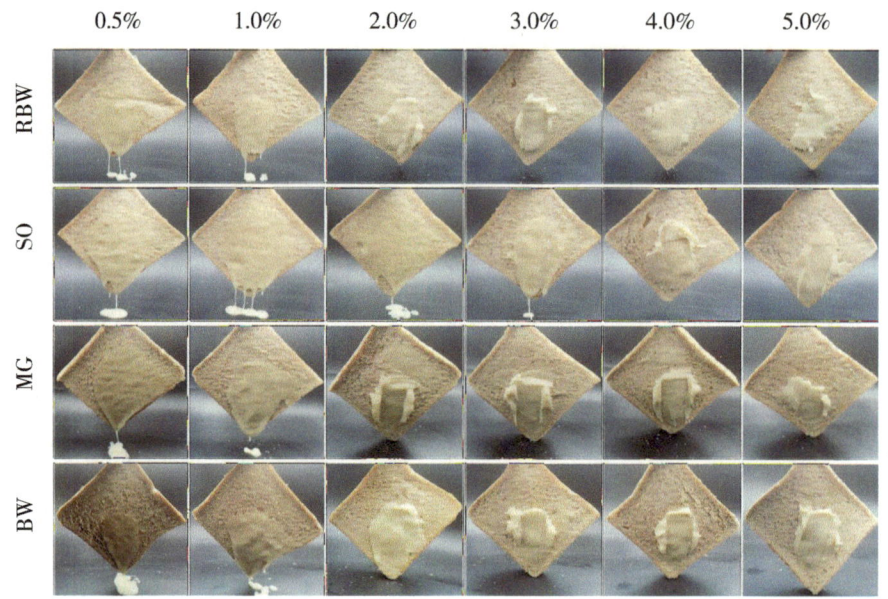

MG—单硬脂酸甘油酯，BW—蜂蜡，RBW—米糠蜡，SO—γ-谷维素与β-谷甾醇的混合物
图4-54 不同凝胶剂浓度和类型对全组分澳洲坚果酱的涂抹性能影响

2. 3D打印性能

随着生活水平的提高，饮食更讲究个性化、定制化，传统的食品生产加工方式已经很难满足消费者对食品色、香、味、形的个性化需求。3D打印技术作为新兴的数字化制造技术，它是一种通过将原型引入计算机辅助设计软件生成自由形状结构的过程，然后由切片软件转换成STL文件，由3D打印机识别和处理，其与传统"减材制造"技术相比具有低能耗、低成本等优点。将3D打印技术应用于食品行业具有许多潜在的优势，如定制食品设计、个性化和数字化营养、简化供应链、拓宽可用食品材料来源等。在现有的3D打印技术中，基于挤压的打印是应用最广泛的食品打印技术，因为可以挤压形成产品的可用食品材料范围更广。物料的打印性能除了与喷嘴直径、印刷速度和挤出速度等工艺参数有关外，物料属性也至关重要。

本试验采用挤压打印字母"C"来考察凝胶剂浓度和类型对全组分澳洲坚果酱样品的3D打印性能影响。从图4-55可以看出，凝胶剂类型和浓度均会显著影响全组分澳洲坚果酱样品的3D打印性能。原始全组分澳洲坚果酱样品不能用于3D打印，添加MG的全组分澳洲坚果酱样品表现出较好的打印性能，在添加量为2.0%时，字母"C"可以形成较完整立体结构，但不能很好地展示出纹理，随着浓度的继续增加，其纹理逐渐变得更加清晰、完整，添加 BW 和 RBW 的样品也展示出相似的变化趋势，但是它们形成立体结构的临界浓度是不一致的，BW 为 3.0%，而 RBW 则需 4.0%，这与上述流变结果是相吻合的，即在相同凝胶剂浓度下，添加 MG、BW 和 RBW 的全组分澳洲坚果酱样品表观黏度和 G' 的大小顺序为 MG＞BW＞RBW，且随着凝胶剂浓度的增加，其表观黏度和 G' 均得到提升。此外，在试验浓度范围内，添加 SO 的全组分澳洲坚果酱样品均不能很好地被打印，这可能与凝胶剂的凝胶机制不同有关。以上结果表明，在全组分澳洲坚果酱中添加合适凝胶剂制备的浆料可以打印出精致完整的形状，这些浆料可能具有作为高油基 3D 打印油墨的潜力，适于蛋糕装饰或定制功能食品等各种应用。

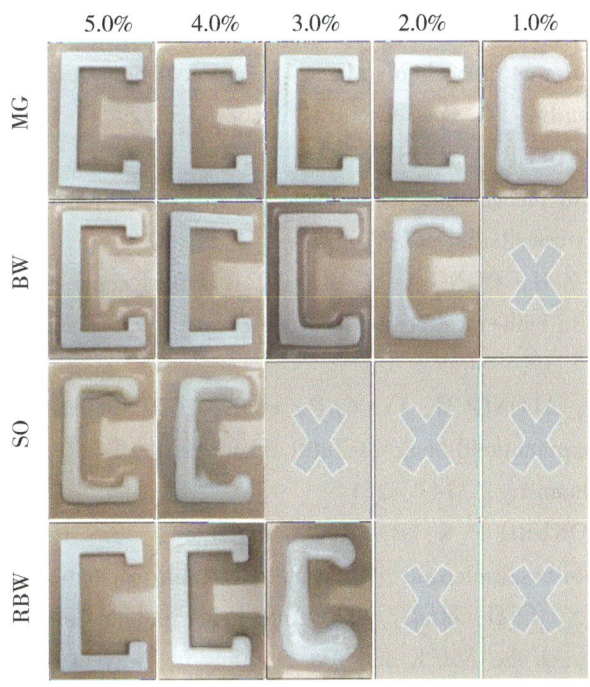

MG—单硬脂酸甘油酯，BW—蜂蜡，RBW—米糠蜡，SO—γ-谷维素与 β-谷甾醇的混合物

图 4-55　凝胶剂浓度和类型对全组分澳洲坚果酱的 3D 打印性能影响

（四）结　论

（1）4 种低分子量凝胶剂的凝胶临界浓度存在差异，且随着凝胶剂浓度的增加，凝胶型全组分澳洲坚果酱的离心出油率均以浓度依赖性的方式降低，这与体系中蛋白颗粒粒径变小和分布更加均匀密切相关。

（2）凝胶型全组分澳洲坚果酱的表观黏度均随着凝胶剂浓度的增加而增加，所有样品均呈现非牛顿剪切稀化流体行为。

（3）凝胶型全组分澳洲坚果酱表现出较好的涂抹性能并具备作为 3D 打印油墨的潜力，但凝胶剂类型和浓度均会显著影响其加工适用性。

参考文献

杜鹏, 2021. 山西老陈醋多酚类化合物降血脂作用研究 [D]. 天津科技大学.

郭瑞雪, 2019. 沙棘酚类物质生物活性、生物利用度及其体内外抑制乳腺癌细胞增殖的机理研究 [D]. 广州: 华南理工大学.

刘怡真, 马传国, 李婕妤, 2019. 不同凝胶剂对芝麻酱稳定性的影响 [J]. 食品科学, 40 (12): 70-77.

孙昌华, 2019. 南极磷虾油主要生物学特性及其降血脂机制研究 [D]. 北京: 中国农业大学.

ALONGI M, LUCCI P, CLODOVEO M L, et al., 2022. Oleogelation of extra virgin olive oil by different oleogelators affects the physical properties and the stability of bioactive compounds [J]. Food Chemistry, 368: 130779.

ASHKAR A, LAUFER S, ROSEN-KLIGVASSER J, et al., 2019. Impact of different oil gelators and oleogelation mechanisms on digestive lipolysis of canola oil oleogels [J]. Food Hydrocolloids, 97: 105218.

CAI X Q, LIU Z H, DONG X, et al., 2021. Hypoglycemic and lipid lowering effects of theaflavins in high-fat diet-induced obese mice [J]. Food & Function, 12 (20): 9922-9931.

CALLIGARIS S, ALONGI M, LUCCI P, et al., 2020. Effect of different oleogelators on lipolysis and curcuminoid bioaccessibility upon *in vitro* digestion of sunflower oil oleogels [J]. Food Chemistry, 314: 126149.

FERRO A C, OKURO P K, BADAN A P, et al., 2019. Role of the oil on glyceryl monostearate based oleogels [J]. Food Research International, 120: 610-619.

GAO S, HU S, LI D, et al., 2020. Anti-hyperlipidemia effect of sea buckthorn fruit oil extract through the AMPK and Akt signaling pathway in hamsters [J]. Journal of Functional Foods, 66: 103837.

HERRERA-BALANDRANO D D, CHAI Z, HUTABARAT R P, et al., 2021. Hypoglycemic and hypolipidemic effects of blueberry anthocyanins by AMPK activation: *In vitro* and *in vivo* studies [J]. Redox Biology, 46: 102100.

HUANG Z, GUO B, DENG C, et al., 2020. Stabilization of peanut butter by rice bran wax [J]. Journal of Food Science, 85 (6): 1793-1798.

KIM K Y, PARK K, LEE S G, et al., 2018. Deoxypodophyllotoxin in *Anthriscus sylvestris* alleviates fat accumulation in the liver via AMP-activated protein kinase, impeding SREBP-1c signal [J]. Chemico-Biological Interactions, 294: 151-157.

LEE E J, OH H, KANG B G, et al., 2018. Lipid-lowering effects of medium-chain triglyceride-enriched coconut oil in combination with licorice extracts in experimental hyperlipidemic mice [J]. Journal of Agricultural and Food Chemistry, 66

(40): 10447-10457.

LI L, LIU G, 2019. Corn oil-based oleogels with different gelation mechanisms as novel cocoa butter alternatives in dark chocolate [J]. Journal of Food Engineering, 263: 114-122.

LUPI F R, GRECO V, BALDINO N, et al., 2016. The effects of intermolecular interactions on the physical properties of organogels in edible oils [J]. Journal of Colloid and Interface Science, 483: 154-164.

MORIANO M E, ALAMPRESE C, 2017. Organogels as novel ingredients for low saturated fat ice creams [J]. LWT-Food Science and Technology, 86: 371-376.

PAN J, TANG L, DONG Q, et al., 2021. Effect of oleogelation on physical properties and oxidative stability of camellia oil-based oleogels and oleogel emulsions [J]. Food Research International, 140: 110057.

SHAHIDI-NOGHABI M, NAJI-TABASI S, SARRAF M, 2019. Effect of emulsifier on rheological, textural and microstructure properties of walnut butter [J]. Journal of Food Measurement and Characterization, 13 (1): 785-792.

SHAKERARDEKANI A, KARIM R, GHAZALI H M, et al., 2013. Development of pistachio (*Pistacia vera* L.) spread [J]. Journal of Food Science, 78 (3): S484-S489.

SHUAI X, DAI T, MCCLEMENTS D, et al., 2023. Hypolipidemic effects of macadamia oil are related to AMPK activation and oxidative stress relief: *In vitro* and *in vivo* studies [J]. Food Research International, 168: 112772.

SHUAI X, DAI T, RUAN R, et al., 2023. Novel high energy media mill produced macadamia butter: Effect on the physicochemical properties, rheology, nutrient retention and application [J]. LWT-Food Science and Technology, 178: 114606.

SHUAI X, LI Y, ZHANG M, et al., 2024. Effect of different oleogelation mechanisms on physical properties and oxidative stability of macadamia oil-based oleogels and its application [J]. LWT-Food Science and Technology, 198: 115978.

SHUAI X, LI Y, ZHANG Y, et al., 2024. Gelation of whole macadamia butter by different oleogelators affects the physicochemical properties and applications [J]. LWT-Food Science and Technology, 198: 115961.

SHUAI X, MCCLEMENTS D, DAI T, et al., 2024. Effect of different oleogelators on physicochemical properties, oxidative stability and astaxanthin delivery of macadamia oil-based oleogels [J]. Food Research International, 196: 115131.

SHUAI X, MCCLEMENTS D, GANG Q, et al., 2023. Macadamia oil-based oleogels as novel cocoa butter alternatives: Physical properties, oxidative stability, lipolysis, and application [J]. Food Research International, 172: 113098.

SUN H, XU J, LU X, et al., 2022. Development and characterization of monoglyceride oleogels prepared with crude and refined walnut oil [J]. LWT-Food Science and

Technology, 154: 112769.

TARAFDAR A, KAUR B P, 2021. Sedimentation rate of microfluidized sugarcane juice [J]. LWT-Food Science and Technology, 145: 111317.

TOUNSI L, KCHAOU H, CHAKER F, et al., 2019. Effect of adding carob molasses on physical and nutritional quality parameters of sesame paste [J]. Journal of Food Science and Technology-Mysore, 56 (3): 1502-1509.

WINKLER-MOSER J K, ANDERSON J, BYARS J A, et al., 2019. Evaluation of beeswax, candelilla wax, rice bran wax, and sunflower wax as alternative stabilizers for peanut butter [J]. Journal of the American Oil Chemists Society, 96 (11): 1235-1248.

XIA T, WEI Z, XUE C, 2022. Impact of composite gelators on physicochemical properties of oleogels and astaxanthin delivery of oleogel-based nanoemulsions [J]. LWT-Food Science and Technology, 153: 112454.

YANG S, ZHU M, WANG N, et al., 2018. Influence of oil type on characteristics of β-sitosterol and stearic acid based oleogel [J]. Food Biophysics, 13 (4): 362-373.

YU J, LU K, ZI J, et al., 2022. Characterization of aroma profiles and aroma-active compounds in high-salt and low-salt shrimp paste by molecular sensory science [J]. Food Bioscience, 45: 101470.

ZAMPOUNI K, SONIADIS A, MOSCHAKIS T, et al., 2022. Crystalline microstructure and physicochemical properties of olive oil oleogels formulated with monoglycerides and phytosterols [J]. LWT-Food Science and Technology, 154: 112815.

ZHANG F P, XU H, YUAN Y, et al., 2022. *Lyophyllum decastes* fruiting body polysaccharide alleviates acute liver injury by activating the Nrf2 signaling pathway [J]. Food & Function, 13 (4): 2057-2067.

第五章　澳洲坚果油精炼技术

在油脂工业领域，一般将从油料作物中提取初榨油脂的过程称为油脂制取，将粗制毛油精炼为市场上的高品质商品油的过程称为油脂加工。油脂的制取和加工共同构成了食用油的必要生产环节。然而，经一系列制取工艺制得的毛油中并非仅含有甘油三酯，还含有一系列复杂的伴随物，包括脂质类物质（游离脂肪酸、磷脂等）以及非脂质物质（蛋白质、碳水化合物等）。精炼过程并非仅是简单地将这些伴随物全部除去，而是在尽可能除去影响油脂色泽、口感、营养价值、货架期以及安全性的杂质的同时，最大限度保留有益成分（生育酚、植物甾醇等）。因此，在油脂生产加工的过程中需要根据不同油脂产品的要求，采用特定的工艺和技术手段除去毛油中不需要的成分，同时在满足相关国家标准的前提下，生产出色泽、风味、货架期和安全性兼备的油脂，满足市场和消费者的需求。

油脂精炼工艺是融合了多种物理与化学反应的综合过程，通过研究油脂与伴随物的物理、化学性质，采用特定工艺措施降低伴随物和甘油三酯的结合程度，从而实现杂质的有效去除。同时，精炼环节也是分离毛油中具有高附加值副产物的关键阶段，如磷脂、游离脂肪酸、蜡质及脂溶性维生素等，也是当前油脂相关研究与产业实践的重点关注领域。油脂精炼是一个复杂的过程，在制定精炼方案时，必须全面考虑原料毛油的特性与质量要求，精确调控各道工序的先后次序及工艺参数，以确保整个过程既能高效去除杂质，又能防止其发生可能损害油品质量的不良反应，保障最终产品的品质。

近年来，随着食品安全与营养健康议题在全球范围内的关注度持续升温，加之环保意识的日益增强，适度加工理念得到广泛推崇，极大程度上促进了澳洲坚果油精炼新工艺的研发。同时，随着科技的进步和消费者对健康食品的需求增加，油脂精炼技术也在不断地改进和发展，以期在提升澳洲坚果油品质的同时，兼顾生产过程中的能效利用。油脂精炼方法的创新，需要在提高澳洲坚果油脂品质和保证食品安全、营养与环境友好之间找到平衡，助力生产出既符合消费者健康诉求，又具备优良口感和储藏性能的优质澳洲坚果油产品。

第一节　油脂精炼的方法

油脂精炼涉及一系列物理和化学处理过程，主要包括脱胶、脱酸、脱色和脱臭4个关键步骤。这些物理和化学过程能选择性地作用于游离脂肪酸、蜡质、磷脂等脂质伴随物，进而使其从油中分离出来，达到延长货架期的目的。目前，油脂精炼工艺已基本成熟，且已实现连续化生产，然而精炼工艺次序并不是一成不变的，具体选择应根据油的品质具体而定。此外，分离出来的脂质伴随物中也含有丰富的有效成分，如能有效利用，可最大限度发挥油脂的价值。

一、机械除杂

（一）机械除杂的目的

澳洲坚果油在压榨或浸出后虽已进行初步分离，但仍可能含有饼粕渣屑、泥沙和果皮纤维等大颗粒杂质，其含量和粒度与榨油方式以及操作方法等有关。毛油中的固体颗粒组成比较复杂，加之油脂作为液相分散介质会与其中的水分、胶溶性和脂溶性等组分的相互作用，因此与普通流体不同，没有共同的黏性摩擦定律可以遵循，其黏度随悬浮固体微粒浓度的增加而增加。此外，这些杂质的存在还会促使油脂水解酸败、堵塞离心机等。因此，杂质的去除是必不可少的工艺环节，目前生产过程中多采用沉降法、过滤法和离心分离法等将杂质从油脂中去除。

（二）机械除杂的方法

1. 沉降法分离

重力沉降是基础的分离方法，它是基于密度差异在静置条件下实现悬浮杂质与油脂分离。虽然重力沉降的分离效率不高，但适用于大颗粒杂质以及水化脱胶、碱炼脱酸过程中的胶粒或皂粒分离。为提高对微细粒子的分离效率，通常要进行凝聚处理。影响重力沉降的因素如下。

（1）颗粒性质。在深入研究悬浮颗粒的沉降行为时，其表面几何特征被证实为一个关键的影响参数。在流体介质中，颗粒的运动特性受到表面阻力和形状阻力的双重制约，而这两者均与其形态密切相关。此外，非球形颗粒往往表现出相较于球形颗粒更慢的沉降速度。凝聚或絮凝行为可以有效地将这些形状不规则的颗粒转化为球形聚集体，从而显著改善其沉降性能。此外，颗粒的粒度和密度等物理特性也会对沉降速度和沉降特性产生显著影响，这些因素共同决定了颗粒在流体中的沉降行为。

（2）浓度效应。在低浓度悬浮液中，絮团则表现出自由沉降行为，介质能够在絮团间向上流动；而在高浓度油脂悬浮体系中，颗粒沉降现象属于干扰沉降。此时，颗粒沉降及流体的向上置换共同引起了相对速度效应，以及颗粒之间的相互作用等因素导致颗粒以絮团形式沉降，其实际沉降速度远低于自由沉降速度。当悬浮液浓度适中时，尽管絮团间接触并不紧密，但只要悬浮液高度充足，即可形成所谓的"沟道"现象，使得更多的介质被迫通过这些通道向上流动，促进沉降过程。然而，在高浓度悬浮液或较低浓度悬浮液沉降过程中形成的中浓度区域，由于液位高度的限制或底部介质的滞留，无法形成有效的介质流动沟道，介质只能通过颗粒间的微小空隙向上流动，这限制了压实速度，进而使整个沉降过程变得更为缓慢。

（3）凝聚处理。在油脂悬浮体系中，通过引入电解质，可以实现微细颗粒的有效凝聚。这一过程包括颗粒的聚集以及后续的絮凝。凝聚的程度，即絮团的密实度和有效直径，主要受凝聚剂种类和操作条件的影响。因此，针对不同的悬浮颗粒特性，选择适宜的凝聚剂并优化工艺，能够促进形成更为密实且粒度较大的絮团，进而显著提升沉降速度并缩短整个沉降过程。此外，这也有助于降低沉降产物（如油脚或皂脚）中的油脂含量至最低水平，从而实现更高效的分离效果。

（4）器壁效应。沉降颗粒附近的静止器壁或边界会影响该颗粒周围的正常流型，因而会降低其沉降速度。这种容器器壁对颗粒沉降的阻滞作用称为器壁效应。当沉降容器的直径远大于颗粒直径（比值大于100）时，器壁效应对沉降速度的影响可忽略不计。然而，在高颗粒浓度条件下，容器的高度决定了颗粒自由沉降的时间段，因此成为影响沉降过程的关键因素。此外，当器壁保持竖直且横截面积恒定时对沉降速度的影响较小，但当横截面积或器壁倾斜度发生变化时，其对沉降过程的影响则变得显著。

（5）温度。颗粒的理论沉降速度可以用斯托克斯定理（沉降公式）表示：

$$v_e = \frac{d^2(\rho_1 - \rho_2)g}{18\mu_s}$$

式中，v_e 为颗粒自由沉降速度（$m \cdot s^{-1}$）；d 为杂质颗粒直径（m）；ρ_1 为杂质颗粒密度（$kg \cdot m^{-3}$）；ρ_2 为油脂的密度（$g \cdot cm^{-3}$）；μ_s 为油脂与悬浮微粒组成的胶溶体系的动力黏度（$Pa \cdot s$）；g 为重力加速度（$m \cdot s^{-2}$）。

根据沉降公式，体系的黏度对颗粒沉降速度具有直接影响，而温度是调控黏度的关键参数。在一定区间内，温度与黏度成反比关系。因此，通过调整体系温度，可以有效调控沉降速度。对于胶溶体系，当温度降至临界点时，颗粒会发生凝聚，从而促进沉降。这表明，在利用重力沉降分离胶体颗粒时，须控制体系温度不超过凝聚临界温度，以实现最佳的沉降效果。

2. 过滤法分离

过滤法分离是通过重力或机械外力使悬浮液通过过滤介质，以实现悬浮杂质的截留和去除。它既可用于分离悬浮杂质，也可用于工艺性悬浮体（如脱色白土等）的处理，悬浮的杂质被截留在过滤介质上形成滤饼。根据推动力类型，过滤可分为重力过滤、压滤、真空过滤及离心过滤。重力过滤因效率较低，仅限于小规模生产。压滤适用于固体含量为1%~10%、可滤性差的悬浮液，利用输油泵输出压力或压缩空气作为推动力，在油脂工厂中广泛应用。真空过滤则适用于细颗粒含量较低的悬浮液和可压缩滤饼，常用于油脂工厂的蜡品和脂晶分离。离心过滤适用于固体含量较高且颗粒较大的悬浮液，其推动力为离心力，特点是转鼓带有过滤介质。影响过滤的因素如下。

（1）悬浮体系的性质。油脂悬浮体系中的固相含量、固体颗粒粒度和机械性能直接影响滤饼的结构特性，进而决定过滤阻力和过滤速度。在推动力及悬浮体系其他条件相同的情况下，固相浓度越大，则过滤速度越低；当固相颗粒较大且坚硬不可压缩时，形成的滤饼阻力较小，有利于提高过滤速度；固相颗粒的机械性能则决定了滤饼的压缩程度。在实际操作中，应根据滤饼类型选择合适的推动力。对于不可压缩性滤饼（如泥沙、饼渣），提高推动力是提高过滤速度的有效手段。对于可压缩性滤饼（如胶性、纤维性杂质），单纯提高推动力加速过滤并非总是有效，因为过高的推动力导致滤饼孔隙率减小，滤饼阻力增大，反而降低了过滤效率。低于临界推动力时，随着推动力的增加，流量呈现正比例增长，此时推动力对过滤速度的提升效果显著。然而，当推动力超过临界值后，滤饼孔隙率减小导致过滤阻力增加，使得流量反而下降。因此，对于可压缩性颗粒的过滤，单纯提高推动力并非最佳选择，应将其控制在临界值以下。

为提高可压缩滤饼的过滤速度，可采取提高过滤温度、降低物料黏度或添加不可压缩性助滤剂的措施。但温度过高可能提高胶溶性杂质的溶解度，影响过滤效果。对于需要常温或低温过滤的悬浮体系可以通过添加溶剂或表面活性剂的方法来降低体系黏度，从而提高过滤速度和提高生产率。过滤速率与悬浮体系的黏度成反比关系。对于油脂过滤而言，通过提高温度可以有效降低油脂悬浮体系的黏度，从而加速过滤过程，提高生产效率。因此，在进行毛油或脱色油脂的过滤时，通常应选择不低于60 ℃的温度条件，但须注意，温度的选择需兼顾油脂的热稳定性，避免对油脂品质产生不利影响。

（2）过滤推动力。过滤推动力是指滤液通过滤饼和过滤介质时的总压强降。油脂过滤中，推动力随时间变化或保持恒定，在过滤操作的初始阶段，压降相当于纯介质（澄清液）过滤，此时滤液的累积体积与过滤时间呈现出线性增长的趋势。随着过滤过程的持续进行，过滤介质积累的滤饼层逐渐增厚，原本的压降一部分分散在滤饼上，实际用于过滤液体的压降减少，滤层阻力增加，滤液的流量开始减少，此时滤液的累积体积与过滤时间呈曲线关系。为了维持初始阶段的过滤速度，必须相应地提高机械泵的输出压力。此外，初始推动力对滤层颗粒的排列方式也有显著影响，初始推动力过高会导致直接形成紧密的底层滤饼，并使得部分微小颗粒侵入过滤介质的毛细通道，进一步降低过滤速度。因此，在油脂悬浮体系的初始过滤阶段应控制适当的过滤推动力，获得理想的底层滤饼结构，以确保后续正常过滤阶段能够实现更高的过滤效率。

过滤推动力有多种，包括重力、加压、真空和离心力。加压过滤借助加压泵提高了过滤压力，迫使液体通过过滤介质，可以有效提高过滤速度，尤其适用于难过滤的悬浮液。通常，过滤推动力是由输油泵产生的流体压强，部分也可由密闭容器内的气体压强提供。常见设备如三缸泵蒸汽往复泵、齿轮泵等。

（3）过滤介质和助滤剂。过滤过程中凡能截留固体而让液体通过的材料均可视为过滤介质。理想的过滤介质应具备多孔性、低阻力、耐化学腐蚀和耐热性，同时具有足够的机械强度。常用的材料包括棉织品、化纤织品、金属丝编织品和工业滤纸等。棉织品如帆布、斜纹帆布、普通白细布等；化纤织品如涤纶滤布、尼龙滤布；金属丝编织品如不锈钢丝网等。不同材质的过滤介质用于不同工艺或不同油品的过滤阶段。

为了避免过滤过程中悬浮杂质堵塞滤孔，需要添加助滤剂辅助过滤。助滤剂可吸附胶体颗粒，形成稳定的滤饼结构，提高过滤速度和滤液澄清度，尤其在处理含胶体或可压缩颗粒的悬浮液时，能有效改善过滤性能，特别是在处理高黏度或温度敏感的悬浮体系中。理想助滤剂应是具备化学惰性、不可压缩性、高孔隙度的小而多孔的颗粒结构，以提高过滤效率且成本低廉。油脂工业常用的助滤剂有硅藻土和珍珠岩，硅藻土具有高孔隙度和化学惰性，其粒度分布可调，用细粒度的硅藻土过滤的油脂澄清度高，而粗粒度的硅藻土过滤速度快。珍珠岩主要成分为硅酸铝，相同条件下虽过滤的澄清度低于硅藻土，但滤饼密度优势使其在某些场景中更具吸引力。

(4) 工艺因素。在过滤操作中，悬浮液的输送方式是较为重要的影响因素。使用低剪切力的泵可以有效防止絮凝颗粒或晶粒的破裂，而脉冲小的泵则有助于保持滤饼的结构完整性，进而提高过滤速率。同时，生产工艺对过滤过程的具体要求，如是否需要最大限度地回收固相或液相，以及饼中残液量的控制，都会对过滤设备和操作条件的选择产生影响。此外，合理选择间歇过滤循环周期对于提高生产率和经济效益至关重要。

二、脱 胶

（一）脱胶的目的

在油脂精炼工艺中，脱胶是指使用热水或稀碱、盐及其电解质溶液，使毛油中胶溶性杂质吸水凝集，进而与油脂分离的除杂方法。脱胶过程中凝聚沉淀的水溶性杂质以磷脂为主。磷脂具有两亲性，其存在会导致油脂中油包水（W/O）乳剂的形成，不仅会使油体浑浊，而且当油加热到 100 ℃ 以上时会产生飞溅和起泡。同时磷脂中的胺类化合物在热加工和储存过程中可能与羰基反应，生成褐变产物影响油脂色泽。因此，脱胶步骤对于提高油脂的纯度和稳定性具有重要意义。

（二）脱胶的原理

脱胶过程利用了磷脂分子的两亲性。磷脂是一种表面活性剂，其分子结构中含有亲水的极性基团和疏水的非极性基团。当毛油中不含水分或含水分极少时，它能溶解分散于油中；当磷脂吸水湿润时，由于磷脂的两亲性，磷脂在油体中起到乳化和增溶的作用，当水与磷脂的亲水基结合后，胶质带有更强的亲水性，吸水能力进一步增强。随着吸水量的增加，磷脂质点体积逐渐膨胀，并且相互凝结成胶粒。胶粒又相互吸引絮凝形成大的胶团，其相对密度远大于油脂，因而从油体中沉淀析出。此外，通常在水中加入少量柠檬酸以增加磷脂的溶解度，柠檬酸可以结合钙和镁，从而减少磷脂分子间聚集，使磷脂更容易水合。用沉淀、过滤或离心的方法去除聚集的胶团，越稳定的胶粒越容易与油体分离。

（三）脱胶的方法

1. 传统高温水化法

高温水化法是将毛油加热到较高的操作温度进行水化，终温 90 ℃ 左右。加水量为毛油胶质含量的 3~3.5 倍。其特点为在高温高水量下，中性油黏度小，胶质吸水膨胀排挤力大，从而降低了絮凝胶团中性油含量，提高了精炼率。首先将毛油加热到水化温度，并使胶质初步润湿，之后加水水化。开始加水时，继续以间接蒸汽缓慢升温，先加浓度为 0.7% 左右的沸腾食盐溶液，7~8 min 后同时加注热水和盐水。加水量一般为胶质含量的 3.5 倍，一般以形成易于分离的似透明状白色胶粒为宜。当油面微细油沫减少，出现明显"油路"时停止加热，将搅拌速度降低到 $10\sim30\ r\cdot min^{-1}$，使胶粒在慢速搅拌下絮凝，完成水化过程。当絮凝胶粒易于沉降，油中无悬浮胶粒时停止搅拌进行沉降分离。沉降 5~8 h 后，由摇头管放出上层净油，由罐底截门排出似透明状的压实胶团，白糊状的胶团含油量较多，可留在水化罐里混入下批毛油脱胶。

水化净油中尚含有 0.3%~0.6%的水分时，须转入脱水设备干燥脱水。脱水操作于真空条件下进行，温度 100~105 ℃，绝对压力 4.0 kPa。脱水至油面和视镜玻璃无水汽为止。同时絮凝胶团在沉降时，由于工业生产不允许无限制地延长沉降时间，因而在工艺沉降时间内，絮凝胶团不可能得到彻底的压缩，在净油与压实胶团间，存在一个过渡层，过渡层的絮凝胶团含有较多的油，需要进行回收处理。

2. 膜过滤脱胶

膜分离技术在油脂脱胶和脱酸工艺中具有极大的应用潜力。传统的脱胶一般只能除去毛油中 80%~90%（相对质量分数）的总磷脂，很难去除非水化磷脂。与传统脱胶方式相比，膜分离技术具有工艺环节简单、节能高效、经济性好、无二次污染等优点，适用于广泛的油脂处理场景。经过膜法脱胶和脱酸后，油脂的品质得到显著提升。在油脂脱胶工艺中，膜分离技术常被用来分离磷脂胶束。当前，也有研究人员开发了新型复合材料或改进传统过滤膜，实现了温和条件下对磷脂的高效截留和良好渗透通。提升膜的适用性、耐用性和回收再利用，并解决使用过程中的污染问题，是目前膜法脱胶工艺改进的重点和难点。

3. 酶法脱胶

酶法脱胶作为一种新兴的生物脱胶技术，自 20 世纪 90 年代起逐渐受到关注。它利用磷脂酶对油脂中的磷脂分子进行特异性水解，实现高效脱胶。常见的磷脂酶主要有磷脂酶 A1（PLA1）、磷脂酶 A2（PLA2）、磷脂酶 B（PLB）、磷脂酶 C（PLC）和磷脂酶 D（PLD），磷脂酶种类不同，其特异性脱胶位点不同。不同磷脂酶作用于磷脂分子的位点见图 5-1。

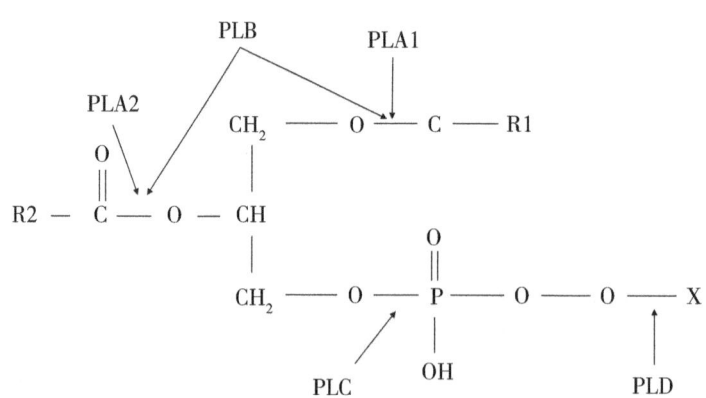

图 5-1　不同磷脂酶的作用位点

PLA1、PLA2 和 PLB 的脱胶原理是通过分解磷脂分子中的一个脂肪酸，生成亲水性更强的溶血磷脂，然后通过水化作用将其从油脂中去除；PLC 则是直接水解掉磷脂分子中的有机磷酸酯，生成甘二酯和不具乳化性的磷酸基化合物，含磷化合物随后通过水洗去除。酶法脱胶工艺可将磷含量降低至 10 mg·kg^{-1}以下,更适合油脂后续的物理精炼,具有经济效益高、油脂品质好、绿色环保等优点。使用磷脂酶 Lecitase Ultra 和磷脂酶 C 的复合酶法对冷榨菜籽油进行脱胶,可使脱胶后菜籽油的过氧化值和酸值达到一级压榨菜籽油的国家标准。在优化条件下脱胶,脱胶油中磷脂含量为 2.3 mg·kg^{-1}。酶法脱胶仍须解决酶制剂成本和酶解时间的问题,因此,研发高效、经济、可重复使用的酶制剂是未来研究的重点。

三、脱 酸

(一) 脱酸的目的

在油脂精炼过程中,从毛油中去除游离脂肪酸的工艺过程称为油脂的脱酸。游离脂肪酸的存在对油脂品质产生多方面负面影响:引发不良气味,降低感官品质;降低发烟点,影响油体的热稳定性;加速脂质氧化,缩短货架期;干扰氢化和酯化反应,影响后续加工效率及产品质量。因此,脱酸工艺对于提升油脂品质与加工性能具有重要意义。

(二) 脱酸的原理

脱酸也称为碱炼,是通过将毛油与碱液反应,通过使毛油与碱液反应来中和游离脂肪酸并去除部分杂质。用于中和游离脂肪酸的碱主要有氢氧化钠、碳酸钠和氢氧化钙等,氢氧化钠在国内外应用最为广泛,所需碱的量由原油中游离脂肪酸的浓度决定。反应生成的皂液可用于生产表面活性剂和洗涤剂。这一过程不仅提升了油脂品质,还实现了副产品的有效利用。脱酸反应的化学方程式如下。

RCOOH + NaOH → RCOONa + H$_2$O (完全中和)

2RCOOH + NaOH → RCOONa·RCOOH + H$_2$O (不完全中和)

脱酸效果受多种因素影响,如碱液的浓度、用量、加碱速度、脱酸温度、搅拌速度等。在实际操作前,须综合考虑毛油的酸价、中性油含量与性质、制油方法及皂脚特性。

(三) 脱酸的方法

1. 传统脱酸法

传统脱酸法按设备类型可分为间歇式和连续式。小型油厂通常采用间歇脱酸法,而连续式脱酸法则适用于大规模生产,其设备自动化程度高,操作简便,生产效率突出。连续脱酸的核心设备为管式高速离心机,能够满足连续化生产需求。管式离心机连续脱酸工艺流程图如图 5-2 所示。

在传统油脂精炼中,化学法和物理法是常见的脱酸方法,其中化学法应用更为广泛。尽管化学脱酸效果显著,但存在原料消耗大、环境污染、中性油和功能性脂质损失等问题,且不适用于高酸价油脂。蒸馏脱酸虽能减少中性油损失,但工艺的设备要求高,能耗高、精炼率低,且对原料含磷量有严格要求,可能导致活性伴随物损失和风险因子增加。当前,研究者也正积极寻求新型脱酸工艺和方法,实现绿色高效脱酸。

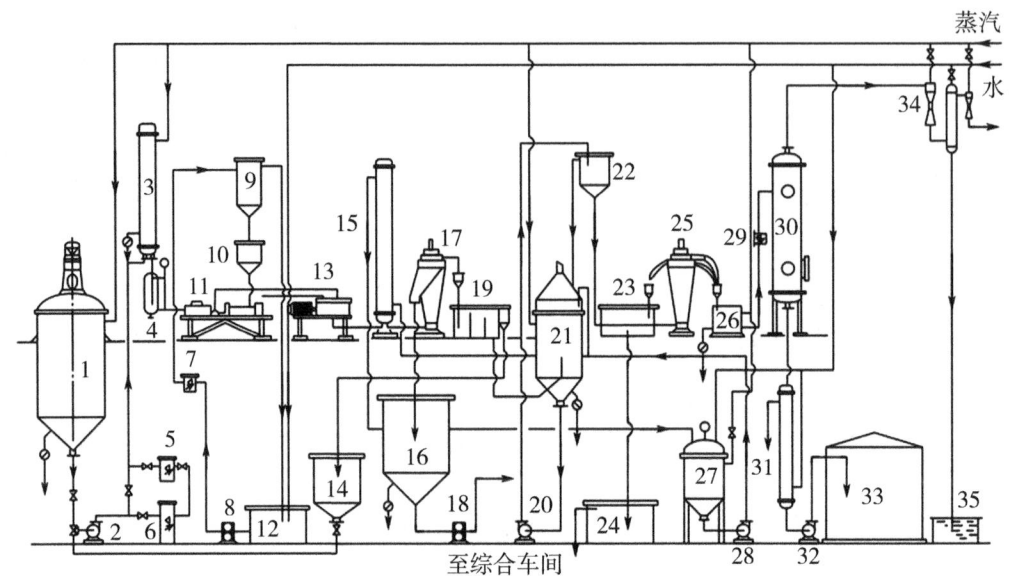

1—脱胶油储罐，2、20、32—油泵，3—预热器，4—析气器，5、6、7、29—管道过滤器，8—碱液泵，9—碱液罐，10—平衡罐，11—配比机，12—溶碱罐，13—混合机，14—污油罐，15—加热器，16—皂脚罐，17—脱皂机，18—皂脚泵，19—去沫池，21—水洗池，22—高位罐，23—捕油池，24—废水池，25—脱水机，26—存油罐，27—热水罐，28—热水泵，30—干燥器，31—冷却器，33—脱酸油储罐，34—真空装置，35—水封池

图 5-2 管式离心机连续脱酸工艺流程

2. 酶法脱酸

酶法脱酸利用脂肪酶催化脂肪酸与醇发生酯化反应，将游离脂肪酸转变成酯的形式，有效降低酸价，特别适用于高酸价油脂的脱酸。甘油三酯脂肪酶和偏甘油酯脂肪酶是两种主要的脱酸酶，偏甘油酯脂肪酶是一种新型脂肪酶，仅选择性作用于单甘酯或甘油二酯；甘油三酯脂肪酶目前应用更为普遍。研究显示，使用 Lipozyme 435 固定化脂肪酶对高酸价米糠油进行酯化脱酸，在保持高效脱酸的同时，可保留油脂中的营养成分。在最佳工艺条件下，Lipozyme 435 固定化脂肪酶可将米糠油酸价从 39.81 mg·g^{-1} 降至 2.06 mg·g^{-1}，脱酸率达到 94.83%，同时，米糠油中谷维素保留率为 92.44%、维生素 E 保留率为 77.94%、植物甾醇保留率为 82.34%。与传统物理化学法脱酸技术相比，酶法脱酸实现了脱酸环节的节能减排，其不仅可以提升油脂品质，还可以保留油脂中的微量营养素，而酶资源挖掘和固定化酶技术的发展也将有助于进一步改进酶法脱酸技术。

3. 蒸馏脱酸

蒸馏脱酸是油脂精炼中的常用技术，通过高真空度连续蒸馏实现高效分离。该法适用于高沸点、热敏性和易氧化物质的分离，具有真空度高、物料不易氧化损伤、操作温度低、物料受热时间短、传热效率高、分离程度高、分离彻底等优点。蒸馏脱酸设备通常包括加热器、冷凝器、分馏塔等组成部分，可以在高温和高真空条件下运行，以实现对游离脂肪酸的有效脱除。在操作过程中，温度、压力和物料流速等参数的精确控制对于脱酸效果至关重要。合理的参数设置不仅能提高脱酸效率，还能保证产品质量。以核桃油为例，运用分子蒸馏技术对其进行脱酸与脱塑处理，可以实现了游离脂肪酸和塑化剂（DBP、DEHP、DINP）的高效去除，同时保留了油中的营养成分。在优化的工艺条件下，核桃油的酸值从 1.08 mg·g^{-1} 降至 0.057 mg·g^{-1}，DBP 含量从 1.54 mg·kg^{-1} 降至 0.12 mg·kg^{-1}，DEHP 含量从 4.83 mg·kg^{-1} 降至 0.98 mg·kg^{-1}，且 DINP 未被检出，维生素 E 和甾醇的综合保留率达到 82.77%。蒸馏脱酸不仅可以大幅降低酸值，还能将塑化剂含量降至标准要求范围内，脱除了有害物质的同时实现了对油体营养物质的高效保留。

四、脱色

（一）脱色的目的

由于类胡萝卜素等脂溶性色素的存在，油脂均有一定色泽，而前述的精炼步骤可以在一定程度上去除部分色素，但并不能达到食用油的品质要求，部分色素（叶绿素）还会促进脂质的氧化，因此必须经过脱色处理。毛油中的色素主要来自天然色素（例如，类胡萝卜素使油脂呈黄色，叶绿素使油脂呈墨绿色）、油料降解产物（例如，糖类和蛋白质分解加深油脂色泽）、加工产生等。油脂脱色的主要目的是去除油脂中的色素，同时还可去除部分残留的磷脂、蛋白质、游离脂肪酸以及其他微量杂质等，提高油脂的外观品质和稳定性。通过脱色，油脂不仅色泽更加清澈透明，还有助于后续脱臭处理，提升油脂整体品质。

（二）脱色的原理

传统的脱色方法，主要包括日光脱色法、化学药剂脱色法、加热法及吸附法。吸附脱色是当前油脂工业中应用最普遍的脱色方法，即将热油（80~110 ℃）与吸附剂（如中性黏土、合成硅酸盐、活性炭或活性土）混合以去除色素，然后通过过滤去除吸附剂。吸附脱色主要是依靠吸附剂与色素分子之间的范德华力实现的，这种吸附过程不需要活化能，因此吸附和解吸的速度都相对较快，容易达到吸附平衡。根据吸附剂的表面特性和色素分子的性质，色素分子可以在吸附剂表面形成单分子层或多分子层。由于物理吸附放出的热量较小，它通常在较低的温度下进行，以保持吸附的稳定性。

（三）脱色的方法

传统吸附脱色方法一般都存在脱色剂用量大、脱色油返酸严重、脱色时间长、吸附剂加速脂质氧化等问题。同时，在传统脱色过程中，还往往伴随着反式脂肪酸和 3-氯丙醇酯等有害物质的生成，从而影响油脂的营养价值和食用安全。因此，近年来新型油脂脱色技术成为研究的热点。

1. 复合吸附剂脱色技术

吸附剂的选择和用量对油脂脱色效果至关重要。活性白土、活性炭和凹凸棒土等是常用的吸附剂，它们对油脂中杂质的吸附能力各异，且成本不同。通过合理配比不同吸附剂，可以有效提高脱色效率和吸附剂的利用率，同时降低成本。以菜籽油为例（图5-3），活性白土与凹凸棒土1∶1复配使用，在添加量为3.4%（质量分数）的条件下，能在较短时间内（27 min）实现高达97.2%的脱色率，且油脂中的维生素E和植物甾醇得以保留。因此，新型吸附剂开发以及吸附剂复配成为脱色研究的趋势，同时深入探索脱色剂协同作用的机理，在提高脱色效率的同时降低生产成本，提升油脂产品的整体品质。

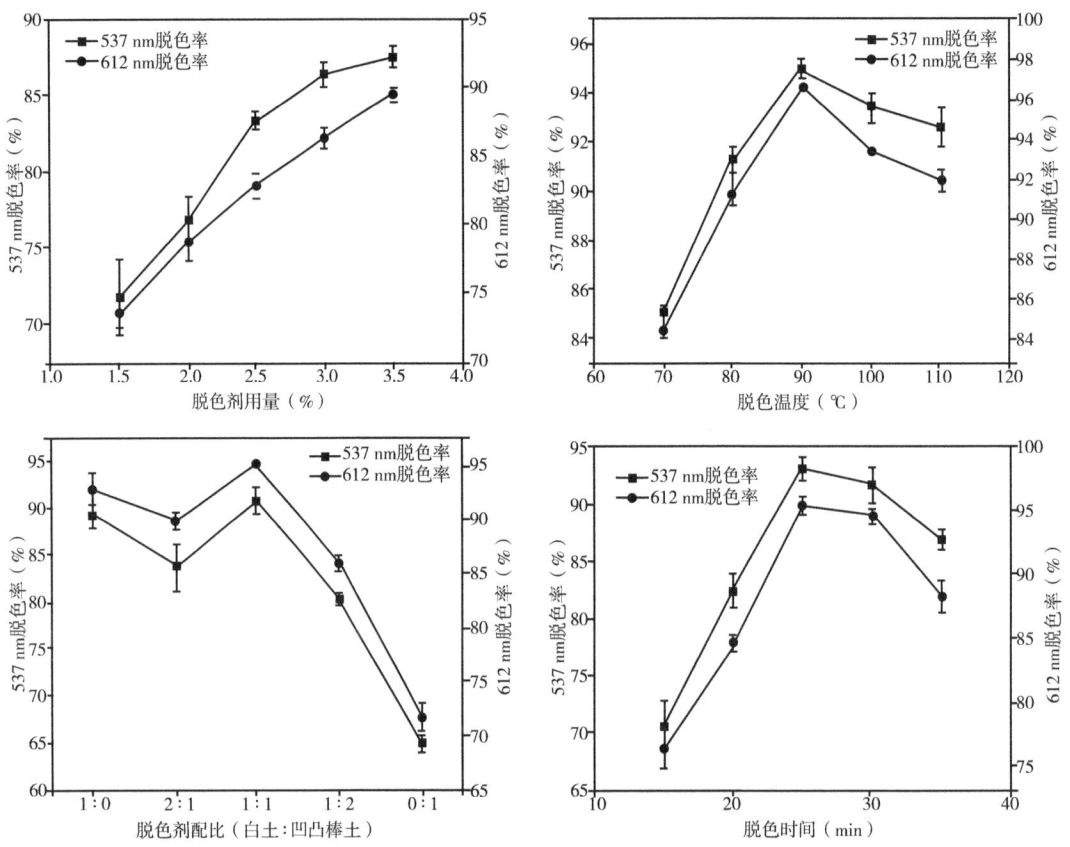

图5-3 不同因素对复合吸附剂脱色率的影响

2. 物理场辅助脱色技术

物理场技术，尤其是超声波辅助脱色，已被证明能有效提高油脂脱色效率。超声波的空化作用能促进脱色剂在油脂中的均匀分散，增加接触面积，进而提高脱色效率和脱色剂利用率，有效缩短脱色时间和降低脱色温度。以大豆油为例，利用超声辅助可显著提升黏土脱色效果，黏土使用量、脱色温度和脱色时间分别减少约35%、35%和10%。尽管超声波辅助脱色剂进行油脂脱色显示出巨大潜力，但后续在专用设备开发以及超声辅助脱色工艺应用适应性等方面需要进一步研究，以适应大规模工业应用。

3. 多级吸附脱色技术

多级吸附脱色技术利用二氧化硅水凝胶的吸附特性，该凝胶由完全或部分酸活化的二氧化硅与水混合制成，对油溶性色素的吸附能力较低，但能有效去除油脂中的磷脂、皂脚和微量金属。这种技术通过优化吸附剂的添加顺序，能够显著降低脱色温度和时间，并提高白土的色素吸附效率，同时二氧化硅水凝胶的预过滤效果有助于减少白土的使用量。尽管该技术在提高脱色效果方面具有优势，但在国内的应用受到设备投资和改造成本的限制。该工艺的优点在于可高效脱除磷脂、皂脚和微量金属元素，未来的研究可以聚焦于优化二氧化硅水凝胶的脱色能力，以进一步完善其在油脂脱色中的应用。

五、脱 臭

（一）脱臭的目的

甘油三酯在纯净状态下无色无味，但毛油中含有的醛、酮和醇等芳香化合物，无论是天然存在的还是在提取和精炼过程中脂质氧化后产生的，都会影响油脂的气味。这些化合物在加工过程中可能氧化生成过氧化物，进一步分解产生醛酮，从而使油脂呈出不良气味。除去油脂特有气味（呈味物质）的工艺过程称为油脂的脱臭。脱臭一般是油脂精炼的最后一个环节，不仅能有效去除油脂中残留的呈味物质，还可提高油脂的烟点和风味，同脱臭还可脱除油脂中残留的游离脂肪酸、过氧化物、分解产物和一些热敏性色素，提高油脂的稳定性、色泽和风味。然而，脱臭过程也可能导致反式脂肪酸等有害物质的生成。脱臭完成后，为了灭活促氧化金属，通常在脱臭后添加柠檬酸（0.005%~0.01%）。脱臭过程中产生的馏出物，如生育酚和甾醇，可作为抗氧化剂和功能性食品成分回收利用。

（二）脱臭的原理

油脂脱臭主要基于蒸馏原理，通过高温蒸汽将异味物质从油脂中分离。在高真空条件下，短时间高温处理（180~280 ℃）可以有效去除低分子量和低沸点的异味物质。这些物质包括游离脂肪酸、醛类、酮类、烃类、醇类、酯类、硫化物等。为了进一步提升脱臭效果，可以采取连续脱臭或添加助剂等方法。连续脱臭通过增加物料停留时间提高脱臭效率，而助剂（如活性炭和高岭土）则有助于吸附异味物质。

（三）脱臭的方法

1. 真空蒸汽脱臭法

脱臭的方法很多，包括真空蒸汽脱臭法、气体吹入法、加氢法和聚合法等。其中真空蒸汽脱臭法在国内应用最为广泛。该法通过在高温（180~270 ℃）和低压环境下，利用蒸汽蒸馏去除油脂中的挥发性异味物质。在脱臭锅中，过热蒸汽与油脂接触，使异味成分挥发并随蒸汽逸出，实现脱臭目的。真空蒸汽脱臭的原理是水蒸气通过含有呈味组分的油脂，汽—液接触后水蒸气吸收挥发出来的臭味组分并饱和，然后按其分压比率逸出而除去，其原理、工艺参数优化、设备设计和选型以及在食品加工中的应用都是确保脱臭效果的关键因素。真空条件下的沸点降低，处理油体的条件更加温和，能减少油脂中营养成分的损失。

2. 干式—冷凝真空脱臭系统

传统蒸汽喷射泵真空脱臭系统尽管前期投入费用低，但是仅脱臭阶段所需蒸汽消耗占总量的60%~85%，能耗极高。干式—冷凝真空脱臭技术是在水的三相点参数条件以下，将从脱臭塔中吸入的水蒸气与游离脂肪酸等物质，采用干式—冷凝的方式，使之不经过液相状态，在冷凝器冷却管传热面上直接冻结成固相而附着在冷凝管表面，然后再将其除去，经过冷凝器后，实际流向喷射泵的仅有空气。在实践中，与传统脱臭系统相比，干式—冷凝系统表现出极佳的耗时短、成本低、能耗少等优势，真空度可达120 Pa，启动时间缩短至10.5 h，蒸汽成本仅为传统系统的21.3%，年均总成本节约34.95%。干式—冷凝真空脱臭系统工艺流程如图5-4所示。

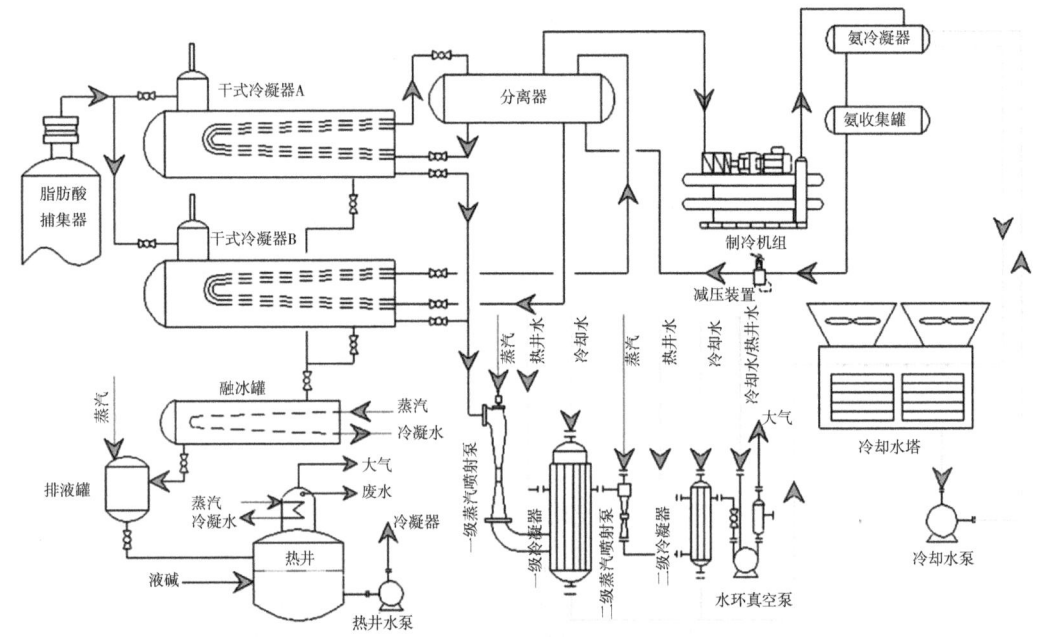

图5-4 干式—冷凝真空脱臭系统工艺流程

3. 双温集成汽提脱臭技术

真空双温集成汽提脱臭技术采用两步蒸馏过程，先在低温下脱除低沸点异味物质，时间较长；再在高温下处理高沸点成分，时间较短。这种结合了组合塔和独立填料塔的设备形式，在优化的工艺条件下，既能有效脱除油脂中的异味物质，又能减少高温和高真空条件下反式脂肪酸的生成，同时保护维生素E和植物甾醇等活性成分不被破坏。通过合理控制温度和时间，实现了高效脱臭和品质保持的双重目标。双温脱臭技术通过两次蒸汽处理，实现了热量的回收和循环利用，有效降低能耗。中试规模下，不同的脱臭工艺对特定有害化合物脱除效果也有所不同，双循环精炼（重复单次脱臭）、高低温脱臭二次精炼（重复第一次脱臭，但降低温度）、高低温脱臭单次精炼（重复低温脱臭）三种脱臭方式虽然未能彻底清除2-氯丙烷-1,3-二醇酯（2-MCPDE）、3-氯丙烷-1,2-二醇酯（3-MCPDE），但它们显著降低了缩水甘油脂肪酸酯水平。这种技术在中试规模下表现出良好的效果,为油脂精炼提供了新的脱臭策略。真空双温集成汽提脱臭技术工艺流程如图5-5所示。

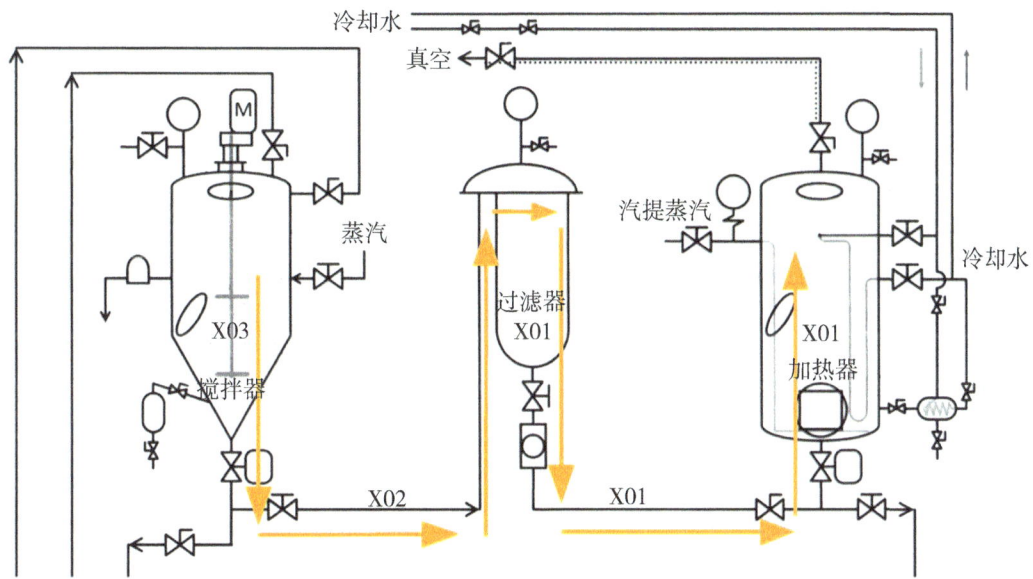

X03—用于脱胶和脱色油的预处理储罐,X01—除臭罐,X02—过滤单元

图5-5 真空双温集成汽提脱臭技术工艺流程

注:粗箭头表示精炼过程中油的流动方向。实验在将毛油装入X03罐后开始,并在X01罐中除臭后获得精制产品。

尽管双温集成汽提脱臭工艺在油脂脱臭领域有所应用,但其普及程度有限。脱臭工艺革新对设备依赖程度大,现有的脱臭工艺虽能提升油脂的烟点和气味、滋味等感官品质,却可能导致活性成分的损失,并且能耗较高,这与适度精炼的理念不符。因此,研发新的脱臭技术以提高产品营养品质和降低能耗仍是当前的研究重点。

第二节 油脂精炼的安全操作规程

一、油脂精炼常见安全事故

在油脂精炼过程中,常见的安全事故主要包括以下几种。

(1)泄漏:油脂精炼过程中可能会出现原料泄漏、化学品泄漏等情况,这些泄漏如果处理不当,可能会导致火灾或其他危险事件。

(2)燃烧:由于油脂本身易燃,精炼过程中的加热、操作不当等都可能引发燃烧事故。

(3)爆炸:精炼过程中涉及的溶剂、气体等在特定条件下可能会发生爆炸,特别是在封闭或半封闭空间内,一旦遇到点火源,极易引发爆炸事故。

（4）机械伤害或烫伤：精炼设备中的高速运转部件、高温表面等可能对操作人员造成机械伤害或烫伤。

（5）化学灼伤：精炼过程中使用的一些化学试剂具有强烈的腐蚀性，如果不慎接触皮肤或眼睛，可能会造成化学灼伤。

（6）静电积累：油脂精炼过程中，静电的积累可能导致火花产生，进而引发火灾或爆炸。

（7）缺氧窒息：在密闭或通风不良的环境中进行精炼作业，可能会导致氧气不足，从而引发缺氧窒息事故。

为了预防这些安全事故，油脂精炼企业需要建立健全安全管理体系，加强员工的安全培训，严格执行安全操作规程，并定期对设备进行维护和检查。同时，应制定紧急事故响应计划，以便在事故发生时能够迅速有效地处理。

二、油脂精炼安全操作规程

（一）人员规范

油脂精炼是一个复杂且精细的过程，涉及多种大型设备和化学试剂的使用，为了确保操作员的安全和生产效率，针对油脂精炼操作员的安全规范和操作指南是必要的。

（1）熟悉设备与工艺：操作员须全面了解油脂精炼设备的原理、结构、操作及工艺流程，定期参加专业培训，更新知识，持有效证书上岗。

（2）做好个人防护：操作员在开始任何操作前必须穿戴好个人防护装备，包括安全帽、工作服、防护手套、护目镜、工作鞋等。

（3）检查维护设备：操作前，操作员需检查设备的工作状态和安全状况，发现异常立即上报并等待专业人员处理。设备维修完成后，须由专业人员确认安全后方可使用。结束生产后须根据操作手册进行设备清洁和保养，记录保养细节，确保设备长期稳定运行。

（4）合理选配原料：根据工艺要求，操作员须正确选择原材料并遵循规定剂量进行配料。

（5）控制工艺参数：按照工艺要求，严格控制设备的工作温度、转速等参数，定期检查设备状态。

（6）遵守安全警示与操作指南：操作员在实际生产中必须严格遵循操作文件中的安全指示和操作流程，禁止随意操作、安装、更换、改装设备及其零部件。

（7）保持卫生清洁：操作员在结束生产后要定期清理工作区域和生产设备，保持环境整洁，避免杂质和污渍影响产品质量。

（8）设备巡检与异常处理：操作员须做到定期巡检设备，及时上报并处理异常情况，保障设备安全与正常运行。

（二）操作规范

1. 启动前准备

（1）原料与成品油库检查：检查原料油库和成品油库的状况，确认油品储存条件良好，无泄漏或变质迹象。同时须检查进出油库的管道、泵等输送系统，确保其完好无损，阀门开闭灵活，无卡阻现象等。

（2）辅助材料检查与准备：首先须确认水、碱、磷酸等辅助材料充足。然后须清理热水箱，检查并调整浮球水阀，确保其灵活可靠。最后检查离心机等设备是否符合安全标准要求，确保所有转动设备无卡阻、减速器润滑油充足且品质良好、泵轴承挡润滑脂充足等。

（3）电器与仪表检查：全面检查电器装置、电机、仪表装置和照明设备，确保其完好无损，功能正常。检查蒸汽供应系统，调节降压阀，使低压分汽缸压力稳定在 0.55 MPa。

（4）安全与应急准备：遵循生产操作规程，进行开车前的其他必要准备，特别注意搬运和输送磷酸、碱等腐蚀性试剂时的安全防护，防止灼伤。准备应急冲洗设施，如遇磷酸或碱溅到皮肤或眼睛，立即用大量清水冲洗，必要时寻求医疗帮助。

2. 启动与监控

（1）严格按照生产操作规程规定的步骤开车。

（2）热水泵与离心系统启动：启动热水泵后，立即检查各离心机进口管的进水球阀，确保无泄漏，热水箱应始终保持满水状态，水温须维持在 90 ℃ 以上。此外，须根据离心机安全使用规程启动设备，监控振动和声音，有任何异常均应立即停机检查，排除故障。进油后，三台离心机背压不超过 0.35 MPa 为最佳。

（3）加热与温度控制：调整各加热器的蒸汽压力，确保油温符合生产操作规程要求。应特别注意，板式加热器的蒸汽压力不得大于 0.2 MPa，列管加热器的蒸汽压力不得大于 0.4 MPa，油冷却器后的油温应控制在 70 ℃ 以下。

（4）仪表与设备监控：定期检查转子流量计、压力表和温度计，确保其正常工作且读数准确，同时监控设备运行状态，包括电流指示，确保所有设备运行正常。

（5）真空干燥与油品质量控制：油品进入真空干燥器后，开启精炼油泵，使油回流至毛油缸，并取样化验。只有当化验结果符合质量标准时，才可切换阀门，将油品送入成品库。同时，监控真空干燥器压力，确保其不超过 -0.095 MPa。

3. 设备运行与故障处理

（1）设备巡回检查：定期检查所有设备运行状况，重点监控离心机的工作状态。一旦发现故障，立即按离心机安全使用规程处理，必要时停车进行故障排除。例如，当真空度下降，影响油品质量时，须将油流回毛油缸，待恢复正常后才能送入成品库。

（2）脱胶生产控制：严格控制毛油温度、流量和加酸量，根据油水反应情况调整加水量和加碱量。脱胶反应罐油温控制在 60~80 ℃，每小时进行一次脱胶油 280 ℃ 试验，确保残磷低于 50 mg·kg^{-1}。

（4）脱酸生产控制：每班至少检测酸价等指标 2 次，不合格油品不得送入成品库，应立即查找原因并排除故障，直至油样合格。

（5）脱色生产控制：按顺序开启真空泵、水泵、白土风机、闭风器、除尘器、进油泵、预脱色锅等设备，调整进油温度至 90~110 ℃，按比例添加白土。油品进入脱色塔后，开启蒸汽搅拌，循环至油品清晰无杂质时开始过滤。

（6）脱臭生产控制：控制过热蒸汽压力在 $6\sim7$ kg·cm^{-2}，确保真空残压低于 -133 Pa，喷射泵蒸汽压力保持在 5.5 kg·cm^{-2} 以上，合理控制脱臭塔温度和蒸汽用量。

（7）生产相关记录：详细记录生产过程、故障及故障排除情况，同时做好清洁卫生工作和交班记录。在确认排除故障后可开车，开车前应认真检查一遍阀门等情况。

（8）离心机异常处理：当离心机出现异常情况，如发出异响、重相大量跑油、两相分离不清时，立即停机，停泵并关闭相应阀门，远离设备进行监控，并及时报告。

4. 停车操作流程

（1）计划停车与故障停车：在接到停车通知或遇到设备故障（如离心机需清理、机械密封泄漏、冷却水中断等）不能正常生产时，应立即按照正常停车操作规程停车。停车时首先关闭毛油缸出口阀门，确保油品不再进入生产流程，同时密切观察离心机和其他设备的状态，确保离心机供水系统持续运转，直至离心机完全停止，在离心机完全停止后，方可停掉热水泵。检查原料油库、成品油库，并关闭相关阀门，确保生产安全。

（2）紧急情况处理：突然停电时，立即关闭毛油缸出口阀、磷酸、浓酸、淡碱出口阀、离心机进油阀，打开离心机进水阀，尽量维持离心机进水，确保冷却水和转鼓清洗水的供应，根据停车要求关闭阀门和破真空。同时，通知电工迅速排除故障，恢复供电。来电后，在确保设备、阀门、水、电、汽等条件满足开车要求后，按照正常开车顺序重新启动生产。突然停水时，如遇热水箱断水，立即向热水箱充水，如果正常水泵断水，迅速启用辅助水源。一时无法供水时，首先停离心机，然后按正常停车顺序停车。突然停汽时，首先切换精炼油泵出口阀门至毛油缸，停三泵并关闭有关阀门，如短期内不能供汽，按正常停车顺序停车。

（3）操作注意事项：在任何紧急停车情况下，首要任务是确保人员安全，防止油品、化学品泄漏，避免环境污染。停车时，确保所有阀门正确关闭，防止油体意外流入或流出。在重新启动前，全面检查设备和系统，确保所有条件满足开车要求，避免因故障未完全排除而再次停车。加强日常设备维护和应急演练，提高员工的应急处理能力，减少紧急情况下的生产损失。

第三节　澳洲坚果油品质控制体系

澳洲坚果油不饱和脂肪酸含量高达 80% 以上，且富含生育三烯酚、多酚、植物甾醇等营养成分，具有较高的营养价值和保健功能，然而其在加工、运输、贮藏等过程中又极易发生氧化酸败，影响澳洲坚果油的商品属性。为保障澳洲坚果油产品品质以及满足消费者期望，建立澳洲坚果油加工全链条品质控制管理体系至关重要。本节结合企业生产实践以及当前品质控制管理体系建立现状，构建澳洲坚果油品质控制质量保障体系，为澳洲坚果产业高质量发展提供有力支持。

一、油脂酸败主要途径

油脂氧化酸败是指油脂在制取、加工、贮藏、运输和销售等过程中由于氧气、光照、高温和金属离子等因素引起的复杂化学反应,导致油脂品质劣变,产生不良气味、滋味和有害物质的过程。其中自动氧化、酶促氧化和光敏氧化是油脂氧化酸败的三种主要途径。

油脂自动氧化是一种自由基链式反应,反应过程通常分为链引发、链传递、链终止三个阶段。油脂的变质也绝大多数是由脂肪的自动氧化造成的。因此,隔绝氧对于保持油脂的品质至关重要。除隔绝氧外,也可通过添加抗氧化剂(如维生素E、抗坏血酸等)、低温贮藏加工、避免金属离子催化等方式避免自动氧化。在澳洲坚果低温(4 ℃)贮藏试验中发现,与普通包装(氧含量为21%)相比,采用氮气包装(氧含量小于3%)的澳洲坚果相较酸价较低,表明隔绝氧气可以有效缓解油脂氧化酸败。

脂肪在酶参与下发生的氧化反应称为酶促氧化。参与酶促氧化的酶主要有两种:一种是脂肪氧合酶,简称脂氧酶;另一种是脂肪氢过氧化酶。脂肪氧合酶具有高度的专一性,可作用于具有1,4-顺,顺-戊二烯结构的脂肪酸,在1,4-戊二烯的中心亚甲基处脱氢形成游离基,异构化使双键位置转移,形成具有共轭双键的氢过氧化物。然而,形成的氢过氧化物极不稳定,易在脂肪氢过氧化酶作用下生成烷氧基自由基,再通过不同途径形成烃、醇、醛、酸等化合物,从而产生油哈味。澳洲坚果油中天然存在的脂肪氧合酶可以催化亚油酸和亚麻酸等不饱和脂肪酸发生氧化反应,得到的次级短链氧化产物(醇、酮、醛、酸等)还会产生不良的风味和滋味,大大影响澳洲坚果油的品质。因此,可通过适当的加工和储存条件控制酶活性或添加酶抑制剂,从而抑制酶促氧化,提高澳洲坚果油的稳定性和口感。

与自动氧化和酶促氧化相比,光敏氧化速率更快,对油脂品质的影响更大。光照和光敏剂是光敏氧化发生的必备条件,光敏剂(如叶绿素、核黄素等)吸收光能后,将三线态氧转换为单线态氧,单线态氧进而与油脂中的不饱和脂肪酸反应,生成氢过氧化物等一系列氧化产物。此外,不同波长的光引发光氧化的能力不同。有研究表明,在可见光照射下,由光氧化导致的耗氧量在550~650 nm范围内达到最大。在加工和贮藏过程中避光或者采用遮光包装材料可以有效避免光敏氧化的发生。

二、澳洲坚果油品质控制体系

(一)采前因素对澳洲坚果油品质的影响

1. 品种和产地

原料品种是澳洲坚果品质的决定条件。澳洲坚果含有丰富的油脂,如第三章第一节所示,15个品种澳洲坚果油中均检出12种脂肪酸,主要为不饱和脂肪酸(UFAS)。其中,棕榈油酸(C16:1)、油酸(C18:1)、亚油酸(C18:2)、亚麻酸(C18:3)、花生烯酸(C20:1)和二十二碳一烯酸(C22:1)等不饱和脂肪酸含量占总脂肪酸含量的83%以上,不同品种澳洲坚果油脂含量也存在一定差异。此外,UFAs主要由单不饱和脂肪酸（MUFAs）组成，其占 UFAs 总量的 96.67%~98.26%，其中，C18∶1 占总脂肪酸的 61.74%~66.47%，C16∶1 占总脂肪酸的 13.22%~17.63%。有研究表明，不饱和脂肪酸的种类和数量是澳洲坚果油贮藏稳定性的决定因素，不饱和脂肪酸含量越高的品种越容易发生氧化酸败。

除了品种影响外，产地环境也是影响澳洲坚果不饱和脂肪酸含量的重要因素。截至 2023 年，我国澳洲坚果种植面积已超过 500 万亩。云南、广东、广西、贵州作为我国澳洲坚果四大主产地，其所产的澳洲坚果脂肪酸种类相同，含量存在显著性差异，表明环境因素对澳洲坚果品质影响显著。同时，广东和广西产区澳洲坚果油脂肪酸组成和含量的相似性高于贵州产区和云南产区，而云南产区澳洲坚果油中 C16∶1 和 UFA 含量最高。因此，在发展加工专用品种时，应统筹考量澳洲坚果的品种及产地，进而从原料开始进行把控。

2. 采收期

澳洲坚果果实成熟采收时间直接影响果仁品质，生产上主要以果实内果皮变褐色来确定果实成熟。在澳洲坚果果实成熟过程中，单粒果仁的干质量、可溶性糖含量、粗脂肪含量不断变化，与澳洲坚果品质关系密切，适时采收可以使澳洲坚果的营养成分含量处于最佳状态。研究表明，澳洲坚果最佳采收期为 8 月下旬至 9 月上旬，随着果实采收日期延长，澳洲坚果果实内果皮褐色逐渐加深，单粒果仁的干质量、可溶性糖含量、粗脂肪含量呈先逐渐上升后趋于稳定或缓慢下降的变化趋势。采收过早，澳洲坚果的含油量可能不足，风味较淡；而采收过晚则会增加落果，若捡拾不及时，易沤坏或发生霉变。此外，适时采收可以确保澳洲坚果的外壳硬度和果实饱满程度，从而赋予澳洲坚果良好的加工特性。

（二）采后因素对澳洲坚果油品质的影响

采后因素，包括脱皮、干燥方式、压榨方法、储存、包装、运输等，都会直接影响澳洲坚果油的品质和市场价值。

1. 脱　皮

澳洲坚果青皮含水量较高，若未及时脱除，很容易腐烂变黑，降低澳洲坚果品质。目前，脱青皮普遍采用堆沤法、乙烯利法以及机械脱皮法。堆沤法较为传统，但在堆沤过程中若操作不及时，容易发生霉变，使品质降低。而乙烯利法虽可缩短脱皮时间，但有研究指出，喷布乙烯利催熟的澳洲坚果出仁率和种仁含油率均有所降低。当前，工业生产上多采用脱皮机对澳洲坚果进行脱皮，脱皮机的使用可以有效提高脱皮效率、降低劳动强度。值得注意的是，使用脱皮机脱皮时，也应配备人工分拣未脱皮完全的澳洲坚果，以免对后续加工产生影响。

2. 干燥方式

澳洲坚果在采收时含有较高的水分，需要通过适当的干燥过程将水分降低至 1%~3%，以防止霉菌生长和油脂氧化。干燥降低了澳洲坚果的水分活度：一是可以延缓澳洲坚果的酶促褐变和非酶促褐变，减少营养成分的破坏；二是可以抑制微生物的繁殖；

三是抑制澳洲坚果的化学变化。然而，水分活度也并不是越低越好，过低的水分活度，则会加速澳洲坚果油的氧化酸败。因此，在干燥澳洲坚果时，应将其干燥至适当水分活度。目前，澳洲坚果干燥方法主要有自然晾晒法、热风干燥法和微波干燥法等。自然晾晒是最传统的干燥方法，成本较低，但受天气条件限制，干燥速度慢，且容易受到环境污染。热风干燥法可加速澳洲坚果干燥过程，缩短干燥时间，因而在一定程度上避免了澳洲坚果油中不饱和脂肪酸的氧化，同时，适当的高温处理可以钝化脂肪氧合酶，抑制酶促氧化反应。采用热风干燥时，应避免长时间高温烘烤，且在干燥的初始阶段温度不宜过高，以免果壳开裂。微波干燥是利用微波能量直接作用于澳洲坚果内部的水分子，干燥速度快，能耗低，且可以减少营养成分的流失。然而，微波干燥需要精确控制，否则可能导致坚果局部过热，造成品质不均。

3. 压榨方法

近年来，超临界 CO_2 萃取、水剂（酶）法等新兴油脂制取方法逐渐发展起来，虽然这些新兴油脂制取方法制取的油脂品质较好，但受制于方法自身的缺陷，例如，超临界 CO_2 萃取设备要求高以及不利于连续化操作，水剂（酶）法存在乳化严重的问题，因而限制了其在工业中的应用。目前，在澳洲坚果油实际生产中，主要采用压榨法和溶剂浸出法。表 5-1 对比了热榨法、冷榨法以及液压压榨法对澳洲坚果油品质的影响，其中，液压压榨坚果油品质最佳，其酸价、过氧化值显著优于热榨法和冷榨法。而采用溶剂浸出法制取澳洲坚果油时，则应注意脱溶温度不宜过高，以免影响澳洲坚果品质。

表 5-1 不同压榨方式澳洲坚果油质量指标

样品	水分及挥发物质量分数（%）	酸价（$mg \cdot g^{-1}$）	过氧化值（$mmol \cdot kg^{-1}$）
SHM	0.10±0.02a	1.74±0.11a	0.97±0.10a
SCM	0.08±0.01a	1.34±0.05a	0.83±0.09a
HM	0.06±0.03a	0.65±0.09b	0.47±0.05b

注：SHM 表示热榨澳洲坚果油，SCM 表示冷榨澳洲坚果油，HM 液压压榨澳洲坚果油。

4. 包装、贮藏和运输

理想的包装材料应具有良好的光照和氧气阻隔性能，防止油脂氧化。包装应能够遮光或使用深色材料，以减少光照对油品质的影响。良好的密封性能防止空气进入包装，减少氧化和污染的可能性。充氮罐装可以进一步减少包装内的氧气含量，延长油的保质期。

澳洲坚果油应在避光、阴凉、干燥的环境中贮藏，最佳温度范围通常为 15~25 ℃。高温会加速油脂的氧化酸败，而低温可能导致油结晶或凝固。由于油脂结构会受温度影响，因而在储存和运输过程中，应尽量避免剧烈的温度变化。同时，在运输过程中，应避免剧烈震荡和碰撞，避免包装破损和油品泄漏。

5. 追溯系统

建立追溯系统对于澳洲坚果油产业来说是一项重要的质量管理措施，它对保障产品质量、增强消费者信心、应对食品安全事件以及提升整个供应链的透明度都有积极的影响。通过跟踪产品的生产过程，从原料采购、加工、包装、贮藏到运输等各个环节，确保每个步骤都符合既定的质量标准和操作规程。在发生食品安全事件时，追溯系统能够迅速定位受影响的产品批次，实施召回或其他必要的措施，减少潜在的健康风险和对品牌声誉的损害。

参考文献

陈焱，李晓龙，王翔宇，等，2022. 精炼脱臭对大豆油品质的影响 [J]. 农产品加工（14）：14-17.

段书平，2013. 干式冷凝真空系统在精炼脱臭中应用 [J]. 石油和化工设备，16（5）：68-70.

葛林梅，邰海燕，毛金林，等，2010. 贮藏条件对原料葵花籽油脂酸败的影响 [J]. 食品科学（6）：292-296.

郭刚军，胡小静，彭志东，等，2018. 不同压榨方式澳洲坚果油品质及抗氧化活性比较 [J]. 食品科学，39（13）：125-132.

何淑莉，1994. 食用油脂酸败及其试验方法 [J]. 技术监督纵横（6）：12，33.

贺鹏，张涛，宋海云，等，2021. 广西澳洲坚果果实品质分析与综合评价 [J]. 食品科学，42（24）：242-251.

刘成梅，罗舜菁，张继鉴，2011. 食品工程原理 [M]. 北京：化学工业出版社.

刘军海，1994. 油脂粘度对米糠油的蜡质沉降和精炼损耗的影响 [J]. 四川粮油科技（3）：5.

刘伟麒，李淑婷，邓媛元，等，2022. 米糠油脱酸工艺研究进展 [J]. 中国粮油学报，37（8）：280-288.

马苏德，2000. TriSyl 二氧化硅+滤饼+白土去除食用油脂中杂质和色素 [J]. 中国油脂（6）：69-71.

马云睿，周力，高盼，等，2022. 磷脂酶 Lecitase Ultra 和磷脂酶 C 复合对冷榨菜籽油脱胶的影响 [J]. 中国油脂，47（8）：13-18.

施春阳，石珑华，李道明，2021. 酶法脱酸的研究进展与发展展望 [J]. 中国油脂，46（10）：11-17.

万聪，彭辉，杨洁，等，2016. 无溶剂体系高酸值米糠油酶法酯化脱酸工艺优化研究 [J]. 中国油脂，41（4）：10-13.

万继锋，卢智强，邹明宏，等，2023. 澳洲坚果成熟期间果实内果皮颜色、果仁品质变化及最适采收期预测 [J]. 中国南方果树，52（6）：72-75，84.

王文林，张涛，汤秀华，等，2022. 中国澳洲坚果产业概况与发展模式探索 [J]. 农业研究与应用，35（4）：44-50.

魏长宾，刘胜辉，臧小平，等，2008. 澳洲坚果油脂肪酸组成分析 [J]. 中国油脂，33（9）：75-76.

吴东兴，钱勋，詹亚名，2023. 油脂精炼脱臭真空系统的影响因素及优化改进的探讨 [J]. 粮食与食品工业，30（1）：1-5.

肖钧木，赵飞燕，崔娜，等，2019. 共培养微藻 *Monoraphidium* sp.eh1 和 *Monoraphidium* sp.eh3 提高油脂产率和沉降率 [J]. 中国油脂（6）：133-138.

叶展，罗质，何东平，等，2015. 酶法脱胶及其在大豆油适度精炼中的应用 [J]. 食品工业，36（1）：258-261.

叶展，罗质，胡传荣，等，2017. 菜籽油复合脱色剂脱色工艺优化及其品质分析 [J]. 中国粮油学报，32（5）：88-95.

叶展，徐勇将，刘元法，2022. 食用植物油脂制取与精炼技术研究进展 [J]. 食品与生物技术学报，41（6）：1-12.

张敬哲，华景清，2010. 粮油加工技术 [M]. 北京：中国质检出版社.

张四红，张跃进，何东平，等，2019. 核桃油加工技术 [M]. 北京：中国轻工出版社.

赵国志，刘喜亮，刘智锋，2004. 油脂工业技术的进步——油脂精炼工艺技术 [J]. 粮油加工，11：37-41.

赵国志，刘喜亮，刘智锋，2004. 油脂脱胶技术 [J]. 粮食与油脂（1）：6.

郑竟成，何东平，李子松，等，2019. 花生油加工技术 [M]. 北京：中国轻工出版社.

周人楷，郑茂强，严有兵，等，2013. 干式—冷凝真空脱臭系统在食用油精炼过程中的应用 [J]. 粮食与食品工业，20（1）：8-10.

左青，左晖，2020. 油脂精炼工艺和设备的改进实践 [J]. 中国油脂，45（10）：6.

ABEDI, ELAHE, BARZEGAR, et al., 2015. Optimisation of soya bean oil bleaching by ultrasonic processing and investigate the physico–chemical properties of bleached soya bean oil [J]. International Journal of Food Science and Technology, 50 (4): 857-863.

CERMINATI S, EBERHARDT F, ELENA C E, et al., 2017. Development of a highly efficient oil degumming process using a novel phosphatidylinositol–specific phospholipase C enzyme [J]. Applied Microbiology & Biotechnology, 101 (11): 4471-4479.

OEY S B, FELS-KLERX H J V D, FOGLIANO V, et al., 2020. Effective physical refining for the mitigation of processing contaminants in palm oil at pilot scale [J]. Food Research International, 138: 109748.

第六章　澳洲坚果蛋白制备技术

第一节　植物蛋白概述

一、蛋白质与植物蛋白

蛋白质是由氨基酸以"脱水缩合"的方式组成的多肽链经过盘曲折叠形成的具有一定空间结构的物质。根据来源，蛋白质可以分为动物蛋白、植物蛋白和微生物蛋白三类。

通常动物被认为是优质的蛋白来源，但是生产动物蛋白比植物蛋白消耗更多能源，同时考虑到动物性食品的安全性、成本、来源以及环境气候变化等问题，用植物性蛋白质取代动物性蛋白质是探索新食品资源的重要途径。按照《国民营养计划（2017—2030）》的要求，全国居民膳食中动物蛋白的摄入量应降低50%，减少的动物蛋白将由植物蛋白所取代。因此，鼓励开发利用我国丰富的植物蛋白资源，用植物蛋白部分替代动物蛋白，是降低食品行业原料供应成本的同时满足食品更营养健康要求的有效途径。

植物蛋白来源广泛，是植物体内各种氨基酸组成的具有特定空间结构的高分子聚合物，按其结构和构象的不同可分为两大类：纤维状蛋白和球状蛋白。纤维状蛋白由线形多肽链组成，构成生物组织的纤维部分；球状蛋白是一条或几条多肽链靠自身折叠形成的球形三维空间结构，而植物蛋白多为球状蛋白。植物蛋白通常被认为是完全蛋白质，基本含有全部必需氨基酸，经过合理搭配可以互补缺失的氨基酸，形成完整的氨基酸谱，达到蛋白质平衡；同时，植物蛋白还具有多种生理功能（如降低胆固醇、抗肿瘤和改善心血管功能等）。澳洲坚果蛋白是一种优质的植物蛋白，若能被充分利用，它的营养价值和经济效益将得到最大限度发挥。

除了营养功能外，蛋白质在食物配方中还发挥着重要的功能特性，如乳化、发泡、胶凝等。除此之外，蛋白质还与食品感官特性紧密相关，多种蛋白质联合作用下赋予食品独特的外观、颜色、气味、组织等。但蛋白质在高温加工环境中极易发生变性而丧失其功能性质。因此，优化食品热加工技术的工艺条件（如蒸煮、微波、辐照、挤压、干燥等），是充分利用植物蛋白和提高其质量的可行途径。

二、植物蛋白的功能特性和生物活性

（一）功能特性

植物蛋白除了营养品质及其生物活性外，还具有功能特性。它们在食品加工和配方中发挥着重要作用，即生产无麸质和富含蛋白质的食品。蛋白质的化学和物理性质有助于食品的储存、消费、加工和制备。蛋白质的功能特性按照作用机理可以分为三大类。

（1）水合性质：取决于蛋白质和水（液相）的相互作用，主要包括吸收和保留、湿润性、膨胀性、黏合性、分散性、溶解度和黏度等性质。

（2）蛋白质之间的相互作用：主要包括产生沉淀作用、凝胶作用、形成各种其他结构，如附着性、网状结构、面团性能、组织化、纤维化、挤压性。

（3）表面性质：主要指与表面张力、乳化作用、起泡特性有关的性质。这三方面的性质不是完全独立的，而是相互关联的。

在如今的食品工业中，各种植物蛋白已得到广泛利用。例如，植物蛋白良好的持水特性使得水可以在面包、肉、蛋糕、香肠等中被捕获；持油特性与肉类、甜甜圈和香肠中游离脂肪的结合有关；乳化特性导致面食、蛋糕、香肠、汤等中脂肪乳液的产生和稳定；泡沫特性可以形成稳定的薄膜，在烘焙产品、蛋糕和甜点中得以应用；凝胶特性与肉类、奶酪和凝乳中蛋白质基质的形成和维持有关，等等。复杂食品体系中，蛋白质的溶解性、起泡性、起泡稳定性、持水能力、持油能力、凝胶性和乳化性等特性都与其他食品分子（如蛋白质、碳水化合物、盐、脂类、水和挥发物等）的相互作用有关。这些功能特性在很大程度上受蛋白质的分子大小、电荷分布和蛋白质结构的影响。此外，影响食品加工过程中蛋白质结构变化的不同环境条件也会影响植物蛋白的功能特性。

（二）生物活性

植物蛋白除了具有良好的营养特性和功能特性外，还具有诸多生物活性。研究表明，大多数植物蛋白具有抗氧化、抗菌等活性。据报道，在食用大量豆类的国家，2型糖尿病、心血管疾病、结肠直肠癌和不同类型的慢性疾病均有所减少。部分植物蛋白具有较强的抗氧化活性和自由基清除能力，且自由基清除能力与蛋白质的浓度呈现明显的量效关系。例如，松子蛋白能够显著缩短记忆障碍小鼠的逃避潜伏期、逃避路程及错误次数，促进谷胱甘肽和超氧化物歧化酶的表达，表明松子蛋白可能通过促进小鼠脑组织自由基的清除，从而促进脑内相关代谢机制恢复。此外，大量研究发现植物蛋白对肠道微生态环境具有改善效果，例如，高植物蛋白饮食可以显著改变 $ApoE$ 基因敲除小鼠肠道微生物群的组成。膳食植物蛋白是预防和治疗脂质代谢紊乱一种有效的手段，而植物蛋白可通过肠道内吸附作用提高或抑制相关酶活力、调节相关基因表达、改善肠道微生态环境、有效调节脂质代谢紊乱。此外，随着科学技术的发展，一些药用植物蛋白的特殊功效被发现，如黄芪蛋白具有抗癌活性；葛根蛋白具有显著的抗氧化活性等。未来在药品、保健品甚至功能性食品领域，植物蛋白的应用将越来越广泛，然而，从实验室研究到实际应用还需要克服诸多挑战，包括如何高效提取、保持活性、实现规模化生产等。深入探索这些蛋白的具体作用机理，进行充分的安全性和有效性验证也是推动其商业化进程的关键。

三、植物蛋白在食品工业中的应用

植物蛋白具有良好的营养价值、功能特性和生物活性，在食品领域得到广泛应用。植物蛋白作为食品的营养增强剂，为人体提供必要的氨基酸。在无麸质食品和高蛋白食品的生产中，植物蛋白是关键原料，不仅提升了食品的营养价值，还赋予了产品独特的口感和质地，此外无麸质谷物对于乳糜泻患者尤为重要，开发植物蛋白为他们提供了安全的食品选择。在替代肉制品方面，植物蛋白被用于制作素肉产品，其外观、口感和营养均可与传统肉类制品相媲美。在提升食品口感方面，适当添加豌豆蛋白可以增加产品的脆性和弹性。对于功能性质方面，植物蛋白的乳化特性对于制作细腻的面食、蛋糕和香肠至关重要，而其发泡特性则对烘焙产品和甜点的蓬松度至关重要。此外，植物蛋白的凝胶能力在肉类替代品和奶制品中起到了稳定作用。

植物蛋白还被用于开发具有特定健康益处的功能性食品。许多植物蛋白具有降血压、抗氧化和抗菌等作用，这使得其成为健康食品的优选成分。传统上，豆类是重要的蛋白质来源，现阶段研究者们正探索更多新的植物蛋白来源，如谷物蛋白、油料蛋白和藻类蛋白，以满足多样化的市场需求。食品工业正积极开发以植物蛋白为基础的牛奶、鸡蛋和肉类替代品，这些产品在口感和营养价值上与动物源产品相似。随着对植物蛋白研究的深入，人们对其功能特性的认识不断拓展，为食品工业带来了新的机遇。

四、植物蛋白及其在食品中应用存在的问题、挑战和未来前景

植物蛋白作为食品工业中的重要功能性成分，在食品配方中展现出多样的应用潜力。例如，作为胶凝剂和增稠剂，改善食品的结构和口感；作为泡沫和乳液稳定剂，有助于保持食品的感官和品质特性。此外，许多植物蛋白本身就具有生物活性，能够发挥降压、抗氧化、抗菌等健康功效。然而，天然植物蛋白对离子强度、pH 值和温度的敏感性较高，以及植物蛋白水溶性较差等，导致了植物蛋白加工性较差，限制了植物蛋白在食品工业的应用。因此深入了解植物蛋白的理化和功能性质对于提高其在食品配方中的利用和营养价值是必要的。

一些植物蛋白由于其具有苦味而在食品应用中面临挑战，但这些苦味物质可以通过各种调和、包埋技术来掩盖。此外，特定植物残留的一些抗营养因子的存在是植物蛋白在食品行业深度加工的另一个挑战。天然抗营养因子产生于具有各种生物特性的植物中，保护植物和种子免受昆虫、真菌、病毒和其他微生物的侵害，但一些抗营养因子对人体健康存在潜在的威胁。因此，为了减少或消除抗营养因子的不利影响，需要利用一些修饰方法对天然植物蛋白进行改性。但是，特别是在制药和食品应用中，植物蛋白的修饰改性方法应慎重选择，因为这些方法会影响植物蛋白的感官和功能特性以及营养价值。任何活性化合物的生物功效通常取决于其消化率、溶解性、生物可及性和分子结构等各种因素，因此确定植物蛋白的生物利用度同样是研究热点。

综上所述，与植物蛋白相比，动物产品（肉、奶、蛋等）中发现的必需营养素含

量较高，在日常饮食中提供了大量的营养素。然而，与动物有关的疾病、不卫生的条件和环境影响使得人们开始更多地关注植物蛋白，食品领域也更加关注植物性饮食的健康和环境效益，推广基于健康和可持续性标准的食品指南，生产更具吸引力的植物性替代产品。因此，尽管面临诸多挑战，植物蛋白在食品工业中的应用前景依然广阔。随着人们健康饮食和环境保护意识的加强，植物蛋白作为一种可持续的蛋白质来源，其市场需求将持续增长。科学技术进步将是推动植物蛋白行业发展的重要动力，例如，通过改进提取和加工技术，可以提高植物蛋白的营养价值和功能性，同时降低生产成本；通过生物技术手段改善植物蛋白的风味，可以使其在口感上更贴近动物蛋白产品，从而拓宽其在食品工业中的应用范围。此外，政府可以通过制定相应的产业政策和补贴措施，鼓励企业研发植物蛋白产品，推动行业的快速发展。

第二节　澳洲坚果蛋白的结构

一、澳洲坚果蛋白的氨基酸组成

澳洲坚果及其脱脂粉产品的蛋白氨基酸分析如表6-1所示，并与联合国粮食及农业组织/世界卫生组织/联合国组织（FAO/WHO/UNO）2007年推荐的儿童（2~5岁）和成人必需氨基酸营养模式作比较。从氨基酸分析数据可知，与脱脂粉相比，分离提取后的澳洲坚果蛋白中氨基酸含量更高，必需氨基酸能达到FAO/WHO/UNO推荐成人标准，其中4种澳洲坚果蛋白的赖氨酸含量均超过FAO/WHO/UNO推荐标准，赖氨酸是大部分谷物蛋白中的第一限制性氨基酸，而澳洲坚果蛋白能填补这一缺陷，可作为营养补充剂添加到婴幼儿食品中，并且澳洲坚果蛋白中的缬氨酸和异亮氨酸含量也接近儿童标准。同时，澳洲坚果蛋白富含谷氨酸，这与大部分种子储藏蛋白相似。甲硫氨酸是澳洲坚果蛋白的第一限制性氨基酸。球蛋白的芳香族氨基酸和含硫氨基酸含量较高。清蛋白、球蛋白、谷蛋白和分离蛋白的必需氨基酸含量分别占总氨基酸的31.28%、23.28%、31.72%和27.04%，与大豆蛋白（32.70%）接近，表明澳洲坚果蛋白可作为一种优良的氨基酸膳食资源。

表6-1　澳洲坚果蛋白中的氨基酸分析　　　　　　　　　　（单位：g·kg^{-1}）

氨基酸组成	澳洲坚果蛋白中的氨基酸含量				脱脂粉中氨基酸的含量	FAO/WHO/UNO推荐标准	
	清蛋白	球蛋白	谷蛋白	分离蛋白		儿童	成人
天冬氨酸	0.491	0.582	0.637	0.683	0.279		
酪氨酸	0.273	0.412	0.360	0.372	0.152		
丝氨酸	0.235	0.282	0.395	0.377	0.136		
谷氨酸	1.318	1.921	1.341	1.496	0.732		

(续表)

氨基酸组成	澳洲坚果蛋白中的氨基酸含量				脱脂粉中氨基酸的含量	FAO/WHO/UNO 推荐标准	
	清蛋白	球蛋白	谷蛋白	分离蛋白		儿童	成人
甘氨酸	0.268	0.298	0.393	0.349	0.148		
丙氨酸	0.235	0.204	0.321	0.246	0.119		
半胱氨酸	0.145	0.230	0.046	0.094	0.067		
精氨酸	0.577	1.032	0.836	0.923	0.405		
苏氨酸 a	0.249	0.168	0.261	0.184	0.095	0.340	0.090
缬氨酸 a	0.214	0.211	0.321	0.272	0.106	0.350	0.130
甲硫氨酸 a	0.031	0.026	0.035	0.039	0.013		
异亮氨酸 a	0.138	0.161	0.226	0.199	0.074	0.280	0.130
亮氨酸 a	0.259	0.319	0.497	0.405	0.156	0.660	0.190
苯丙氨酸 a	0.133	0.161	0.195	0.161	0.068		
组氨酸 a	0.247	0.230	0.250	0.223	0.098	0.580	0.160
赖氨酸 a	0.342	0.230	0.228	0.201	0.113	0.190	0.160
色氨酸 a	N.D.	N.D.	N.D.	N.D.	N.D.	0.110	0.050
含硫氨基酸 b	0.176	0.256	0.081	0.133	0.080	0.250	0.170
芳香族氨基 c	0.406	0.573	0.555	0.533	0.220	0.630	0.190
疏水氨基酸 d	1.252	1.468	1.92	1.655	0.675		
EAA/TAA (%)	31.28	23.28	31.72	27.04	26.20		

注：a—必需氨基酸，b—甲硫氨酸+半胱氨酸，c—苯丙氨酸+缬氨酸+异亮氨酸+苯丙氨酸+酪氨酸+亮氨酸；EAA—必需氨基酸，TAA—总氨基酸；N.D.—未检出。

二、澳洲坚果蛋白的结构

澳洲坚果蛋白氨基酸组成均衡，是公认的高质量、有前景的植物蛋白。澳洲坚果蛋白的分子量分布范围主要在10~80 kDa，且清蛋白、球蛋白和分离蛋白都存在34 kDa、52 kDa和62 kDa的亚基。同时，研究发现分离蛋白中含有较多大分子亚基，清蛋白主要为小分子量亚基，球蛋白含有较高含量的分子间二硫键。在扫描电镜1 000倍下，清蛋白呈现出大量的球状和杆状结构，并夹杂着些许片状；球蛋白呈现出大量的团聚状，伴随着直径约为2 μm的球形结构；谷蛋白结构较为松散，呈现大量无序结构。此外，分离蛋白的条带在浓缩胶和分离胶连接处观察到较为严重的染色现象，表明分离蛋白中含有未能进入分离胶的大分子亚基。澳洲坚果蛋白 SDS-PAGE 图谱如图 6-1 所示。澳洲坚果清蛋白（A）、球蛋白（B）、谷蛋白（C）和分离蛋白（D）扫描电镜图如图 6-2 所示。

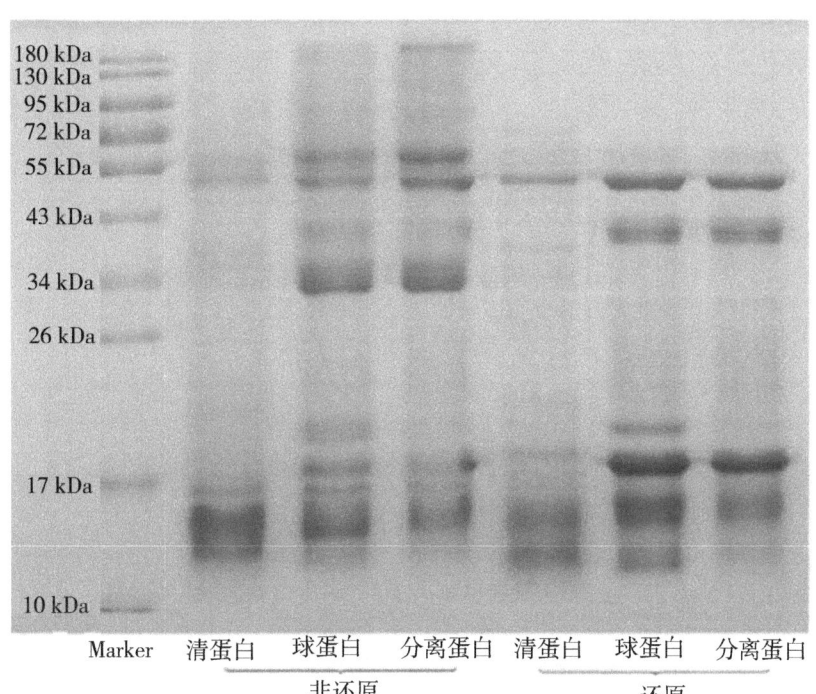

图 6-1　澳洲坚果蛋白 SDS-PAGE 图谱

（资料来源：彭倩，2018）

澳洲坚果蛋白的二级结构主要为 β-折叠，这与绝大多数植物蛋白类似。β 链的长度通常为 5~15 个氨基酸残基。在蛋白质中，同一分子的两条 β 链通过氢键相互作用，形成称为 β-折叠的片状结构。研究表明，与中性条件相比，澳洲坚果蛋白的二级结构含量在碱性条件下变化不大，但在酸性环境中，α-螺旋构象含量减少，不规则卷曲含量增加，表明澳洲坚果蛋白对酸性环境更敏感。内源荧光扫描进一步表明澳洲坚果蛋白在酸性环境中的变性程度较高，且球蛋白具有比其他 3 种蛋白质更高程度的折叠构象。

此外，活性多肽结构与性质同样是澳洲坚果蛋白的研究热点。例如，MiAMP1 是一种来自澳洲坚果仁，由 76 个氨基酸残基构成的高碱性蛋白质，与任何已知蛋白质都没有序列同源性，在体外可以抑制几种植物病原体的生长，同时对哺乳动物或植物细胞没有影响。它被认为是转基因作物抗病基因工程和设计新型杀菌剂的有用工具。为了解蛋白质的构效关系，研究人员通过同核和异核[（15）N] 2D NMR 光谱以及随后的模拟退火计算确定了 MiAMP1 的三维结构（图 6-3）。

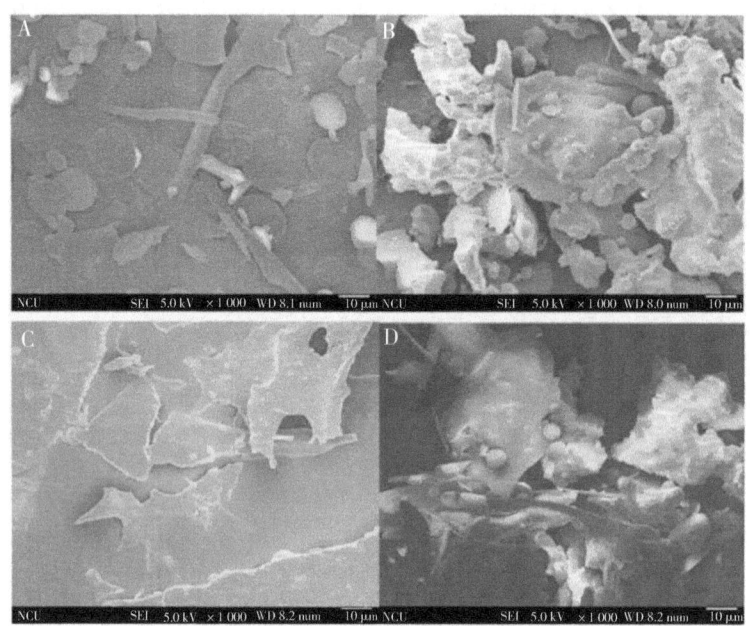

图6-2 澳洲坚果清蛋白（A）、球蛋白（B）、谷蛋白（C）和分离蛋白（D）扫描电镜图

（资料来源：彭倩，2018）

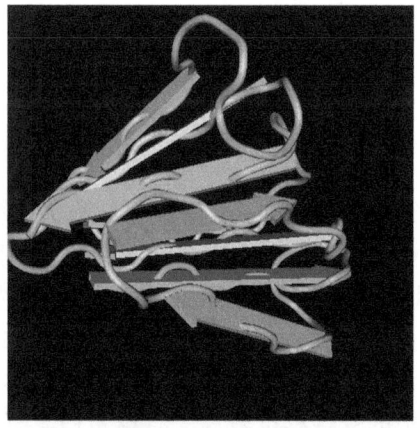

图6-3 来源于澳洲坚果的MiAMP1抗菌肽三维结构

（资料来源：NCBI）

第三节 澳洲坚果蛋白的提取分离技术

一、澳洲坚果蛋白提取技术

蛋白质提取通常分为干法提取和湿法提取两种，它们在操作步骤、所需设备、提取

效率和最终产品纯度等方面有所不同。干法蛋白质提取技术是一种基于蛋白质分子大小、形状、电荷等差异,通过物理或化学方法将蛋白质从混合物中分离出来的技术。虽然干法提取蛋白质产量较高,但比湿法提取蛋白质消耗更多的能量,而且还存在杂质和颗粒团聚现象。湿法提取是将蛋白质在pH值远离等电点的介质中溶解,然后在pH值约等于等电点的介质中沉淀。这种方法可以更有效地从细胞基质中提取蛋白质,因为溶剂可以渗透细胞壁并溶解蛋白质。湿法提取通常需要专门的设备,如离心机、搅拌器和过滤系统,但它能够制备较高纯度的蛋白质。此外,湿法提取对蛋白质的结构和功能的影响较小,有助于保持蛋白质的天然状态。目前植物蛋白的提取方法主要有碱溶酸沉法、盐溶法、酶法、脉冲电场辅助提取法、有机溶剂提取法、反胶束法以及静电分离法等。

（一）碱溶酸沉法

碱溶酸沉法是根据大多数植物蛋白的等电点在酸性环境的特性,首先通过碱液使蛋白质溶解,再调节溶液pH值至等电点附近使蛋白质聚集沉降,以达到除去可溶性杂质的目的。碱溶酸沉法是经典的蛋白质提取方法,广泛运用于各种植物蛋白的提取中,同时在工业化生产中也应用成熟,优点是产品纯度高、质量好,缺点是蛋白质得率不是很高。采用碱溶酸沉提取技术从澳洲坚果中提取蛋白质是一种有效的方法,能够实现54.7%左右的提取率,同时提取的蛋白质纯度达到82.24%。为进一步提升提取效率,研究者对这一技术进行了工艺优化,确定了最佳的提取条件为:料液比设定为1 g : 50 mL,提取液的pH值为10,操作温度为45 ℃,提取时间1.5 h,在此条件下,澳洲坚果蛋白的提取率显著提升至86.75%。此外,在碱溶酸沉法的基础上,可以通过超声辅助来提高蛋白质的提取率,其操作简单,在不影响提取产物结构与功能的前提下提取效率显著提高,且利于环保、节能,近年来广受关注。

（二）盐溶法

盐溶法是利用大部分蛋白质溶于水中和少数蛋白质溶于稀盐中的特点,首先通过盐溶液使蛋白质溶解,经过离心除去水不溶物质,最后将蛋白质溶液透析除去盐离子使蛋白质沉淀析出。此法操作简便,条件温和,对蛋白质破坏作用较低,但盐溶法提取的蛋白质一般为小分子的清蛋白和球蛋白,会造成一些不溶于盐溶液的蛋白质损失,得率较低。研究发现,在酸性环境下采用盐溶法提取的澳洲坚果蛋白表现出较好的溶解性能;除此之外,与其他提取方法相比,盐溶法提取的澳洲坚果蛋白具有更好的乳化性、表面疏水性和较小的粒径。因此,盐溶法提取澳洲坚果蛋白不仅提升了提取效率,还显著改善了蛋白质的功能性质,为澳洲坚果蛋白的高值化利用开辟了新的途径。

（三）酶　法

酶法是利用蛋白酶来酶解植物组织中的蛋白质,使蛋白质水解成分子量较小、溶解性较好的多肽,从而被提取出来。此法多用于大米蛋白等含谷蛋白较多、溶解性较差的植物蛋白提取。相对于碱提酸沉法,酶法具有反应时间短、条件温和且环境污染少等优点，但是酶法提取的成本制约了其在工业中的应用。冷榨后得到的澳洲坚果粕富含蛋白质，但其天然状态下的功能特性和生物利用效果等并不理想。国内外对冷榨澳洲坚果粕如何被有效利用进行了一定的研究，主要是集中在采用化学或物理的手段对冷榨澳洲坚果粕中的蛋白质改性，通过尝试用不同的蛋白酶水解蛋白质用以提高蛋白质的溶出率，致力于制备澳洲坚果分离蛋白和多肽等。

（四）脉冲电场辅助提取法

脉冲电场辅助提取法是将脉冲电场作用于细胞膜。当样品暴露在短时高振幅的脉冲电场中时，脉冲电场会引发高跨膜电压，从而导致细胞膜的渗透性增加。在某些情况下，细胞膜甚至可能会破裂，使得细胞内的物质更容易扩散到提取液中。这种增加的渗透性和破裂现象有助于提高目标活性成分的提取效率。简而言之，脉冲电场可以促进细胞膜的渗透和破裂，从而增加提取效率。此外，脉冲电场能够减少澳洲坚果蛋白的α-螺旋结构，减少蛋白质之间的疏水相互作用，并增加二硫键和离子键的形成，减少氢键和游离巯基含量。澳洲坚果蛋白经过脉冲电场处理后能够增加其持水力和乳化稳定性，降低持油力。

二、澳洲坚果蛋白分离技术

（一）粗分级分离

为提高蛋白产品的纯度，须对所提取的蛋白进行进一步的分离。蛋白的溶解度受溶液pH值、离子强度、溶剂的电解质性质及温度等多种因素的影响。粗分级分离指充分利用蛋白质的不同特性，将所需蛋白与杂质、糖类、脂类和杂蛋白分离，常用的方法有盐析法、盐（硫酸铵）沉淀法和等电点沉淀法。硫酸铵沉淀法是一种广泛应用于蛋白质分离与纯化过程中的技术，特别适用于澳洲坚果蛋白的提取与分离。这一方法基于不同蛋白质在特定盐浓度下溶解度的差异，通过调整硫酸铵的浓度，可以有选择性地沉淀出不同分子量的蛋白质，通过离心分别获取上清液和沉淀中的澳洲坚果蛋白。以上方法操作简便，样品处理量大，既可去除杂质，又可浓缩蛋白溶液。当蛋白提取液体积过大又不适合用沉淀法或盐析法浓缩时，可采用超滤等其他方法进行浓缩。

酶解法是粗分离的一种，主要是将分离蛋白粉中可溶性糖等非蛋白质组分溶出，在蛋白纯化方面有着广泛的应用。目前，糖化酶已在核桃蛋白、米糠蛋白、棉籽蛋白、美藤果蛋白等纯化方面应用，并取得了较好的纯化效果。例如，经糖化酶纯化后的澳洲坚果蛋白的纯度和功能特性得到显著提升，其蛋白得率和提取率分别达到了32.56%和94.81%。

澳洲坚果蛋白酶解纯化法工艺流程如图6-4所示。

（二）细分级分离

在粗分级分离的基础上，要进一步研究植物蛋白的结构和生物学功能，还需借助层析或电泳技术对蛋白产品进行分级分离。近年来，随着生物技术和生命科学的发展，一些新的蛋白质分离技术与分析测试手段应运而生。层析法为色谱法中最常使用的方法，

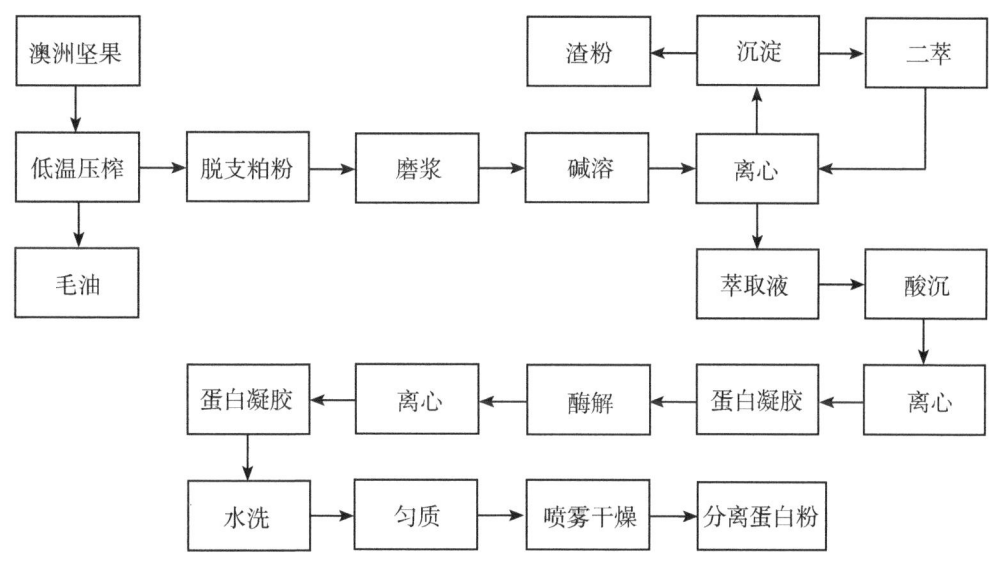

图6-4 澳洲坚果蛋白酶解纯化法工艺流程

凝胶过滤、离子交换、疏水层析和亲和层析是常用且又最具实效性的蛋白分离手段。同时，还有电泳法、膜过滤分级法等。一些高分子填料的问世，使层析技术发展更加迅速，蛋白分离效果更加理想，如高效液相色谱（HPLC）、超高效液相色谱（UPLC）和气相色谱（GC）等技术的发展，为蛋白质的分离和纯化提供了更为精确和高效的工具。同时，现代检测技术的飞速进步，包括紫外—可见光谱（UV）、红外光谱（IR）、核磁共振（NMR）、荧光光谱、激光拉曼光谱和X射线衍射等，不仅能够快速、准确地分析蛋白质的结构信息，还能够监测其在各种条件下的动态变化，为深入理解蛋白质的结构与功能关系提供了强大的技术支持。分离与鉴定技术的联用，如液相色谱—质谱联用（LC-MS）、气相色谱—质谱联用（GC-MS）、液相色谱—核磁共振联用（LC-NMR）等，为植物功能蛋白的分离、结构鉴定和生物学功能分析奠定了基础，极大地拓展了蛋白质研究的深度和广度。

（三）Osborne 四步分离法

Osborne 四步分离法则是根据四种蛋白组分的溶解性不同，将四种蛋白组分分离。20世纪初，Osborne首次将小麦蛋白分步提取，依次获得清蛋白（水溶性）、球蛋白（盐溶性）、醇溶蛋白（醇溶性）和谷蛋白（碱溶性）4种组分，进而提出了利用不同溶剂提取各蛋白组分的连续提取法。其中，可溶性蛋白是清蛋白和球蛋白，不溶性蛋白是醇溶蛋白和谷蛋白。近年来，科学工作者们对用Osborne四步分离法来提取、分离谷物蛋白愈加关注。基于Osborne四步分离法的改进，一项研究通过利用硫酸铵的盐溶盐析作用，成功地从银杏果实中提取了高纯度的清蛋白（纯度87.7%）和球蛋白（纯度93.4%）。这种改进的分离方法不仅提高了蛋白质的纯度，还保留了蛋白质的天然功能性质。进一步的功能性质对比分析显示，清蛋白和球蛋白组分在溶解性、起泡性和乳化性等方面的表现均优于分离蛋白。综合以上科研者们的研究，Osborne 四步分离法操作简单，方法成熟，可以作为分离四种蛋白组分的方法；但是各种植物蛋白基于其蛋白质组分和含量的差异，等电点存在差异，提取的条件有所不同，得到的蛋白纯度也不同，因此需根据蛋白性质，在 Osborne 四步分离法的基础上改进工艺，以获得高得率、高纯度的蛋白组分。采用 Osborne 四步分离法提取澳洲坚果清蛋白、球蛋白和谷蛋白组分，同时用碱提酸沉法得到分离蛋白，纯度分别为 84.59%、92.33%、81.53% 和 84.32%，得率分别为 2.39%、11.62%、4.45% 和 12.97%，表明 Osborne 四步分离法可以有效分级分离澳洲坚果蛋白。

第四节 澳洲坚果蛋白的功能特性

蛋白质作为一种重要的营养物质，在食品体系中表现出多种功能性质，因此不同环境中蛋白质的功能性质一直是一大研究热点。油料坚果种子中含有丰富的蛋白质，但目前对其蛋白质功能性质的研究还十分有限。从不同来源（澳洲坚果脱脂粉、液压压榨澳洲坚果粕）提取的澳洲坚果蛋白及其功能性质、提取工艺条件（如 pH 值等）对澳洲坚果蛋白的提取率及功能性质的影响、不同工艺制备澳洲坚果多肽等均是澳洲坚果蛋白的研究热点。

澳洲坚果蛋白可以加入食品体系中赋予其营养价值和功能特性，功能性质（溶解性、乳化性、起泡性、持油性等）可影响蛋白质在食品加工和储存中的质地、口感和营养价值。例如，良好的溶解性是蛋白质在食品体系中发挥功能性质的先决条件；乳化性决定了蛋白质在水—油体系中的应用及稳定性，与其在饮料中的应用密切相关；泡沫性可以通过形成稳定的薄膜，在烘焙产品、蛋糕和甜点等泡沫型食品中加以应用；持油性的高低影响着蛋白质在肉类食品、焙烤食品、增稠剂等食品工业中的应用。因此，研究澳洲坚果蛋白的功能性质对其在食品中的应用具有重大的现实意义。

一、溶解性

溶解性是蛋白质最主要的功能性质，一般而言，溶解性较好的蛋白质易于发挥其他功能性质。影响蛋白质溶解性的因素可分为内因和外因两个方面，内因包括蛋白质分子的大小和结构、亲/疏水基团比例及所带电荷，外因包括 pH 值、离子强度和温度等。蛋白质的溶解度与蛋白质之间以及蛋白质与溶剂之间的相互作用的平衡有关，前者通过疏水相互作用导致沉淀，而后者则促进蛋白质水合作用和溶解。研究表明，pH 值对澳洲坚果蛋白溶解度影响显著，当 pH 值为 5 时，澳洲坚果蛋白的溶解度最低，表明澳洲坚果蛋白的等电点在 pH 值 5 附近。等电点附近蛋白质溶解度较低，是因为在此环境中蛋白质间的相互作用增强，从而导致蛋白聚集和沉淀。当 pH 值远离 5 时，澳洲坚果蛋白的溶解度显著提高，其中澳洲坚果蛋白的清蛋白、球蛋白和分离蛋白的溶解度均高于 50%。中性条件下，清蛋白、球蛋白和分离蛋白的溶解度分别为 76.92%、74.02% 和 76%，远高于谷蛋白（29.03%）。谷蛋白在各 pH 值下的溶解度都低于其他 3 种蛋白，且氨基酸分析表明其疏水氨基酸含量较高，这说明谷蛋白分子表面含有较多的疏水性基团，限制了谷蛋白分子与水的相互作用。

二、乳化性

蛋白质的乳化性质主要包括乳化能力和乳化稳定性，是基于蛋白质具有亲水和亲油两种特性的功能性质。乳化能力是指蛋白质吸附在乳液中水油界面的能力，该性质受许多因素的影响，包括蛋白质分子大小、表面疏水性、pH 值以及蛋白质中碳水化合物。乳液稳定性是指在一定的时间内保持其乳液状态的能力，其受几个相互依赖的物理过程的影响，包括乳液的形成、絮凝或聚合，这些因素影响着两相的分离机制。一般而言，较高的溶解度和较低的分子量有利于蛋白质表现出较好的乳化性能。

乳液质量与液滴大小成反比，因为较大的液滴尺寸表明乳化剂的界面性质较差，且更容易聚集成大液滴导致乳液沉降分层。采用澳洲坚果蛋白的粒径分布和一定时间内粒径的变化来表征其乳化能力及乳化稳定性。清蛋白、球蛋白、谷蛋白和分离蛋白形成的乳液粒径都有较大的分布范围，但与谷蛋白和分离蛋白相比，清蛋白和球蛋白形成的乳液粒径分布范围更窄，这说明在均质过程中，清蛋白和球蛋白与油滴有更好的交互作用，有助于将大尺寸的聚合物分解成更小的粒子。此外，从清蛋白具有较高的溶解度可知其具有较为灵活的结构，与较多折叠构象的球蛋白相比，清蛋白能够与油滴表面形成更多的氢键，从而产生较小尺寸的液滴。

三、起泡性

起泡能力和起泡稳定性也是蛋白质重要的功能性质之一，在一些起泡性要求高的食品（烘焙食品、甜点和饮料）中发挥着重要作用。蛋白质在搅打过程中吸附在水—空气两相界面，分子部分展开降低界面张力，从而使气体分散于液体中形成泡沫。泡沫形成需要较大的界面区域帮助将空气引入到水相中并形成耐压的界面膜，起泡能力取决于蛋白质降低表面张力的能力、分子灵活性以及物化性质（疏水性、净电荷、流体力学性质）。用搅打后形成的泡沫体积的多少表示起泡能力强弱，同时，采用固定时间内气泡的体积变化来表征起泡稳定性。起泡能力主要受蛋白质溶解度和两相界面分子相互作用的影响，起泡稳定性主要与蛋白膜的渗透性和稳定性有关。总而言之，蛋白质的起泡性对食品的风味、质地、加工工艺、货架期及口感等方面都有影响。起泡能力和起泡稳定性受蛋白质种类、表面性质和 pH 值等因素的影响。

在 pH 值 3~9 范围内，澳洲坚果蛋白的起泡能力为 60%~240%，其中清蛋白在所有 pH 值下都表现出更好的起泡性质，表明清蛋白与水相之间存在更强烈的相互作用，促进蛋白质分子展开增强了其包裹空气的能力，从而提高了泡沫形成能力。球蛋白、谷蛋白和分离蛋白的起泡能力在等电点附近均较低，说明良好的溶解性是蛋白质表现出较好起泡性的重要条件。球蛋白的溶解性较好，但起泡能力却低于谷蛋白，这可能是由于球蛋白的分子构象更为紧密，分子结构有限地展开限制了其包封空气颗粒的能力。此外，在中性条件下球蛋白和谷蛋白的泡沫稳定性较好，分离蛋白在 pH 值为 5.0 时表现出最好的泡沫稳定性，这表明澳洲坚果蛋白在弱酸性和中性条件下都具有较好的泡沫稳定性，可作为合适的发泡成分用于不同的食品加工中。

四、持油性

蛋白质的持油性是指蛋白质的非极性侧链结合脂肪的能力。持油性与食品制作和储藏过程中的成型和保鲜有着密切联系，特别是针对油脂含量高的食物，优良的持油性能对油脂含量高的食物起到稳定作用。持油性受许多因素的影响，包括温度、pH值、蛋白质含量、蛋白表面疏水性、蛋白表面电荷和油脂的流动性等。

澳洲坚果蛋白组分及分离蛋白的持油性表现出明显的差异，谷蛋白的持油性最佳（8.35 g·g^{-1}），清蛋白（4.94 g·g^{-1}）和分离蛋白（3.08 g·g^{-1}）次之，球蛋白的持油性最差（1.43 g·g^{-1}）。持油性的显著差异表明四种澳洲坚果蛋白可能在组成及分子结构上都存在明显的差别，谷蛋白的持油性与非洲甘薯豆清蛋白（8.10 g·g^{-1}）相近，可能具有更高水平的暴露疏水性基团，能起到良好的持油作用。清蛋白和分离蛋白的持油性与向日葵浓缩蛋白（3.00g·g^{-1}）、椰子粕蛋白（2.60 g·g^{-1}）相当，清蛋白表现出了良好的溶解性和持油性，说明它是一种两亲性蛋白；球蛋白的持油性与鹰嘴豆分离蛋白（1.70 g·g^{-1}）相近。综上所述，澳洲坚果蛋白具有较好的持油性，在食品工业中能用于素肉、焙烤食品、填充剂和羹汤等食物的配方中。

参考文献

陈贵堂，赵霖，2004. 植物蛋白的营养生理功能及开发利用 [J]. 食品工业科技，25（9）：137-140.

陈季旺，姚惠源，张小勇，等，2003. 米糠可溶性蛋白的提取工艺和特性研究 [J]. 中国油脂，28（2）：46-50.

杜丽清，帅希祥，涂行浩，等，2016. 澳洲坚果蛋白肽制备工艺及抗氧化活性研究 [J]. 热带农业工程，40（Z1）：1-6.

范方宇，阚欢，郭安，等，2011. 澳洲坚果蛋白质提取及多肽的制备 [J]. 农业机械，35：131-135.

郭刚军，胡小静，马尚玄，等，2017. 液压压榨澳洲坚果粕蛋白质提取工艺优化及其组成分析与功能性质 [J]. 食品科学，38（18）：266-271.

黄宗兰，2015. 澳洲坚果油和蛋白的提取、性质分析及蛋白的初步纯化探索 [D]. 南昌大学.

姜仲茂，朱绪春，宋猜，等，2017. 4种扁桃亚属植物种仁蛋白及其功能特性分析 [J]. 西北农林科技大学学报（自然科学版），45（3）：154-160.

李超，马航，吴冉，等，2023. 植物蛋白提取技术研究进展 [J]. 现代食品，29（11）：12-19.

缪福俊，李文珲，刘润民，等，2024. 澳洲坚果分离蛋白纯化制备工艺研究 [J]. 中国油脂，DOI：10.19902/j.cnki.zgyz.1003-7969.230361.

彭倩，2018. 澳洲坚果蛋白组分及分离蛋白的理化与功能性质研究 [D]. 南昌大学.

施曼, 高岩, 易能, 等, 2017. 植物叶蛋白提取及脱色研究进展 [J]. 食品工业科技, 38 (21): 342-346.

徐竞一, 李慧娜, 2011. 植物分离蛋白功能特性研究综述 [J]. 济源职业技术学院学报, 10 (1): 35-37.

赵锦波, 李春颖, 赵柏辉, 等, 2023. 澳洲坚果营养功能文献综述 [J]. 中国食品工业, (24): 69-73.

朱承相, 1984. 谷物蛋白的功能特性与利用 [J]. 郑州粮食学院学报 (4): 72-79.

DENG Q C, WANG L, WEI F, et al., 2010. Functional properties of protein isolates, globulin and albumin extracted from *Ginkgo biloba* seeds [J]. Food Chemistry, 124 (4): 1458-1465.

GHORBANI M, 2006. Extraction, purification and immunochemical analysis of tree nut proteins [D]. University of Leeds.

GHORBANI M, MORGAN M R A, 2010. Protein characterisation and immunochemical measurements of residual macadamia nut proteins in foodstuffs [J]. Food & Agricultural Immunology, 21 (4): 347-360.

JITNGARMKUSOL S, HONGSUWANKUL J, TANANUWONG K, 2008. Chemical compositions, functional properties, and microstructure of defatted macadamia flours [J]. Food Chemistry, 110 (1): 23-30.

KAFSHGARI M H, KHORRAM M, MANSOURI M, et al., 2012. Preparation of alginate and chitosan nanoparticles using a new reverse micellar system [J]. Iranian Polymer Journal, 21 (2): 99-107.

MARCUS J P, GREEN J L, GOULTER K C, et al., 2010. A family of antimicrobial peptides is produced by processing of a 7S globulin protein in *Macadamia integrifolia* kernels [J]. The Plant Journal, 19 (6): 699-710.

MOHD-SETAPAR S H, MAT H, MOHAMAD-AZIZ S N, 2012. Kinetic study of antibiotic by reverse micelle extraction technique [J]. Journal of the Taiwan Institute of Chemical Engineers, 43 (5): 685-695.

RONNY H, NAVAM H, KEN O, et al., 2010. Extraction, fractionation and characterization of bitter melon seed proteins [J]. Journal of agricultural and food chemistry, 58 (3): 1892-1899.

XING Q, UTAMI D P, DEMATTEY M B, et al., 2020. A two-step air classification and electrostatic separation process for protein enrichment of starch-containing legumes [J]. Innovative Food Science & Emerging Technologies, 66: 102480.

第七章　澳洲坚果乳饮料生产技术

第一节　植物蛋白乳概述

一、植物蛋白饮料

近几年来，在我国的饮料市场上，植物蛋白饮料开始崭露头角。植物蛋白饮料是指以一定蛋白含量的植物种子、果实或者果仁等作为原材料，通过加工制得浆液，并向其中添加水或其他食品配料而制成的饮料。植物蛋白饮料包括豆乳类饮料、椰子乳饮料、杏仁乳饮料、花生乳饮料以及其他植物蛋白饮料。植物蛋白饮料以其不含或含较少的胆固醇，富含蛋白质、不饱和脂肪酸和矿物质等营养成分，广受消费者的青睐。豆浆作为典型的植物蛋白饮料，在我国拥有悠久的发展历史，据传为西汉淮南王刘安首创，迄今已逾2 000年。传统的豆浆制作工艺相对简单，主要通过浸泡黄豆后使用石磨进行湿磨来完成，这种饮品因其营养价值高和适宜各年龄段人群，长期以来深受中国人民的喜爱。此外，核桃奶、花生奶、椰奶等其他植物蛋白饮料以其独特的香气和风味，在国内市场上也拥有广泛的消费群体。近年来，植物蛋白饮料的天然健康绿色的属性符合当下消费趋势，市场规模稳步增长。数据显示，2022年我国植物蛋白饮料行业市场规模约1 351亿元，同比增长9.5%，2023年市场规模达1 428亿元。

植物蛋白饮料是一种富含脂肪的蛋白质胶体，构成了一种复杂且热力学不稳定的体系。该体系不仅包含由蛋白质形成的悬浮液，还包括由乳化脂肪形成的乳浊液，以及由盐、糖等物质形成的真溶液。各类植物蛋白饮料加工时遭遇的挑战各有其特点，例如，豆奶生产须应对豆腥味及脲酶活性对口感的负面影响，燕麦奶生产需克服淀粉颗粒对顺滑度的阻碍。总的来说，植物蛋白饮料加工阶段的核心难题主要聚焦于安全控制、营养价值保持及产品稳定性提升等方面，这些环节对于确保植物蛋白饮料的品质和市场竞争力至关重要。在植物蛋白饮料的生产与储存过程中，蛋白质沉淀和脂肪上浮等不稳定现象时常发生，这些现象严重影响了产品的感官品质。因此，确保植物蛋白饮料的稳定性成为科研和实际生产中亟待解决的关键技术问题。

二、植物蛋白饮料工艺流程

植物蛋白饮料的生产原料不仅富含蛋白质，而且通常含有较高比例的油脂。在生产过程中，蛋白质的变性和沉淀，以及油脂的上浮是最常见且最难解决的问题。另外，植物蛋白原料通常含有淀粉和纤维素等成分，导致榨取的汁液或打制的浆料构成一个复杂且不稳定的体系。植物蛋白饮料的稳定性受多种因素影响，因此生产过程中的每个环节都需要严格把控。

(一) 原料的预处理

原料的预处理流程包括清洗、浸泡、脱皮、脱苦及脱毒等关键步骤。清洗步骤是为了彻底去除原料表面附着的尘土、杂质及潜在微生物，确保原料的卫生安全。浸泡处理通过水分渗透软化原料组织，达到优化蛋白质及其他有效成分提取效率的目的。脱皮的主要目的是去除原料表面的皮层或外壳，以减少杂质、改善口感、减轻苦味，提高产品的纯度和消化吸收率。脱苦主要针对含有苦味成分的原料，目的是去除苦味，改善产品的口感和风味。脱毒主要针对含有毒成分的原料，目的是去除有毒成分，确保产品的安全性和卫生质量。

由于不同植物蛋白饮料原料的固有特性各异，应针对性地采取适宜的预处理策略。大豆的预处理通常包括浸泡以软化豆粒及随后的脱皮处理；而花生则须先经烘烤处理以改善风味，再行去皮并浸泡；杏仁在浸泡过程中对水的 pH 值有较为严格的要求，须精确控制以确保最佳预处理效果。因此，科学合理的预处理方案对于提升植物蛋白饮料的品质至关重要。

1. 浸 泡

在植物蛋白饮料的生产过程中，水质管理至关重要，因其对产品质量具有显著影响。高硬度的水源易引发油脂上浮与蛋白质沉淀问题，极端情况下，即便在杀菌初期也可能导致蛋白质变性，形成类似豆腐花的结构，损害产品品质。因此，生产用水必须经过严格净化处理，以纯净水为优，以确保水质符合生产标准。原料与水的配比通常设定为1:3，有助于提高饮料中蛋白质及其他有效成分的含量。浸泡条件因原料种类、产品要求及环境条件而异。浸泡时间受温度影响显著，不同原料、不同产品乃至同一原料在不同地区或季节因水温变化均须调整浸泡时长。浸泡时间过短，蛋白质提取效率不足，进而影响产品的口感与理化特性；而浸泡时间过长，则可能因原料变质而损害产品的风味与稳定性。为追求产品品质的一致性，恒温浸泡成为一种可行的解决方案，但须辅以相应的温控设备投入。此举虽增加了生产成本，但能有效提升产品质量的可控性与稳定性。

2. 脱 皮

鉴于植物蛋白原料的外壳或内膜往往直接影响成品的品质，例如，大豆残留的外皮会加剧豆腥味；而花生红衣或核桃外膜未充分剥离，残余部分会沉积于饮品底部，形成不悦目的红褐沉淀，影响产品外观。故而在植物蛋白饮料的生产中，对脱皮率的精确掌控显得尤为重要。

脱皮的主要目的是去除原料表面的皮层或外壳，以减少杂质、改善口感、减轻苦味，提高产品的纯度和消化吸收率。脱皮工序不仅有效减轻了原料可能带来的不良风味，还提升了产品的白度与整体品质。脱皮通过物理或化学方法破坏原料表皮与内部组织的连接，使其易于分离。

脱皮方法

常用的脱皮方法有干法脱皮和湿法脱皮。干法脱皮即使用脱皮机、磨碎机、凿纹研磨器等机械设备，通过摩擦、挤压、研磨等方式去除表皮，核桃、杏仁等坚果类原料常采用此方法。湿法脱皮则利用化学试剂（如碱液）软化表皮，再结合物理方法去除，但为了避免化学成分残留以及营养成分损失，此方法在植物蛋白饮料生产中较少使用。脱皮后应立即进行后续加工，以防止脂肪氧化导致产生异味，保障产品的整体品质。

脱皮处理操作要点

（1）确保原料在脱皮前已经过处理，如清洁和预处理。

（2）控制脱皮过程中的温度和时间，以免损坏内部的敏感成分。

（3）对于化学脱皮，需要精确控制化学品的浓度和接触时间，以防残留或过度反应。

（4）脱皮后须进行充分漂洗，去除残留的表皮碎片和杂质。

（5）注意环保，合理处理产生的废弃物。

脱皮处理注意事项

脱皮过程中应穿戴适当的防护装备，以防化学品或热处理造成伤害；选择合适的脱皮方法和设备，以减少原料损失；检查原料是否完全脱皮，未脱皮的部分可能会影响产品的质量。

3. 脱 苦

脱苦主要针对含有苦味成分的原料（如苦杏仁），目的是去除苦味，改善产品的口感和风味。苦味成分通常在植物的种子或树皮中较为集中，如生物碱、酚类化合物等。脱苦过程通常涉及物理或化学方法来改变这些化合物的溶解性或将其降解。

常用的脱苦方法

（1）温水浸泡法：将苦杏仁等原料置于温水中浸泡一段时间，使苦味成分溶解于水中。例如，苦杏仁含有约3%的有毒成分，苦杏仁须在50~60 ℃水温下浸泡5~7 d，苦杏仁苷基本全部溶出，其间须经常翻动并换水。

（2）化学处理法：利用化学试剂与苦味成分反应，生成无苦味或苦味较弱的物质。但此方法在植物蛋白饮料生产中须谨慎使用，以避免化学残留。

（3）酶处理：使用特定的酶类，如蛋白酶或多酚氧化酶，降解苦味物质。

（4）热处理：高温处理可以降低部分苦味物质的含量。

脱苦处理操作要点

（1）控制好浸泡时间和温度，以确保苦味成分充分溶解而不会破坏其他有益成分。

（2）浸泡后须充分漂洗，以去除残留的苦味成分和杂质。

（3）须选择合适的酶种类和用量。

脱苦处理注意事项

脱苦过程中应注意监测原料的状态，避免过度处理导致营养成分损失；使用化学试剂时须严格控制用量和反应条件，确保产品安全；对于某些植物原料，可能需要结合其他方法来提高脱苦效率；注意脱苦处理过程中原辅料的卫生，避免可能引入微生物污染。

4. 脱毒

脱毒主要针对含有有毒成分的原料（如苦杏仁中的苦杏仁苷），目的是去除有毒成分，确保产品的安全性和卫生质量。有毒成分通常在特定条件下保持稳定，通过改变这些条件（如温度、pH值）可以使其分解或转化为无害物质。

常用的脱毒方法

温水浸泡结合化学处理法：在温水浸泡的基础上，加入适量的化学试剂（如柠檬酸）进行脱毒处理。例如，苦杏仁苷会在苦杏仁苷酶的作用下水解生成苯甲醛、葡萄糖及氢氰酸，而氢氰酸有剧毒，因此大量口服苦杏仁会中毒，甚至导致死亡。将苦杏仁用70℃含0.1%柠檬酸的水溶液浸泡8 h，料水比1:15，苦杏仁苷脱毒效果最佳。

加热法：高温可以破坏大部分有毒物质的活性。

酶解法：特定酶可以分解抗营养因子。

提取法：利用有机溶剂提取有害物质。

脱毒处理操作要点

（1）全程监测浸泡液中可能释放的有毒物质，确保其浓度低于人体健康要求水平。

（2）严格控制浸泡的温度和时间要点，以确保毒素被有效分解。

（3）脱毒后须进行充分漂洗和检测，以确保产品的安全性和卫生质量。

脱毒处理注意事项

脱毒过程中应严格控制处理条件和试剂用量，避免对原料造成不必要的损伤或引入新的污染物；脱毒后的原料须经过严格的质量检测，确保符合相关标准和要求。

（二）磨浆、分离

原料经清洗、浸泡、脱皮、脱苦、脱毒等预处理步骤后，加入适量水直接进行磨浆处理，浆体通过离心操作实现浆渣的有效分离。为确保浆体质量，一般要求90%以上的固形物能够顺利穿过150目筛网，通常采用粗磨与细磨相结合的两次磨浆工艺。此外，在磨浆过程中，脂肪氧化酶在适宜的温度、水分及氧气条件下会加速催化脂肪酸氧化，进而引发腥味问题。因此，在磨浆之前，必须采取恰当的酶抑制措施，以防止此类不利反应的发生。

1. 磨浆

磨浆的目的是将预处理后的植物原料（如大豆、花生、杏仁等）磨成浆体，以增加原料中可溶性和可消化性的成分，以便于后续的蛋白质提取和浓缩。浆体的细腻程度直接影响蛋白质的提取效率和产品的口感。通过机械力的作用，将浸泡后的植物原料破碎并细化，破坏细胞壁和组织结构，蛋白质和其他可溶性成分释放到水中，形成均匀的浆体。

常见的磨浆处理方法

（1）粗磨：使用砂轮等粗磨设备将原料初步破碎。

（2）精磨：再使用超细磨等设备将粗磨后的物料进一步细化，形成细腻的浆体。

磨浆处理的操作要点
（1）确保磨浆设备清洁卫生，避免交叉污染。
（2）控制磨浆时间和速度，避免过热导致蛋白质变性。
（3）注意原料的浸泡程度和水量，确保磨浆的均匀性和细腻度。
（4）注意磨浆温度的控制，以免过度加热影响蛋白质的质量。

磨浆处理注意事项
磨浆前需要对原料进行清洗和挑选，去除杂质；定期检查磨浆设备的磨损情况，及时更换磨损部件；注意磨浆过程中的温度控制，避免过高温度对蛋白质的不利影响；检查磨浆后的物料是否均匀，以保证后续分离过程的效率。

2. 分　离

为优化浆液内有效成分的萃取效率及产品的持久稳定性，须选择恰当的破碎或汁液提取技术，如热磨法、加碱磨浆法或二次打浆法。值得注意的是，当前多数制造商所采用的破碎工艺所制备的浆液，往往混杂着众多粗大颗粒及不溶性杂质，如淀粉与纤维素等，经过滤将它们除去后，才可进入后续调配阶段，否则成品会产生显著沉淀和分层现象，对产品质量构成负面影响。通常来讲，要确保产品在较长时间内维持稳定状态，过滤筛网目数应不低于200目，以确保充分去除杂质。

分离的目的是将磨浆后得到的浆体中的蛋白质、纤维素、淀粉等成分进行有效分离，以获取富含蛋白质的浆液，并去除不必要的固体残留，为后续的浓缩和加工奠定基础。基于不同成分在物理性质（如密度、粒度、溶解度等）上的差异，利用离心力或过滤的方法将较重的固体颗粒与液体分离。

常用的分离方法
（1）过滤：使用分离机或滤布等对浆体进行过滤，去除较大的杂质和颗粒物。
（2）离心：利用离心机的离心力将浆体中的不同成分按密度分层，从而实现分离。
（3）沉淀：通过物理或化学沉淀，将目标成分从原料中沉淀出来。

分离处理的操作要点
（1）确保分离设备的清洁和卫生，避免污染。
（2）选择合适的过滤介质（如滤布）和离心速度，以确保分离效果。
（3）注意分离过程中的温度和时间控制，避免对蛋白质造成不利影响。
（4）在分离过程中可以添加适量的酶制剂，如α-淀粉酶等，以帮助降解大分子物质，提高分离效率。

分离处理的注意事项
在分离前对物料进行适当的预处理，如加热或调整pH值，以提高分离效率；分离过程中要尽量避免乳液分层，可以通过快速冷却或者添加乳化剂来增强乳液的稳定性；定期检查分离设备的运行状况，确保分离效果稳定可靠；注意观察分离后的固体和液体的质量，确保满足产品标准；注意收集和处理分离出的废弃物，避免环境污染。

（三）调　配

调配的目的在于创造多样化的风味产品，并同时增强产品的稳定性与品质。在此过程中，常要融入稳定剂、甜味剂、赋香剂及营养强化剂等多种成分。若缺乏乳化稳定剂，则难以确保植物蛋白饮料在长期储存下维持其均匀无分层、无沉淀的优良状态。因为经榨汁或打浆处理的植物蛋白溶液，其稳定性不及牛乳，呈现出高度的不稳定性，所以需要借助外部添加剂来构筑稳定的体系框架。具体而言，植物蛋白饮料所采用的乳化稳定剂配方，往往融合了乳化剂、增稠剂以及特定盐类成分，共同作用提升饮料的整体稳定性。

乳化剂作为一类重要的表面活性剂，其作用体现在降低油水界面张力、促进乳状液的形成以及降低界面能，从而增强乳状液的稳定性。在乳化过程中，乳化剂环绕油滴表面形成保护膜，防止乳化粒子间因碰撞而聚集，维持乳状液的长期稳定。增稠剂的主要成分为亲水性多糖，其作用是与蛋白质结合，提供保护屏障，有效减少蛋白质因热而变性的风险；同时，充分溶胀后能构建网状结构，提升了体系的黏度，从而减缓蛋白质和脂肪颗粒的聚集速率，有效抑制蛋白质沉降与脂肪球上浮。盐类物质在饮品体系中发挥着多重作用，针对植物蛋白饮料中常存的 Ca^{2+}、Mg^{2+} 等离子，磷酸盐能螯合这些离子，减少它们介导的蛋白质聚合沉淀。同时，磷酸盐还能吸附于胶体颗粒表面，调节阳离子与脂肪酸、阴离子与酪蛋白间的表面电位，促使每个脂肪球被蛋白质膜包覆，阻止其聚集成大颗粒。此外，磷酸盐还具备调节 pH 值、防止蛋白质变性的能力，这些效应共同促进了植物蛋白饮料体系的整体稳定性。

因为乳化剂与增稠剂种类很多，加之各类植物蛋白原料中蛋白质与脂肪的含量及比例各异，因此在生产中，所选添加剂种类及其用量均须定制化，特别是乳化剂的选择十分重要。选定合适的乳化剂与增稠剂并确定其配比，是一项复杂的任务，通常要历经多次试验才能优化确定。实践表明，单一添加剂的应用往往难以达成理想效果，而将多种添加剂按科学比例复合使用，凭借它们之间的协同效应，能提升整体效能。若生产厂家缺乏相关技术或出于简化生产流程的考虑，直接选用经过专业复配的成品添加剂也是一种可行的方法。

乳化稳定剂对产品质量有十分重大的影响，其中稳定剂的溶解状态是决定产品质量优劣的关键。通常情况下，植物蛋白饮料中的乳化稳定剂构成中，乳化剂占比较高，所以在溶解过程中须严格控制温度，避免过高（推荐温度区间为 60~75 ℃），以防乳化剂在高温下发生团聚现象，即便后续降温也难以恢复良好的分散状态。为解决此问题，可借助胶体磨等设备，促进乳化剂更均匀细致地分散，从而提升产品质量。

在植物蛋白饮料的生产中，辅料的选择与运用对产品质量的提升具有重要作用。为提升豆奶、花生奶或核桃露等产品的风味，大部分厂家选择添加少量乳粉（通常不超过 1%），乳粉对鲜销产品的稳定性影响不大，但对于需要长期保存的产品，乳粉的加入则成为关键因素。要精确调整乳化稳定剂的种类与用量，以防放置约 7 d 后出现油脂析出，影响产品的品质。为了增强植物蛋白饮料的浓度与口感，部分厂家会添加淀粉作为增稠剂，淀粉的引入须严格把控其种类、用量及预处理方式，因其易沉淀特性可能导致产品分层，形成上下浓度不均的现象，甚至产生结块，影响产品品质。从维持产品稳定性的角度出发，建议尽量减少或避免淀粉类物质的添加，因为产品在杀菌后虽然看似稳定，但在储存过程中容易因为返生作用而降低产品稳定性。

（四）杀菌、脱臭

1. 杀　菌

杀菌的主要目的是消除饮料中的微生物，包括细菌、霉菌、酵母菌等，以确保产品的安全性和延长保质期。杀菌通过高温或特定的物理、化学方法破坏微生物的细胞结构，使其失去生长和繁殖能力，从而达到杀菌效果。

常用的杀菌处理方法

（1）高温杀菌：最常用的方法是高温杀菌，包括巴氏杀菌和超高温瞬时杀菌（UHT）。巴氏杀菌通常在 60~90 ℃ 保持一段时间，而 UHT 则保持在 135~150 ℃ 数秒。

（2）微波杀菌：利用微波能穿透物料内部，通过分子摩擦产生热量，实现快速杀菌。这种方法可以在较低的温度和较短的时间内达到杀菌效果，同时保留更多的营养成分。常见的杀菌工艺参数设定在温度 110~120 ℃，持续时间为 10~15 s。在杀菌完成后，为了进一步提升物料的品质或去除不良气味，通常会将物料送入真空脱臭器进行后续处理。真空脱臭器的主要作用是在真空环境下，通过降低压力来加速物料中挥发性物质的挥发，从而达到脱臭或提纯的目的。

杀菌处理的操作要点

（1）确保杀菌设备正常运行，温度和时间控制准确。

（2）杀菌过程中要保持料液流动，避免局部过热或冷却。

（3）杀菌后应立即进行冷却，防止过度热处理影响产品品质。

杀菌处理的注意事项

杀菌前要确保设备、管道、容器等彻底清洁消毒，避免交叉污染；杀菌过程中要密切监控温度和时间，确保达到杀菌效果；杀菌后要进行微生物检测，确保产品合格。

2. 脱　臭

脱臭的主要目的是去除植物蛋白饮料在生产过程中产生的不良风味，如豆腥味、苦涩味等，以提升产品的口感和品质。脱臭通常通过高温、真空或添加化学试剂等方法，使挥发性不良风味成分挥发或分解，从而达到脱臭的目的。

常见的脱臭处理方法

（1）真空脱臭：将热的产品喷入真空罐中，部分水分瞬间蒸发，同时带出挥发性的不良风味成分，由真空泵抽出。

（2）添加化学试剂法：在低温下添加葡萄糖酸-δ-内酯等化学试剂，以钝化酶的活性，达到去除苦涩味的目的。

脱臭处理的操作要点

（1）脱臭前要确保产品温度适宜，以便挥发性成分更好地挥发。

（2）真空脱臭时要保持真空度稳定，避免漏气影响脱臭效果。

（3）添加化学试剂时要准确计量，避免过量影响产品风味。

脱臭处理的注意事项

脱臭过程中要密切监控产品温度和真空度，确保脱臭效果；脱臭后要进行感官检测，确保产品风味符合要求；添加化学试剂时要遵循食品安全法规，确保产品安全无害。

（五）均　　质

均质化处理对于提升产品的口感细腻度与稳定性十分重要，并能增强产品的乳白外观。在植物蛋白饮料的生产流程中，均质步骤非常重要，因为此类饮料中常富含油脂成分，未经均质处理，油脂将很难有效乳化并分散于体系中，会发生聚集上浮现象。此外，均质操作还能强化乳化剂的效能，使整个体系达成均匀一致且稳定的结构。执行均质时，精确调控温度与压力参数非常关键，通常须确保温度不低于75 ℃，压力不小于一定值，才能实现理想的均质效果。进一步采用二次均质技术，能更有效地提升产品的稳定性。

（六）包　　装

包装的形式多种多样，其中广泛应用的有玻璃瓶包装、复合袋包装及无菌包装等。为了挑选出最适宜的包装方式，须综合考量预期产量、产品储藏需求、包装设备投资成本及所采用的灭菌技术等因素，进行全面而周密的规划统筹。

三、全组分植物乳饮料

一些关键性的油料作物，如花生与芝麻，不仅占据着油料产业的重要地位，还可以作为优质的植物蛋白质来源，广泛用作植物蛋白饮料的基础原料。然而，当前利用传统技法制备植物蛋白饮料的过程中，经过滤滤除的残渣，含有丰富的膳食纤维与植物蛋白资源，未被充分利用。

工业级高能流体磨系统作为湿法粉碎与高压射流技术的创新融合，构建了一套面向大规模工业生产的超微细化设备系统。此系统中，湿法粉碎单元凭借双级精细研磨磨盘，实现物料的高效分选与细化处理。而高能流体磨的核心由高压驱动泵与动态反应腔体构成，其工作原理是将物料经由高压泵推升至极端压力环境（峰值可达120 MPa），随后在微细通道内历经剧烈的高速剪切、强力撞击、复杂湍流及空化效应，从而达到物料的极致微细化与均匀化处理。工业级高能流体磨系统如图7-1所示。

利用工业级高能流体磨系统来开发适用于工业化生产的全组分植物蛋白饮料，此方法不仅可以保留植物原料的全部营养成分，还简化了传统复杂的操作工艺。同时，经该系统处理后的料液不需要过滤处理，解决了滤渣的处理难题，在一定程度上缓解了企业的环保压力，节省了处理滤渣需要的人力、物力和财力。在简化工艺的同时兼顾了提高产品营养价值与降低企业生产成本两个方面，十分符合国家大力倡导的绿色环保发展要求，是未来加工植物蛋白饮料等饮品的趋势。

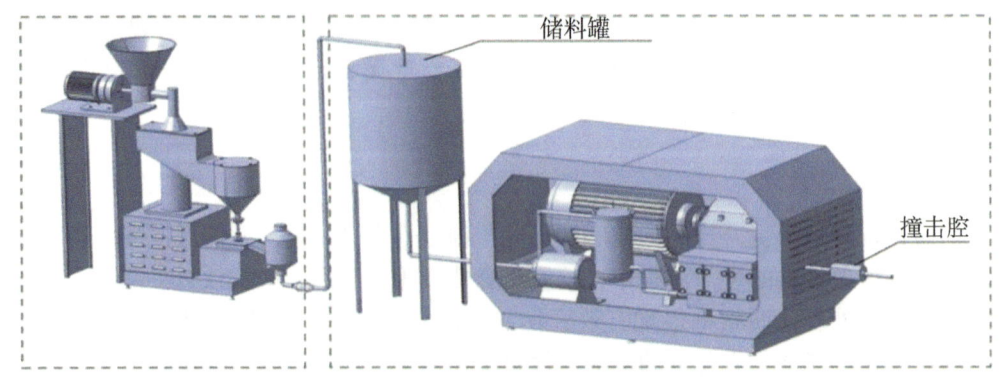

图 7-1 工业级高能流体磨系统

（资料来源：《全组分芝麻乳的制备工艺及贮藏稳定性》，许克平）

（一）全组分芝麻乳

芝麻渣蕴含丰富的蛋白质、膳食纤维等营养素，将其直接过滤将导致营养流失与资源浪费问题。芝麻蛋白的水溶性不佳，加之芝麻本身的高脂肪含量，即便是通过除渣工艺制备的芝麻乳，也常面临蛋白沉降、脂肪上浮等稳定性难题，需依赖稳定剂的辅助以提升产品稳定性。全组分芝麻乳巧妙绕过了过滤环节，实现了芝麻营养成分的全面保留与高效利用，成为一款既高效又营养丰富的饮品。

将工业级高能流体磨系统应用于全组分芝麻乳的制备，能够有效破碎并细化包括纤维在内的各类大分子颗粒，显著降低产品的平均粒径，进而提升产品的口感细腻度与滑顺性。

许克平等（2022）制备的全组分芝麻乳如图7-2所示。

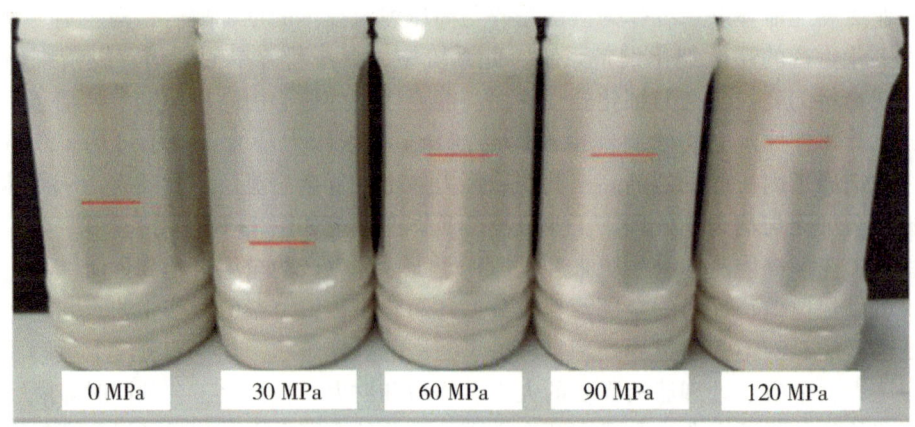

图 7-2 全组分芝麻乳

（资料来源：《全组分芝麻乳的制备工艺及贮藏稳定性》，许克平等）

（二）全组分花生乳

花生作为一种优越的植物蛋白来源，营养极为丰富，包含人体必需氨基酸，以及支撑神经系统运作的关键成分大豆异黄酮、维生素 E、烟酸、维生素 B_1、维生素 B_6、维生素 C 等。当前花生乳的加工普遍采用浆渣分离的传统工艺，此法虽可行，却难免导致原料利用不充分，尤为可惜的是，花生渣的营养价值颇高，其蛋白质含量堪比低筋面粉，而纤维素含量更是超越豆腐渣，实属宝贵的植物资源。

此外，花生乳因富含油脂，构成了其热力学不稳定的特性，在贮藏期间易引发脂肪上浮，形成顶部脂肪层，并伴随蛋白质沉降等不利现象，严重影响产品的整体品质。采用高能流体磨系统制备全组分花生乳，不仅确保了花生营养的全面保留，还满足了工业化大规模生产的需求，成功生产出一款既稳定又富含全组分的花生乳产品，实现了营养与效率的双重提升。

王佳俐（2021）制备的全组分芝麻乳与花生乳如图 7-3 所示。

0 MPa　30 MPa　60 MPa　90 MPa　120 MPa　　　0 MPa　30 MPa　60 MPa　90 MPa　120 MPa

A-芝麻乳，B-花生乳

图 7-3　全组分花生乳

（资料来源：《高压射流磨系统制备全组分芝麻乳、花生乳的研究》，王佳俐）

（三）全组分豆浆

豆浆是亚洲国家广泛消费的传统饮料，近年来由于其营养和有益健康，已被西方国家所接受。豆浆中含有许多高质量的蛋白质和各种必需氨基酸。此外，豆浆能提供必需脂肪酸，且不含胆固醇、谷蛋白和乳糖，这意味着它可能是素食者的首选饮食来源，也是乳糖不耐人群的乳制品替代品。豆浆中的卵磷脂、异黄酮、维生素和其他营养物质也有助于抗氧化，预防贫血、癌症和骨质疏松症，以及减轻更年期综合征。

采用工业级高能流体磨系统制备全组分豆浆，允许干大豆不浸渍，直接进入湿法粉碎机粉碎。与传统的豆浆制备方法相比，工业级高压射流磨系统除了具有优异的超细粉碎效果外，还实现了大豆无浸泡法和豆浆无过滤的创新。

Li Yuting 等（2020）制备的全组分豆浆如图 7-4 所示。

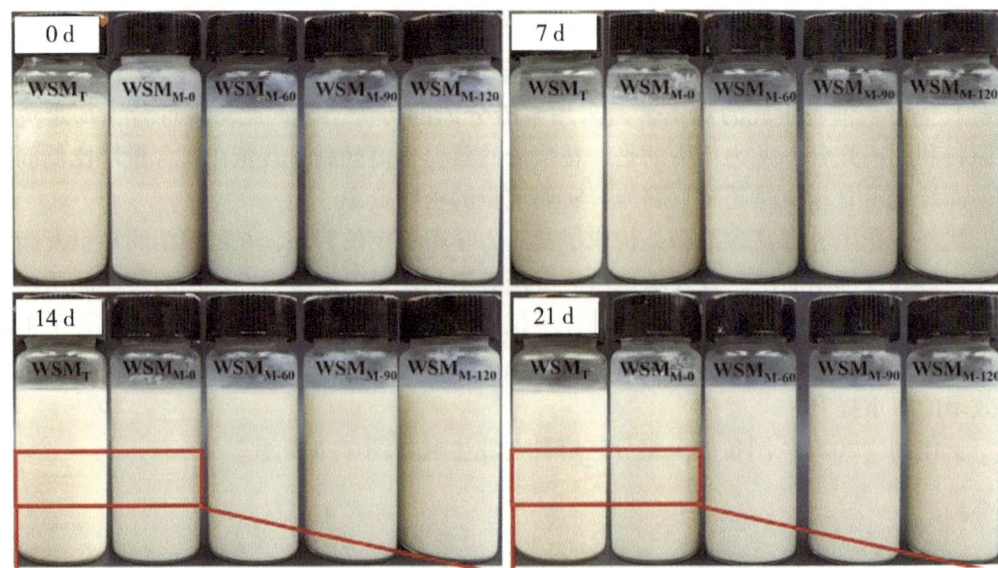

图 7-4 全组分豆浆

（资料来源：*Whole soybean milk produced by a novel industry-scale micofluidizer system without soaking and filtering*，Li Yuting，et al.）

第二节　澳洲坚果乳饮料概述

一、澳洲坚果乳饮料

澳洲坚果以其优良的油脂含量与全面的营养价值著称，每 100 g 焙烤后的果仁中，脂肪含量高达 78.21 g，且富含 9.23 g 优质蛋白质与 9.97 g 碳水化合物，同时还含有丰富的矿物质，如钙（53.40 mg）、磷（24.08 mg）、铁（1.99 mg），以及维生素 B_1（0.22 mg）、维生素 B_2（0.12 mg）和维生素 B_3（1.60 mg）。其蛋白质构成十分独特，蕴含 17 种氨基酸，其中包括 7 种人体必需氨基酸。澳洲坚果有益健康，能有效调节血液中胆固醇水平，且长期食用还能减少血小板凝聚，从而降低心脏病、心肌梗死等心血管疾病的发病风险。近年来，有关澳洲坚果的加工研究主要集中在带壳果、开口壳果、果仁、坚果片与坚果酥加工综合利用等方面，很少有澳洲坚果乳的研究报道，澳洲坚果乳归属于植物蛋白饮料。

植物蛋白饮料是一类以高蛋白植物原料为基础，经预处理、制浆、调配、均质、灌装及杀菌等现代工艺制成的饮品，日益受到市场的欢迎。将澳洲坚果加工成饮料，不仅能够满足消费者便捷饮用的需求，还能充分发挥其保健功能，预计在国内外市场都将拥有广阔的发展前景。

澳洲坚果作为坚果类中的一种，也是脂质、蛋白质、维生素等微量营养素良好的来源，将其作为乳制品饮料的替代来源具有很大的潜力。澳洲坚果乳是一个热力学不稳定体系，同类型的乳饮料如花生奶、杏仁露和燕麦乳等，也是大颗粒和小颗粒共存的多分散系统。澳洲坚果蛋白在油水界面吸附的乳化性较差，且果仁含油量较高，在储存过程中往往会变得不稳定，影响产品外观品质。除此之外，由于澳洲坚果中含有丰富的不饱和脂肪酸，如果生产环境或加工方法不当，容易发生酸败，导致微生物繁殖，影响澳洲坚果乳的安全性，缩短澳洲坚果乳的保质期。烘烤和研磨作为坚果乳加工的关键步骤，与产品的口感和品质密不可分。为使浆体在长时间内保持均匀、稳定的状态，减小粒径可以改善固体颗粒在油相中的分散性及其相互作用。杨方等（2022）制备的澳洲坚果全坚果乳饮料如图7-5所示。

图7-5 澳洲坚果全坚果乳饮料
（资料来源：《一种澳洲坚果全坚果乳饮料的制备方法》，杨方等）

二、澳洲坚果乳饮料的原辅料要求

（一）澳洲坚果乳饮料的原料

原料质量对产品的品质有重大影响。劣质原料可能使产品在贮藏过程中发生脂肪氧化，产生油哈味，或者在脂肪氧化酶的催化作用下产生豆腥、生青等异味，损害饮料的风味特性，并影响其乳化性能。且部分蛋白质在不良贮藏条件下可能预先变性，经高温加工后容易完全变性，呈现类似豆腐花的结构，影响产品质地。同时，霉变原料可能含有黄曲霉毒素，对消费者健康构成潜在威胁。总而言之，采用劣质原料生产不仅会导致产品风味不佳、稳定性差，还会加剧蛋白质的变性倾向和油脂析出问题。

1. 澳洲坚果果仁

澳洲坚果乳饮料是一种以澳洲坚果为主要原料，结合乳制品和其他辅料，通过加工工艺制作而成的植物蛋白饮料。澳洲坚果乳饮料不仅口感丰富，而且营养价值高，含有丰富的不饱和脂肪酸、蛋白质、维生素和矿物质，对人体的健康有益。

澳洲坚果乳饮料的原料要求严格，以确保产品的品质和口感。因此，澳洲坚果乳饮料应选择干燥、颗粒均匀、无霉变、无损伤的澳洲坚果果仁，具体质量应符合GB/T 43643—2024《澳洲坚果》的要求：果仁色泽均匀，呈乳白色或淡黄色，无异常色泽、明显焦色、杂色现象；具有果仁特有的香味，气味纯正，无脂肪酸败味及其他异味；具有果仁特有质感，松脆细腻，无硬、韧、软及其他异质的口感。

2. 乳制品

在澳洲坚果乳饮料的生产过程中，还可添加乳制品，如脱脂牛奶或奶粉，以增加产品的蛋白质含量并改善口感。乳制品的选择应基于其质量和安全性，确保不含有害物质，如抗生素和激素残留。

根据产品配方需求，可选用鲜奶、奶粉、乳清粉等乳制品作为基料。鲜奶应保证新鲜度，奶粉及乳清粉则须符合相关质量标准。乳制品为澳洲坚果乳饮料提供了丰富的乳蛋白、乳糖及钙等营养成分，有助于提升产品的营养价值。乳制品在使用前须进行巴氏杀菌或超高温瞬时杀菌处理，以确保产品的卫生安全。

（二）澳洲坚果乳饮料的辅料

原料添加量对产品稳定性具有很大影响。不同的原料添加量所采用的乳化稳定剂种类、用量以及生产工艺条件不同。因此各生产厂商应依据各自产品的原料配比，挑选并确定适宜的乳化稳定剂及其添加量。同时，生产设备的配置与工艺参数的设定也要紧密围绕原料添加量进行。一般来说，原料添加比例的提升，意味着产品中油脂、蛋白质、淀粉、纤维等成分相应增加，加大了构建稳定体系的难度，从而对乳化稳定剂的效能及生产工艺的精细度提出了更为严苛的要求。

在澳洲坚果乳饮料的生产过程中，辅料的选择和使用对最终产品的品质有着决定性的影响。辅料不仅能够改善澳洲坚果乳饮料的口感、稳定性和保质期，还能赋予其特定的营养价值和感官属性。辅料的选择和使用应基于对澳洲坚果乳饮料品质的全面考量，包括色泽、香气、口感和质感。通过精心设计配方，生产出口感细腻、风味和谐的澳洲坚果乳饮料，满足消费者对高品质饮品的追求。

（1）增稠稳定剂：增稠稳定剂是澳洲坚果乳饮料中不可或缺的组成部分，它们能够提高产品的黏稠度和稳定性，防止分层和沉淀的发生，用于保持乳化体系的稳定，防止成分分离，改善饮料的口感和稳定性。常见的增稠剂有黄原胶、卡拉胶、瓜尔胶等。瓜尔胶具有增稠和悬浮功能，可以增强质地和口感；黄原胶作为一种微生物阴离子多糖，具有良好的悬浮性、乳化性及增稠性，与瓜尔胶复配使用可以更有效地抑制蛋白质沉淀，它们在食品加工过程中可以起到增稠、改善口感、提高食品稳定性等作用，被应用于澳洲坚果乳饮料中。稳定剂能够通过相互作用来提高饮料的稳定性，抑制蛋白质沉淀，从而改善产品的质感和口感。稳定剂在澳洲坚果乳饮料中主要起到防止产品分层、沉淀的作用。常用的稳定剂包括单甘酯、蔗糖酯、海藻酸钠、羧甲基纤维素钠等。例如，羧甲基纤维素钠具有吸湿性，能形成高黏度的溶液，有助于抑制蛋白质沉淀。这些稳定剂能够增强产品的稳定性，延长产品的保质期。在选择增稠稳定剂时应关注其增稠性、稳定性、溶解性及对产品口感的影响。同时，还须注意增稠稳定剂的用量应控制在合理范围内，以避免对产品产生不良影响。

（2）酸度调节剂：酸味调节剂是澳洲坚果乳饮料中至关重要的辅料之一。常用的酸味调节剂包括柠檬酸、乳酸等。这些酸味剂能够调节产品的酸度，使其口感更加清爽宜人。在选择酸味调节剂时，应关注其酸度、稳定性及与产品中其他成分的兼容性。酸味剂的用量同样需要严格控制。过量添加会导致产品口感过酸，影响消费者的接受度；

而用量不足则可能无法达到预期的风味效果。因此，在生产中要严格控制酸味剂用量，在澳洲坚果乳饮料中常使用的酸味调节剂有柠檬酸钠、柠檬酸钾等。

（3）甜味剂：甜味剂用于调整澳洲坚果乳饮料的甜度，以满足不同消费者的口味需求。常见的甜味剂包括蔗糖、蛋白糖、阿斯巴甜等。这些甜味剂用于调节乳饮料的甜度，使其符合消费者的口味偏好。

（4）乳化剂：乳化剂在澳洲坚果乳饮料的制备过程中起着重要作用，它能够帮助脂肪和水更好地混合，防止油水分层。常用的乳化剂包括羟丙基二淀粉磷酸酯、单甘酯和卵磷脂等。乳化剂的具体添加量需根据工艺配方确定，以确保澳洲坚果乳饮料的乳化效果和稳定性。

（5）风味改良剂：风味改良剂用于增强澳洲坚果乳饮料的香气和口感，使产品更加诱人。风味改良剂的成分通常是天然提取的香精香料和合成风味物质，如香草精、可可粉等，用于增强乳饮料的风味，使其更加香浓可口，其添加量应根据产品配方和消费者口味偏好来确定。

（6）营养强化剂：营养强化剂是添加到澳洲坚果乳饮料中的微量营养素，用于提高产品的营养价值，这些成分包括维生素、矿物质和膳食纤维等。在澳洲坚果乳饮料的生产中，应根据产品的目标营养成分和消费者的需求来选择添加合适的营养强化剂。

澳洲坚果乳饮料的辅料要求强调纯净性和安全性，所有辅料必须符合国家食品安全标准，不得含有对人体有害的物质。辅料的使用应遵循适量原则，即在不影响产品品质和安全性的前提下，尽可能减少添加量。辅料的种类和添加量应严格遵循相关法规和标准，确保产品的安全性和合法性。在选择辅料时，应优先考虑天然、安全、无副作用的原料，以符合消费者对健康食品的需求。此外，辅料的添加顺序和混合方式也须根据工艺配方进行严格控制，以确保产品的质量和稳定性。

第三节　全组分澳洲坚果乳饮料加工技术

一、全组分澳洲坚果乳饮料加工工艺流程

以炒熟的澳洲坚果仁为原料，经过高速切割型粉碎机粗磨、调配均质、高能流体磨细磨、无菌灌装等工艺流程，制备一种免浸泡、免煮浆的全组分澳洲坚果乳饮料。本技术路线采用二级串联研磨式的高速切割型粉碎机直接对澳洲坚果进行研磨，调配前移，最后采用高能流体磨对澳洲坚果浆料进行充分粉碎，并利用料液在流体磨微孔流道中对撞产生的高压和高温对全组分澳洲坚果乳进行杀菌与灭酶脱腥，省去了浸泡、煮浆的过程，相比于传统的澳洲坚果乳制作方式，不仅节约能源，降低了生产成本，而且大大提高了生产效率。制得的全组分澳洲坚果乳不仅保留了澳洲坚果的全部营养物质，而且香味浓郁醇厚，口感顺滑无颗粒感。澳洲坚果乳饮料的生产工艺流程如图7-6所示。

二、全组分澳洲坚果乳饮料加工操作要点

（1）预处理：挑选出干燥、颗粒均匀、无霉变、无损伤的澳洲坚果仁，将澳洲

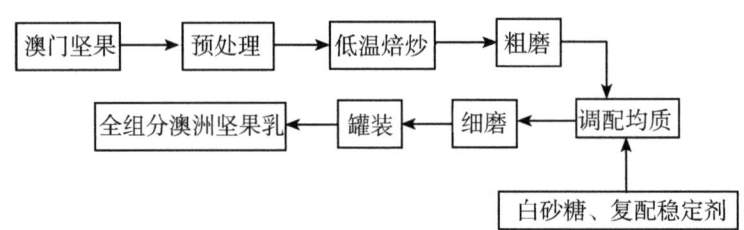

图7-6 澳洲坚果乳饮料的生产工艺流程

坚果果仁置于电热风循环干燥箱中进行阶段式干燥（60 ℃、2 h→80 ℃、2 h→100 ℃、20 min），以改善澳洲坚果乳饮料风味。

（2）低温焙炒：将预处理后的澳洲坚果果仁进行焙炒，焙炒的火候为小火，以散发出微微烤香味为宜。

（3）粗磨：将低温焙炒后的澳洲坚果果仁进行研磨粗粉碎，制得浆料。将低温焙炒的澳洲坚果果仁加入高速切割型粉碎机的加料斗中，一级粉碎磨内吸料式叶片线速度为30~50 m/s，二级粉碎磨内切割叶片线速度为50~70 m/s。同时，通过热水泵向粉碎机中加入热水，热水与澳洲坚果果仁的用量比为（8~12）：1，热水的温度为60~85 ℃。

（4）调配均质：在粗磨后制得的浆料中加入白砂糖和复配稳定剂，搅拌后进行均质，制得均质料，建议均质的次数为2次以上；白砂糖的添加量为3%~5%，复配稳定剂包括微晶纤维素、黄原胶和单硬脂酸甘油酯，且复配稳定剂的添加量为0.3%~0.4%。搅拌的时间为5~10 min，均质的压力为40~70 MPa。

（5）细磨：选择制得的均质浆料进行超微粉碎，超微粉碎的设备为高能流体磨，物料在腔体内受到剪切力、高速冲击、瞬时压降和空化等一系列综合作用，从而达到较好的超微化和乳化效果。压力设为90~120 MPa，处理后的粒径范围为10~50 μm。

（6）罐装：将细磨后的物料进行灭菌罐装，灭菌罐装的设备为无菌灌装机。

三、全组分澳洲坚果乳饮料加工注意事项

整个生产过程中必须遵守良好的卫生操作规范，防止微生物污染；定期对产品进行质量检测，包括感官评价、理化指标和微生物指标的检测，确保产品质量符合标准。

四、全组分澳洲坚果乳饮料产品质量标准

1. 感官指标

（1）色泽：白色不透明，色泽均匀一致。

（2）香气：具有澳洲坚果的独特香味。

（3）风味：甜度适中，口感细腻，爽口，无其他异味。

（4）组织状态：组织形态均匀稳定，澄清透明，无悬浮、沉淀现象，无肉眼可见的外来杂质。

2. 理化指标

可溶性固形物含量为 7%~10%，pH 值 6.8~7.0。

3. 微生物指标

细菌总数≤100 个·mL^{-1}，大肠菌群≤3 个·100 mL^{-1}，致病菌未检出。

参考文献

范媛媛，张阳阳，秦新磊，等，2022. 不同乳化剂对植物奶油稳定性的影响 [J]. 食品安全导刊 (26)：45-49，54.

郭刚军，黄克昌，邹建云，等，2020. 一种植物蛋白饮料澳洲坚果乳及其制备方法：中国，CN110859224A [P]. 2020-03-06.

胡明明，潘开林，牛跃庭，等，2018. 植物蛋白饮料稳定性及其分析方法研究进展 [J]. 食品工业科技，39 (6)：334-339，344.

黄克昌，马尚玄，付镓榕，等，2022. 澳洲坚果乳的制备及稳定性研究 [J]. 食品研究与开发，43 (16)：88-95.

孔德徐，程建华，何伟德，等，2019. 一种澳洲坚果蛋白饮料及其加工方法：中国，CN109303117A [P]. 2019-02-05.

李姣姣，2023. 澳洲坚果生酮食品的开发及其特性研究 [D]. 长春：吉林大学.

裴慧，彭钰琪，陆雪，等，2024. 芝麻粕美拉德反应产物对全麦面包的风味增强作用及工艺研究 [J]. 中国调味品，49 (5)：16-23.

任二芳，牛德宝，刘功德，等，2020. 澳洲坚果仁营养成分分析与其加工副产物的综合利用研究 [J]. 食品研究与开发，41 (6)：194-199.

田素梅，2017. 澳洲坚果乳饮料加工工艺的研究 [J]. 农产品加工 (13)：28-29，32.

田素梅，张晓梅，马艳粉，等，2017. 澳洲坚果乳饮料配方的研究 [J]. 食品研究与开发，38 (7)：94-96.

曾婷婷，邢铭泽，王一迪，等，2022. 燕麦植物蛋白饮料生产工艺及其稳定性 [J]. 食品工业，43 (3)：101-104.

张素姣，杨大霞，吴彦兵，等，2024. 核桃大豆植物奶加工工艺研究及品质分析 [J]. 食品安全质量检测学报，15 (12)：287-296.

中华人民共和国国家质量监督检验检疫总局，中国国家标准化管理委员会，2009. 感官分析 建立感官分析实验室的一般导则：GB/T 13868—2009 [S]. 北京：中国标准出版社.

中华人民共和国国家质量监督检验检疫总局，中国国家标准化管理委员会，2012. 感官分析 选拔、培训与管理评价员一般导则 第1部分：优选评价员：GB/T 16291.1—2012 [S]. 北京：中国标准出版社.

CHANG L, RUISONG P, MARINA H, 2022. Faba bean protein：A promising plant-based emulsifier for improving physical and oxidative stabilities of oil – in – water emulsions [J]. Food Chemistry, 369: 130879.

DREWNOWSKI A, 2021. Plant – based milk alternatives in the USDA Branded Food Products Database would benefit from nutrient density standards [J]. Nature Food, 2 (8): 567-569.

HU W, FITZGERALD M, TOPP B, et al., 2019. A review of biological functions, health benefits, and possible de novo biosynthetic pathway of palmitoleic acid in macadamia nuts [J]. Journal of Functional Foods, 62: 103520.

KRAEMER M V S, FERNANDES A C, ARES G, et al., 2024. Infant and children's exposure to food additives: An assessment of a comprehensive packaged food database [J]. Journal of Food Composition and Analysis, 134: 106473.

SHUAI X X, DAI T T, CHEN M S, et al., 2022. Characterization of lipid compositions, minor components and antioxidant capacities in macadamia (*Macadamia integrifolia*) oil from four major areas in China [J]. Food Bioscience, 50: 102009.

WALL M M, 2010. Functional lipid characteristics, oxidative stability, and antioxidant activity of macadamia nut (*Macadamia integrifolia*) cultivars [J]. Food Chemistry, 121 (4): 1103-1108.

第八章 澳洲坚果蛋白肽制备技术

第一节 植物基多肽概述

一、植物基多肽的获取途径、研究现状及应用前景

植物基多肽是以富含蛋白的可食用植物（豆类、谷类、坚果及籽类等）、食品加工用粕类或植物蛋白等单一物质为原料，经过提取、酶解和（或）微生物发酵、过滤、杀菌、干燥等工序生产的蛋白肽。植物基多肽来源广泛，种类较多，获取成本低，营养价值高，具有多种人体代谢和生理调节功能。近几年国内外有关植物基多肽的研究主要集中在大豆肽、花生肽、玉米肽、豌豆肽、大米肽、亚麻籽肽等领域。

植物基多肽得获取途径主要包括三大类别：第一种，直接从天然植物资源中提取抗氧化肽，尽管此途径获取的肽类活性高，但成本高昂；第二种，通过消化过程或蛋白质水解生成，特别是酸法水解蛋白，虽成本低廉且工艺简单，但存在氨基酸损伤严重、水解过程难以控制等弊端，因而较少应用；第三种，利用化学方法、酶法及重组 DNA 技术等手段合成抗氧化肽，尽管能实现目标肽类的合成，但高成本、副产物及残留物的累积问题仍是制约其发展的关键因素。目前关于利用 DNA 重组技术制备活性肽的试验探索仍处于活跃阶段。相较于其他方法，酶法合成因其高安全性、温和的生产条件及成本效益良好，并且能够定向合成特定肽类，已成为植物功能多肽制备领域的主要生产方法。此技术已成功应用于多种植物基多肽的研发，如从玉米中酶解提取降血压肽、高 F 值寡肽及 Gln 活性肽；同时，花生也可利用酶法有效转化为花生肽等生物活性成分，从而丰富了植物基多肽的应用范围。

相较于动物多肽，植物基多肽体现出其低廉的价格优势与便捷的制备途径。植物基多肽以其高度的安全性与显著的功能活性，在多个领域展现出广阔的应用潜力与价值。当前，我国对于植物基多肽的探索尚处于起步阶段，研究重心多聚焦于植物基多肽的制备工艺及其体外活性评估，对于其吸收机制及调控因子的认知尚浅，有待深入研究。从当前发展态势来看，植物基多肽的功能性探索仍停留于实验室阶段，临床应用的进度较为缓慢，科研界应加大力度，持续推进相关研究。

近年来，国家层面已明确提出扶持生物活性肽产业发展的积极政策，其独特的营养生理效应及产业化路径正逐步成为社会各界关注的焦点。2017 年，国家发展改革委倡导加强对功能性蛋白与生物活性肽的研发探索。随后《2023 研究前沿》报告更将食物

蛋白中生物活性肽的结构与功能研究列为农业科学、植物学及动物学领域内备受瞩目的前沿议题，这预示着肽类生物活性的研究与开发正引领着未来趋势。肽作为一种优质的蛋白质资源，其广泛的适用性使得它能满足不同人群对蛋白质的补充需求。肽不仅展现出优良的易吸收性、低致敏潜力、温和的渗透压以及出色的溶解性能，还充当多重生理调节的重要角色。肽类物质被明确推荐作为食品中的蛋白质来源，进一步体现了其在实际应用中的高价值与广泛的应用前景。

GB 29922《食品安全国家标准　特殊医学用途配方食品通则》指出，蛋白水解物和肽类在非全营养配方食品中作为一种蛋白质来源被推荐使用。在 GB 24154《食品安全国家标准　运动营养食品通则》中，肽类被指定为运动后恢复类产品必须添加的成分，同时也是耐力类产品的建议添加的成分。由此可见，肽类具有较高的实际应用价值。植物基多肽凭借其丰富的营养价值、优良的生理功能以及食用安全性，为食品工业、药物研发及保健品市场提供了宝贵的原料资源。长远来看，我国植物基多肽研究领域会有良好的前景。

二、植物基多肽的营养特性和生理功能

（一）植物基多肽的生理功能

近年来生物活性肽的结构与功能探索再度掀起热潮，不仅推动了多肽营养学领域的蓬勃发展，也引领了相关概念的革新。其核心观点聚焦于在食物蛋白质经消化过程自然产生的小肽，或体外经酶解处理获得的中、低分子量肽，它们不仅能够充分满足人体对必需氨基酸的需求，更额外补充了调节生理机能的生物活性成分。

这一观点基于以下论据：一是食物来源的生物活性多肽往往展现出超越其原始蛋白质氨基酸组成的独立生理效应；二是这些具备独特生理活性的多肽并非必须完全由必需氨基酸构成；三是它们的含量达到微量即可发挥显著的调节作用。例如苦瓜中的"植物胰岛素"——降糖肽、灵芝中增强免疫与抗肿瘤活性的多肽、大豆蛋白衍生物的降脂肽等，均印证了这一点。实际上仍有数以万计的肽类物质其功能潜力有待挖掘与研究。这些研究成果为多肽的营养特性研究注入了新的活力，明确了饮食中多肽的重要角色：既作为营养素促进新陈代谢、生长发育，又作为调节因子参与生理机能与免疫力的调控（营养与调理）。

许多植物有着治疗疾病或保障身体健康的功效，其原因就是植物本身含有多肽，而多肽的效用又因植物的不同而不同。例如，大豆中的活性多肽能够被小肠直接吸收，具有降低血压、血脂以及胆固醇的作用，同时也能够帮助人体改善肠胃功能、缓解身体疲劳。其不仅能有效预防或治疗高血压、高血脂、血栓等疾病，还能够提高人体的抗肿瘤能力，延缓人体衰老。大豆蛋白及其经消化性水解后所得产物，全面涵盖了所有必需氨基酸，不仅展现出优良的乳化、持水与持油能力，还蕴含丰富的生物活性营养成分。与酪蛋白、鸡蛋蛋白相比，大豆蛋白在蛋白质消化率校正氨基酸评分上相同，其营养价值足以与动物蛋白相比较。作为人体营养与生理功能优化的优质蛋白质源泉，大豆蛋白水解物在食品与医疗领域均展现出广阔的应用前景。此类水解物易于胃肠道吸收，且相较

于完整蛋白质或游离氨基酸，大豆多肽展现出更低的渗透压特性，从而有效减轻胃肠不适及电解质失衡等症状。值得注意的是，大豆中二肽与三肽的消化与代谢效率超越天然蛋白质，使之成为老年人、婴幼儿及病患群体的理想饮食选择。玉米中的多肽有着解酒、保肝护肝养胃及修复受损肝细胞等多种功能。小麦中的多肽具有调节神经和肠胃功能、修复受损肠黏膜的作用，在降血糖、镇痛方面也有良好的效果。绿豆中的多肽能够较好地抑制肠胃对铅的吸收，起到排铅解毒的效用。

食物蛋白质在消化过程中自然释放的小肽，以及通过体外酶解技术生成的中低分子量肽，在满足人体对必需氨基酸的基本需求之余，更赋予了调节人体生理机能的生物活性物质。这一发现不仅丰富了蛋白质营养的内涵，也推动了营养科学的进步。植物多肽是从植物中提取的多肽，一般都具有较强的活性。多肽在人体系统中呈现出平衡的状态，为人体的神经系统、新陈代谢等功能的正常运转提供保障，而此种平衡的状态一旦被打破，人体则会出现停止生长发育、各项系统功能迅速衰退等严重情况。植物基多肽可起到诊断、治疗多种疾病等作用，对于人体健康具有非常重要的意义。生物活性多肽营养理念的提出为功能食品及食品添加剂的研发开辟了新天地，使得经现代生物酶解技术处理的植物蛋白，能够转化为更多元化、绿色安全的复合功能食品。这些产品以其高安全性、结构与活性的多样性以及优异的生物利用度，展现了巨大的市场潜力和健康价值。

（二）植物基多肽的生理功能

植物基多肽能够干预人体内的生理过程，帮助维持健康的生理状态。如通过降低胆固醇、调节血糖、降低血压、促进心脏健康等方式，对心血管疾病、糖尿病等慢性病具有预防和治疗作用。高血压是人群中较为常见的疾病，血管紧张素转化酶促进血管紧张素Ⅱ的生成，血管紧张素Ⅱ与血管壁受体结合造成血管收缩引发高血压。血管紧张素转化酶抑制肽通过与血管紧张素转化酶的活性位点结合阻碍了血管紧张素Ⅰ与血管紧张素转化酶的反应，减少血管紧张素Ⅱ的生成并降低血压。目前广泛应用的治疗高血压的合成药物，使用方式简单但毒副作用强，而天然来源的血管紧张素转化酶抑制肽作用条件温和且无毒副作用，因此挖掘具有抑制血管紧张素转化酶活性的植物基多肽非常重要。除此之外，许多植物基多肽还具有显著的抗氧化、抗炎和抗菌作用，能够提高人体免疫力，预防疾病的发生。植物基抗菌肽不仅呈现出较好的抗菌效果且无毒性。在人体新陈代谢及外界环境作用下会产生大量自由基，含氧自由基具有多种功能，但其数量激增至超出体内抗氧化剂防御机制的处理能力时，含氧自由基会与大分子作用，对人体造成危害。植物基抗氧化多肽因其能高效清除自由基，且具备来源广泛、经济实惠、安全无害等特性，因而成为研究热点。这些植物基多肽通过清除自由基、抑制炎症反应等方式，保护人体细胞和组织免受损伤。部分植物基多肽还具有抗衰老、促进皮肤细胞再生的作用，有助于保持皮肤的年轻和美丽。例如，人参多肽可以抗衰老、提高皮肤弹性；芦荟多肽则能保湿润肤、修复皮肤损伤。

植物基多肽可以作为营养补充剂添加到食品中，提供必需氨基酸和其他生物活性物质。某些植物基多肽，尤其是抗菌肽，具有不易产生耐药性、较高的水溶性和热稳定性等特点。这些特性使得植物基多肽在应对蛋白酶水解时表现出较高的稳定性，且某些植物基抗菌肽在低 pH 值和高浓度的盐溶液中保持较高的生物学活性，能用于提升食品稳定性，可以抵抗高温和酸性环境，它们适用于加工各种食品，如饮料和罐头食品。植物基多肽可以作为食品添加剂，多功能性使其可以用作天然食品防腐剂，帮助延长食品的保质期。植物基多肽还可以用于开发新型食品，如富含硒的保健饮料，或者作为新型的颗粒稳定剂，用于生产 Pickering 型食品泡沫和乳剂。

三、植物基多肽的检测技术

近年来，随着生物化学与基因工程技术的逐渐进步，人类对多肽产品的认知实现了较大的突破，多肽在生物科技、医疗健康、食品工业、美妆领域、畜牧饲料及化学制品等多个领域均展现出极为广泛的应用前景。特别是多肽在人体代谢调控、疾病预防和治疗等方面的卓越效能，正日益赢得社会各界的广泛认可与应用。因此，如何在各种各样的产品中精准识别与鉴定多肽产品，便成为一个需要解决的问题，而解决的方法在于严谨的科学检测手段。当前，多肽检测的方法虽多，但核心方法可归结为以下几类。

（一）电泳技术

电泳技术的基本原理是带电微粒在电场力作用下的定向迁移现象。具体来说，当带电颗粒遭遇电场时会倾向于向电性相反的电极方向移动。此现象普遍存在于自然界，任何物质无论其大小，只要具备解离能力或表面吸附带电质点，均能在电场中展现出定向移动的特性。这些带电颗粒，既可以是微小的离子，也能是宏大的生物大分子，诸如蛋白质、核酸乃至病毒颗粒等复杂结构。多肽作为氨基酸的串联产物，其分子内蕴含可解离的氨基与羧基，赋予了其两性电解质的特性。在特定 pH 值环境下，多肽分子发生解离从而携带电荷，其带电程度深受分子固有属性、溶液 pH 值及离子强度等多重因素影响。由于不同物质所带电荷及性质各异，它们在相同电场中的迁移速率亦不相同，这一特性为物质的分离提供了可能。当前电泳技术在多肽分析领域应用广泛，其中 SDS-聚丙烯酰胺凝胶电泳、等电聚焦电泳、双向电泳及印迹技术等尤为常见。

（二）层析技术

层析系统架构于两相体系之上，一相为固定相，另一相则为流动相，两相间互不相溶。该技术利用物质间物理化学性质的细微差别，如吸附强度、分子构型与尺寸、极性特征、亲和力差异及分配系数等，促使各组分在两相间以不同浓度分布，并依据各自特性以差异化速度迁移，最终实现高效分离。依据固定相与流动相的特性差异，层析技术可细化为气相层析、液相层析、高效液相层析、薄层层析、离子交换层析、凝胶层析、亲和层析等多种形态。因为多肽由多种氨基酸以特定序列组合而成，其分子间的结合强度与空间结构各异，这些特性使得多肽在层析过程中展现出独特的迁移行为。因此，通过精心设计的层析分离条件，可以实现对多肽产物的有效区分与鉴别，为深入研究多肽的结构与功能提供有力工具。

(三) 氨基酸的序列分析

多肽是由不超过 50 个氨基酸残基通过肽键有序排列形成的生物分子，其内在特性藏于氨基酸的特定序列之中。借助氨基酸序列分析技术，能够揭示某一多肽的构成元素——即它是由哪些特定的氨基酸以及这些氨基酸如何排列组合而成，进而明确其肽类身份。此外，将这一分析过程中切割获取的氨基酸片段与其他高效的分离技术相结联，能够进一步鉴定出每次切割操作所得的氨基酸片段的详细性质。

第二节 植物基多肽加工技术

一、植物基多肽的制备

植物基多肽的制备方法包括直接提取法、化学合成法、酸碱水解法、微生物发酵法以及酶解法等多种方法。直接提取法操作便捷，却面临化学试剂消耗大、环境污染严重、设备投资高昂以及天然多肽含量少、提取效率低的挑战，从而限制了其在工业生产中的广泛应用。化学合成法则能精确合成目标肽段，但其高昂的成本、众多的副反应及较低的产率，使得该方法在工业化进程中很少采用。酸碱水解法虽然可行，但其反应条件难以精确调控，且伴随产生致癌、毒性副产物，损害氨基酸结构，导致营养流失，因此也不是工业生产的优先选择。相比之下，微生物发酵法因为能生产出风味佳、成本低、产量高的多肽而得到重视，但其存在的发酵周期长、易受微生物污染等安全性隐患，对生产环境与工艺的要求高，应用受到一定限制。酶解法以其绿色环保、酶解过程易于控制、生产条件温和、成本效益高及易于实现规模化生产的优势，成为当前植物源多肽制备领域应用最为广泛的方法。酶解法的应用十分突出，以其反应条件温和可控、产物纯净（仅限于短肽与氨基酸），且严格遵循食品卫生标准，成为优化蛋白质结构、促进蛋白质功能多样化、提升蛋白质整体价值的关键路径之一，因此酶解法已成为制备植物功能多肽的主流选择。常用的植物基多肽制备方法如下。

（一）酶解法

酶催化蛋白质水解的过程包括裂解氨基酸间的肽键，此过程每断裂一个肽键即消耗一分子水。随着肽键的连续断裂，蛋白质被有效降解为游离氨基酸、多肽或蛋白质片段。酶解法因其能够保留水解产物的营养成分与功能特性而备受关注。选择酶种类及严格调控酶解条件，包括 pH 值、温度、酶与底物比例以及酶解时长，是制备具有预期功能特性的植物基多肽的核心要素。

酶解法因其独特的优势，在蛋白肽的工业化生产中占据主导地位，成为当前研究与生产领域的首选方法。酶解法的核心工艺在于酶解过程，其中蛋白酶根据其特定的酶切位点精确作用于蛋白质分子，将其分割成多个肽段。因此，蛋白酶的选择成为决定酶解效果的关键因素。不同种类的蛋白酶，其酶活化中心和水解专一性不同，直接影响酶解产物的肽段长度、序列构成及功能特性。如胰蛋白酶作为一种高度特异性的蛋白酶，能够高效作用于精氨酸和赖氨酸的羧基末端,实现高效水解。即便是使用同一种酶,不同的酶解条件(如温度、pH 值、底物浓度及酶与底物的比例等)也会对水解效率产生明显影响,进而改变最终产物的特性。因此,在酶解法制备植物基多肽的过程中,须综合考虑蛋白酶的选择与酶解条件的优化,以确保获得符合预期的高质量多肽。

蛋白酶的三大自然来源——动物、植物与微生物。蛋白酶在最佳的温度与 pH 值环境下,展现出其独特的专一性与非专一性双重特性,依据肽键切割位点的特异性,可细分为内切与外切两类。内切酶可以随机穿梭于肽键之间,将蛋白质分子拆解为更小的片段。而外切酶则专注于肽链的末端,精准地剥离出 N 端或 C 端的氨基酸,二者协同作用在外切酶接力内切酶初步消化的基础上,最终实现蛋白质的彻底分解。

单一蛋白酶酶解制备植物基多肽,存在酶解时间长、效率低和酶的作用位点单一等缺点。为弥补单一酶解技术的局限性,科研工作者提出了复合酶解方法,这种方法运用两种乃至多种酶协同作用进行酶解,复合酶的运用是为了提升酶解过程的效率,缩减酶解时间,并优化蛋白肽的产出量。深入研究显示,即便是相同的两种酶,采用不同的酶解路径制备的蛋白肽的性质也会有所差异。

(二)酸碱水解

采用酸水解或碱水解方法对植物蛋白进行化学处理,是制备植物基多肽的常见方法,处理完毕后须去除残余的酸碱物质。酸或碱种类的不同,会直接影响植物蛋白质肽键的裂解速率。盐酸因其在同等浓度下裂解肽键的效率更高而成为首选,硫酸次之。氢氧化钠和氢氧化钾是最常用的碱,它们不仅能够水解蛋白质,还会与其他大分子如碳水化合物和脂质反应。酸碱水解法在工业实践中具有操作简便、成本低及时间效率高的优势,但该方法可能改变水解产物的物理性质(如外观、溶解性)、风味特性,同时可能引入安全隐患,如盐酸水解时生成的 3-氯-1,2-丙二醇与 1,3-二氯-2-丙醇,以及碱水解过程中产生的致癌物质赖丙氨酸。因此,更为安全、温和的酶解技术正逐步取代传统的酸碱水解方法。

(三)微生物发酵法

除了酶解法和酸碱水解法外,特定的微生物菌株因为能分泌蛋白酶,同样成为水解蛋白质底物的有效途径,其释放的肽类展现出优良的生物活性,为健康带来许多益处并具有较好的功能特性。在微生物发酵法制备植物基多肽的过程中,水解的程度主要受到发酵剂种类、蛋白质来源以及发酵时长的综合影响。微生物发酵法主要在亚洲国家应用,特别是应用于大豆食品的发酵,如味噌、豆豉、纳豆及酱油等传统食品的制作,其中发酵工艺对最终产品的风味与口感塑造起着决定性作用。微生物倾向于以蛋白质为氮源进行代谢,这一过程不仅调整了蛋白质底物的氨基酸谱,还使其具有特别的口感体验、独特的生理功能及优化的营养价值。经过发酵后生成的多肽,其生物活性相较于原始蛋白质显著提升,这主要是因为肽大小、序列的变化以及氨基酸组成的优化。

微生物发酵法的核心在于利用微生物自然生成蛋白酶,以这些酶作为催化剂,将蛋白质分解成形态多样的肽段。相较于酶解法,微生物发酵法巧妙地将微生物的产酶与后续的酶解过程融为一体，从而省去了蛋白酶的分离与纯化流程，有效缩减了成本开支。在植物基多肽的微生物发酵制备过程中，关键环节包括生产菌种的筛选、发酵条件的优化以及产物的后提取。其中生产菌种的选择尤为关键，它直接影响到多肽的质量与产量，因此，如何通过诱变与选育技术获得高产优质菌株，成为微生物发酵法的研究重点。

二、植物基多肽的分离纯化

在蛋白肽制备流程中，实现水解产物从溶液中的高效分离对于提升纯度十分重要。对酶解工艺而言，植物蛋白经酶水解后，所得溶液中不仅有目标肽段，还混杂着未充分水解的不溶性蛋白、其他固态杂质及可溶性盐分。采用离心技术，实验室常用的落地式离心机及工业领域内广泛应用的卧式离心机、碟式离心机、管式离心机，能有效剔除不溶性杂质，实现初步纯化。此外，植物基多肽的进一步分离纯化还需要运用膜分离与色谱分离两大技术体系。

膜分离技术是一种利用压力差、浓度梯度或电位差等外界驱动力，促使混合物中不同粒径分子通过特定孔径半透膜，实现分离、分级、提纯或浓缩的创新方法。其分类包括微滤、超滤、纳滤、反渗透及电渗析等，各具特色。膜分离过程在常温条件下进行，不涉及相变与化学反应，展现出良好的选择性、广泛的适应性，以及节能高效、操作简便的显著优势。特别是超滤技术因为其操作便捷、能耗低廉及环保友好的特性，在植物蛋白水解物及肽类的分离纯化中得到了广泛应用与高度认可。

采用色谱分离技术可以识别待分离物质间的溶解性、电荷特性、疏水性、分子量大小及亲和性差异，实现各组分的有效分离。在植物基多肽纯化领域，这一技术展现出广泛的应用潜力。色谱分离主要包括大孔吸附树脂色谱、离子交换色谱、凝胶过滤色谱以及反相高效液相色谱等，它们独特的分离纯化机制伴随着各自的优劣势。为了进一步提升纯化效果，实践中常采用多种色谱技术联合应用，以期达到高度的纯化目标。

三、植物基多肽的苦味及脱除方法

植物基多肽在加工过程中，由于产生了一些含有疏水性氨基酸残基的苦味肽，导致其具有消费者难以接受的苦味特征。为了解决这个问题，众多研究者深入探究其苦味成因，发现受肽的疏水性、序列构成、水解程度及分子量大小等多重因素影响。当前降低肽苦味的方法主要包括选择性分离法、外切酶法、微生物发酵法以及包埋掩盖法等。

选择性分离技术通过萃取、吸附、等电点沉淀及超滤等手段去除疏水性苦味肽，但选择性分离技术可能削弱多肽的营养与生物活性。

外切酶法则运用氨肽酶或羧肽酶剪切肽链末端的疏水性残基，实现脱苦的目的，但同时会释放游离氨基酸。

微生物发酵法是一种利用自然微生物（如细菌、霉菌、酵母等）分泌蛋白酶进行脱苦的绿色途径，这些微生物凭借多样的产酶系统及快速生长特性，展现出高效脱苦的潜力，当前研究正聚焦于安全高效菌株的筛选。

包埋掩盖法是一种简便且广泛应用于生产实践的脱苦方法，它借助掩盖剂（如 β-

环糊精、柠檬酸、苹果酸、甘氨酸、谷氨酸钠等）直接包裹苦味肽，利用β-环糊精特有的亲水外壁与疏水内腔结构，形成包合物，有效隔绝苦味物质，防止其溶解并与味觉受体结合，从而消除苦味感知。此方法通过直接屏蔽苦味来源，实现了苦味的有效控制。

第三节 澳洲坚果蛋白肽加工技术

一、澳洲坚果蛋白肽概述

澳洲坚果蛋白肽是由澳洲坚果蛋白质经特定酶解过程产生的低分子量肽类混合物，通常由几个到几十个氨基酸残基通过肽键连接而成。这些肽链的序列和长度各异，形成了复杂多样的分子结构。相较于完整的蛋白质，澳洲坚果蛋白肽具有更小的分子量，更易于穿越细胞膜，从而在生物体内发挥作用。澳洲坚果蛋白肽具备优异的营养学特性，由于其分子量小、易于吸收的特点，澳洲坚果蛋白肽能够迅速被人体吸收利用，提高营养物质的生物利用率。同时，其富含的必需氨基酸、矿物质和维生素等营养成分也为人体提供了全面的营养。因此，澳洲坚果蛋白肽被视为一种高效、安全、易吸收的营养补充剂。此外，其特定的氨基酸组成和序列排列还赋予了其独特的生物活性。

1. 抗氧化作用

澳洲坚果蛋白肽富含抗氧化基团，如酚羟基、巯基等，能有效清除体内自由基，抑制脂质过氧化反应，保护细胞膜、DNA 等生物大分子免受氧化损伤。这种抗氧化作用对于延缓衰老、预防心血管疾病和癌症等具有重要意义。

2. 免疫调节

研究表明澳洲坚果蛋白肽能够调节免疫细胞的增殖、分化和功能，增强机体的非特异性免疫和特异性免疫应答。通过激活巨噬细胞、自然杀伤细胞等免疫细胞，以及促进细胞因子和抗体的产生，澳洲坚果蛋白肽在提高机体免疫力方面展现出显著效果。

3. 降血压、降血糖

部分澳洲坚果蛋白肽具有血管紧张素转化酶抑制活性，能够降低血管紧张素Ⅱ的生成，从而扩张血管、降低血压。同时，某些多肽还能通过调节胰岛素分泌和糖代谢途径，发挥降血糖作用，对于糖尿病及其并发症的防治具有潜在价值。

4. 抗菌、抗病毒

澳洲坚果蛋白肽中的某些成分能够破坏细菌或病毒细胞壁的完整性，抑制其生长和繁殖。此外，它们还能通过干扰病毒与宿主细胞的结合过程，阻断病毒的感染途径。这些抗菌抗病毒活性使得澳洲坚果蛋白肽在食品保鲜、医药抗菌等领域具有广泛应用前景。

基于澳洲坚果蛋白肽的多种生物活性和营养特性，其在医药、保健品、功能性食品等领域具有广泛的应用前景。例如，在医药领域，澳洲坚果蛋白肽可用于开发抗氧化药物、免疫调节剂、降压降糖药物等；在保健品领域，可制成抗氧化保健品、免疫增强剂等产品；在功能性食品领域，则可作为营养强化剂、功能因子等添加到各种食品中，提升食品的健康价值。

澳洲坚果蛋白肽作为一种生物活性物质，在科学研究与产业应用中均展现出巨大的潜力和价值。未来随着技术的不断进步和研究的深入，澳洲坚果蛋白肽的应用领域将更加广泛，有望为人类健康事业作出更大的贡献。

二、澳洲坚果蛋白肽制备工艺

多肽的生物活性受到其氨基酸组成影响，包括种类、数量及特定排列顺序。在制备植物基多肽的诸多方法中，酶解法具有明显优势，以其温和的反应条件、高效的制备速度以及产品优良的营养价值而著称。通过筛选适宜的蛋白酶，并调控酶解程度，能够从特定蛋白质中得到富含生物活性的多肽片段。这些多肽不仅易被人体摄取与利用，更承载着抗菌、抗氧化、抗病毒等生理功效，同时展现出降血压、降血脂、降胆固醇、促进钙质吸收及免疫调节等作用。它们不仅是潜在的药物成分或其前体，更成为当前科技界深入探索与广泛应用的热点领域。

（一）酶解法制备澳洲坚果蛋白肽

蛋白质作为生物体的重要组成部分，构成了生命活动的物质基础。植物基多肽源自植物蛋白质的物理、化学或生物加工过程，是肽链的片段化产物，富含均衡且必要的氨基酸。在植物基多肽的制备方法中，传统的酸碱水解法因其腐蚀性及可能生成的有毒副产物而逐渐被淘汰，微生物发酵法因存在发酵周期长、易受微生物污染等安全性隐患而受到应用限制，而酶解法因其高特异性、温和的反应条件、易控性、无毒副产物及高安全性，正成为植物基多肽制备的主要方向，并日益受到研究领域的重视。因为植物蛋白来源的多样性和加工技术的差异性，植物基多肽展现出多样化的功能特性。

澳洲坚果营养成分丰富，果仁除含有较高的脂肪外，还含有相当高的蛋白质和碳水化合物，还富含钙、磷、铁、维生素 B_1、维生素 B_2 和维生素 B_3 等。澳洲坚果油具有多种保健功能，榨油后的饼粕保留了澳洲坚果的全营养物质，具有较高的营养价值，但现在却主要用作饲料，造成资源的极大浪费。榨油后的副产物澳洲坚果粕蛋白质含量较高，通过酶法制备蛋白肽是提高澳洲坚果粕蛋白利用率的有效途径之一。

酶解法制备澳洲坚果蛋白肽的工艺流程如图 8-1 所示。

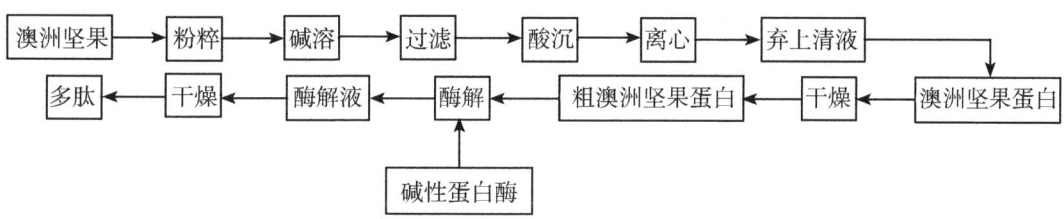

图 8-1 酶解法制备澳洲坚果蛋白肽的工艺流程

（1）粉碎：液压压榨澳洲坚果粕经植物粉碎机粉碎后过 60 目筛，得澳洲坚果粕粉。

（2）混悬液的均质：粉碎后的澳洲坚果粕粉加水调匀，并经均质机均质得到均匀的混合液，澳洲坚果粕粉与水的混合的质量比为1：（4~6），均质压力为25~30 MPa。

（3）碱溶酸沉：将上述混合液的pH值调至9.0，搅拌60 min，然后用盐酸将混合液的pH值调至4.5~4.8，静置一段时间，待沉淀完全后，离心取沉淀。

（4）恒温酶解：将混合液于沸水中预热10 min，冷却至50~60 ℃并加入蛋白酶，调pH值至酶的适宜范围，恒温酶解适宜时间，制得酶解液。

（5）沸水灭菌：将酶解液于沸水浴中保温5~8 min。

（6）离心分离：将经过灭酶的酶解液于离心机中离心10 min，取上清液。

（7）冷冻干燥：将上清液低温冷冻24 h，于冷冻干燥机中进行冷冻干燥得到澳洲坚果蛋白肽粉，冷冻干燥条件为-50 ℃、25 Pa。

在探究澳洲坚果残渣中蛋白质提取及多肽制备工艺的过程中，分别对影响蛋白质提取及酶解工艺的参数进行了优化。结果表明蛋白质的最佳提取工艺为pH值9.0、提取温度55 ℃、时间55 min和固液比1：120，其提取率为54.7%；采用碱性蛋白酶对蛋白质进行酶解，最佳酶解工艺为pH值9.0、加酶量1.2%、底物浓度30 g·L^{-1}和水解时间3.0 h，且澳洲坚果残渣中蛋白质的最佳酶解率达到52.5%。

（二）澳洲坚果蛋白肽的分离纯化

在有关澳洲坚果抗菌肽分离纯化及肽段序列分析的研究中，有学者利用碱性蛋白酶水解制备澳洲坚果多肽，以抑菌活性为跟踪指标，运用超滤、大孔吸附树脂、凝胶色谱分离技术纯化筛选抗菌肽，并对其进行肽段鉴定与氨基酸序列分析。采用超滤技术将碱性蛋白酶水解制备的澳洲坚果多肽分离为4种不同分子量的多肽组分，其在所有多肽中所占的质量分数不同，抑菌活性也有所差异。其中澳洲坚果多肽MNP-4质量占比最高，对金黄色葡萄球菌与白色念珠菌的抑菌活性最强，为澳洲坚果的深度利用和开发新型抗菌肽提供了理论基础。

为研究澳洲坚果抗氧化肽的抗氧化活性和氨基酸组成，研究人员采用葡聚糖凝胶柱层析的方法对分子量小于1 000 Da的澳洲坚果抗氧化肽进行了分离纯化处理，通过测定DPPH、羟基、ABTS自由基清除能力与还原能力评价各级纯化肽的抗氧化能力；将抗氧化活性最强的组分采用LC-MS/MS进行鉴定，得到多肽的氨基酸系列，进行抗氧化活性、安全性、水溶性分析，为澳洲坚果的开发利用及澳洲坚果抗氧化肽的深度研究提供数据支撑。

三、澳洲坚果蛋白肽的功能性质

1. 营养功能

在全球范围内，植物作为能量供给者，为人类贡献了超过半数所需的能量。近年来，功能活性肽类营养保健品已逐渐成为社会各界热议的焦点话题。自20世纪90年代起，活性多肽及其衍生营养产品的研发与探索，便已引起了科研人员的广泛关注。

澳洲坚果蛋白肽由两个或两个以上氨基酸通过肽键连接而成，其分子量较小，因此相较于大分子蛋白质，多肽更易于被人体消化和吸收。这一特性使得澳洲坚果蛋白肽成为一种高效的营养补充剂，特别适用于需要快速补充氨基酸和蛋白质的人群，如运动员、老年人及营养不良患者。

2. 呈味功能

风味和香气是驱动消费者选购食品的重要感官因素。人类的味觉包括 5 种基本类型：酸、甜、苦、咸和鲜。鲜味物质能够刺激味觉受体，产生愉悦感，进而提升食物的可口性和食欲。如今食品添加剂的安全性和健康效益日益受到重视，消费者趋向于选择含有天然成分的食品添加剂，而非合成替代品。在多肽类鲜味剂的应用中，小麦面筋水解产物中的焦谷氨酰肽和酱油中的焦谷氨酰基—甘氨酸和焦谷氨酰基—谷氨酰胺是典型的例子。风味肽因其不同的分子结构和氨基酸序列，展现出独特的酸味、甜味、苦味、咸味和鲜味。风味肽的一级结构及其组成的极性、氨基和羧基基团赋予其复合口味，并具有缓冲能力。此外，风味肽还能参与并影响某些食品风味的演变过程。

澳洲坚果蛋白肽的呈味功能主要与其能够影响食品的风味有关。澳洲坚果本身富含蛋白质，这些蛋白质在酶解或发酵等过程中可能产生具有特定呈味特性的多肽。澳洲坚果具有独特的奶油清香和细腻口感，其多肽可能在一定程度上保留或增强这种风味特征。澳洲坚果多肽可以通过与味觉受体的相互作用给食品提供额外的风味，从而改善食品的口感。此外，澳洲坚果多肽在食品加工过程中产生的一系列反应，如美拉德反应，也可能参与风味的形成，提供独特的风味。

3. 乳化功能

植物蛋白水解生成的多肽，其乳化特性紧密关联于其表面特性，这一过程深受水解深度及酶解工艺的双重调控。其本质在于分子尺寸的调整、亲水与疏水区域电荷分布及性质的转变。水解产物凭借独特的亲水与疏水基团，展现出显著的表面活性，能够锚定于两相界面，有效担当乳化剂角色。互不相溶的两相（常见于食品如蛋黄酱、冰激凌、酸奶中的油与水）构成的体系，本质上热力学不稳定。其中水包油乳液尤为普遍，其稳定性面临油脂聚结与破乳的挑战，即油相倾向于上浮至体系顶部，构成主要的不稳定因素。相较于泡沫，乳状液因油滴间通过液相扩散的倾向较低，故不易因歧化作用而迅速失稳。而多肽通过减缓油脂聚结与乳化进程，对乳液稳定性的贡献显著。多肽作为表面活性剂，能够迅速扩散至油水界面，吸附、重排并相互作用，构筑一层弹性蛋白膜。其固有的两亲性质有效降低了界面张力，进而通过这一机制及膜的形成，强化了乳化液滴的稳定性。此外，多肽所携带的电荷还促进了油/水滴间的静电稳定作用。研究表明多肽在乳化稳定性方面的卓越表现，主要归功于其维持油水界面膜坚固性的独特能力，这一特性显著区别于其他类型的乳化剂，确保了乳化体系的高效稳定。澳洲坚果多肽具有良好的乳化性能，可以作为乳化剂应用于食品加工等领域。

综上所述，澳洲坚果蛋白肽在营养与吸收、抗氧化、降血压、免疫调节及促进生长发育等方面展现出广泛的功能性质。随着科学技术的不断进步和研究的深入，澳洲坚果蛋白肽的应用前景将更加广阔。

四、澳洲坚果蛋白肽的生物活性

澳洲坚果蛋白肽不仅具有良好的功能特性，还具有多种生物活性。这些生物活性不仅揭示了其在健康领域的潜在应用，也为科学研究提供了丰富的探索方向。

1. 抗氧化活性

抗氧化是澳洲坚果蛋白肽最为显著的生物活性之一。在机体内，氧化应激会导致自由基的过量产生，进而损伤细胞结构和功能，引发多种疾病。澳洲坚果蛋白肽通过其特有的氨基酸序列和分子结构，能够有效清除 DPPH、ABTS+ 等自由基，抑制脂质过氧化反应，从而保护细胞免受氧化损伤。这种抗氧化活性对于延缓衰老、预防心血管疾病和癌症等具有重要意义。通过液相色谱—串联质谱技术鉴定，澳洲坚果蛋白肽中包含多种具有强抗氧化活性的肽段，如 HLLPK、KEFFP 和 KEFFPA 等。这些肽段能够有效清除 DPPH、羟基和 ABTS 等自由基，显示出比谷胱甘肽更强的抗氧化能力，为开发新型抗氧化保健品提供了科学依据。

2. 抑菌活性

澳洲坚果蛋白肽表现出显著的抑菌活性。不同分子量的澳洲坚果蛋白肽对多种致病菌，如金黄色葡萄球菌、大肠埃希氏菌、铜绿假单胞菌等，均展现出良好的抑菌效果，这可能与其含有的特定氨基酸残基（如丙氨酸、缬氨酸、亮氨酸等）以及多肽的整体结构有关。澳洲坚果蛋白肽的抑菌特性为其在食品保鲜、医药敷料等领域的应用提供了可能。

3. 降血压与心血管保护作用

澳洲坚果蛋白肽在降血压方面也表现出潜在的生物活性。高血压是现代社会的常见疾病，严重威胁人类健康。部分生物活性肽通过调节血管张力、抑制血管紧张素转化酶（ACE）活性等方式发挥降血压作用。虽然直接针对澳洲坚果蛋白肽降血压作用的研究尚未见报道，但鉴于其他来源的生物活性肽在此方面的显著效果，澳洲坚果蛋白肽同样值得进一步探索其潜在降血压机制。

4. 免疫调节作用

免疫调节是澳洲坚果的蛋白肽另一重要的生物活性。免疫系统是机体抵御外来病原体入侵的关键防线。澳洲坚果蛋白肽通过激活免疫细胞、促进细胞因子分泌等方式，增强机体的免疫应答能力。这种免疫调节作用对于提高机体抵抗力、预防感染性疾病具有重要意义。同时，澳洲坚果蛋白肽还可能通过调节自身免疫反应，对自身免疫性疾病的治疗产生积极影响。

5. 促进生长发育

澳洲坚果蛋白肽富含多种必需氨基酸，如组氨酸和精氨酸，这些氨基酸对于婴幼儿的生长发育至关重要。它们参与蛋白质合成、能量代谢及神经系统发育等多个生理过程，有助于促进婴幼儿的健康成长。澳洲坚果蛋白肽具有促进矿物质吸收的作用，有助于预防骨质疏松等骨骼疾病。因此，澳洲坚果蛋白肽在婴儿食品领域具有潜在的应用前景。

综上所述，澳洲坚果的蛋白肽展现出抗氧化、抑菌、降血压与心血管保护、免疫调节、促进生长发育等多种生物活性。这些生物活性不仅揭示了其在健康领域的广泛应用前景，也为科学研究提供了丰富的探索空间。未来，随着对澳洲坚果蛋白肽研究的不断深入和技术手段的不断进步，一定能够更全面地揭示其生物活性机制和应用潜力，为人类健康事业作出更大贡献。

参考文献

常茹菲，葛运兵，杨晓丽，等，2024. 酶解法制备澳洲坚果蛋白肽工艺优化研究[J]. 中国粮油学报，DIO：10.20048/j.cnki.issn.1003-0174.000704.

陈进基，2018. 一种澳洲坚果多肽制备方法：中国，CN107853709A [P]. 2018-03-30.

杜丽清，帅希祥，涂行浩，等，2016. 澳洲坚果蛋白肽制备工艺及抗氧化活性研究[J]. 热带农业工程，40（Z1）：1-6.

范方宇，阚欢，郭安，等，2011. 澳洲坚果蛋白质提取及多肽的制备[J]. 农业机械（35）：131-135.

付镓榕，胡小静，马尚玄，等，2023. 不同分子量澳洲坚果多肽制备工艺与抗氧化活性[J]. 食品工业科技，44（20）：414-421.

付镓榕，马尚玄，魏元苗，等，2024. 澳洲坚果抗氧化肽的分离纯化及肽段鉴定[J]. 食品工业科技，45（6）：91-99.

龚涛，徐娇，2022. 植物多肽的分类及其研究进展[J]. 广东化工，49（7）：90-91，100.

郭刚军，邹建云，胡小静，等，2016. 液压压榨澳洲坚果粕酶解制备多肽工艺优化[J]. 食品科学，37（17）：173-178.

郭刚军，邹建云，马尚玄，等，2020. 一种具有抗菌活性澳洲坚果多肽的制备方法：中国，CN108728508B [P]. 2020-11-24.

李瑞，夏秋瑜，赵松林，等，2009. 原生态椰子油体外抗氧化活性[J]. 热带作物学报，30（9）：1369-1373.

刘铭，刘玉环，王允圃，等，2016. 制备、纯化和鉴定生物活性肽的研究进展及应用[J]. 食品与发酵工业，42（4）：244-251.

马尚玄，郭刚军，黄克昌，等，2021. 不同分子量澳洲坚果多肽氨基酸组成与抑菌活性[J]. 食品工业科技，42（7）：83-88.

帅希祥，杜丽清，张明，等，2017. 超声辅助酶解制备澳洲坚果蛋白肽及其抗氧化活性的研究[J]. 热带作物学报，38（11）：2076-2081.

帅希祥，张明，马飞跃，等，2020. 复合酶法制备澳洲坚果蛋白肽及其抗氧化活性研究[J]. 热带作物学报，41（7）：1434-1439.

王彦珺，李姝承，关长阁，等，2021. 天然活性多肽的发掘策略和生产技术

[J]. 生物工程学报, 37 (6): 2166-2180.

向媛嫄, 2021. 澳洲坚果糖肽分离纯化、结构功能及去糖基化研究 [D]. 广州: 暨南大学.

向媛嫄, 王文林, 宋海云, 等, 2021. 去糖基化对水溶澳洲坚果糖肽结构和抗氧化性的影响 [J]. 食品与发酵工业, 47 (11): 98-103.

谢雨佳, 彭小杰, 李明逸, 等, 2024. 乳清蛋白源抗真菌多肽的制备工艺优化 [J]. 中国乳品工业, 52 (6): 59-64.

俞瑜媛, 周青青, 周柳莎, 等, 2024. 藜麦多肽与食品多酚复合物的制备、表征及功能性研究 [J]. 中国食品学报, 24 (6): 83-96.

ASHAOLU T J, 2020. Antioxidative peptides derived from plants for human nutrition: Their production, mechanisms and applications [J]. European Food Research and Technology, 246 (5): 853-865.

GAO K, LIU Y, LIU T, et al., 2022. OSA improved the stability and applicability of emulsions prepared with enzymatically hydrolyzed pomelo peel insoluble fiber [J]. Food Hydrocolloids, 132: 107806.

GUO H X, JI Z H, WANG B B, et al., 2024. Walnut peptide ameliorates DSS-induced colitis in mice by inhibiting inflammation and modulating gut microbiota [J]. Journal of Functional Foods, 119: 106344.

JAYACHANDRAN L E, J S O, PULISSERY S K, 2024. Pulsed light processing of sugarcane juice: quality evaluation and microbial load assessment [J]. Journal of the science of food and agriculture, DOI: 10.1002/JSFA.13699.

LU X, ZHANG L, SUN Q, et al., 2019. Extraction, identification and structure-activity relationship of antioxidant peptides from sesame (*Sesamum indicum* L.) protein hydrolysate [J]. Food Research International, 116: 707-716.

MACKIE A, 2020. Insights and gaps on protein digestion [J]. Current Opinion in Food Science, 31: 96-101.

PHOON P Y, MARTIN-GONZALEZ M F S, NARSIMHAN G, 2014. Effect of hydrolysis of soy β-conglycinin on the oxidative stability of O/W emulsions [J]. Food Hydrocolloids, 35: 429-443.

QI Y, XIE L, DENG Z, et al., 2023. Stability and antioxidant activity of 10 isoflavones and anthocyanidins during in vitro digestion [J]. Food Bioscience, 56: 103189.

UMBAYDA T G, FUNGA A D, MWAKALESI A J, 2024. Novel edible coating based on macadamia nut oil and chitosan to maintain the antioxidant and physical properties of tomato fruits [J]. Applied Food Research, 4 (1): 100434.

WALL M M, 2010. Functional lipid characteristics, oxidative stability, and antioxidant activity of macadamia nut (*Macadamia integrifolia*) cultivars [J]. Food Chemistry, 121 (4): 1103-1108.

WANG M M, WANG F, LI G, et al., 2022. Antioxidant and hypolipidemic activities of pectin isolated from citrus canning processing water [J]. LWT - Food Science and Technology, 159: 113203.

WEN C T, ZHANG J X, ZHANG H H, et al., 2020. Plant protein-derived antioxidant peptides: Isolation, identification, mechanism of action and application in food systems: A review [J]. Trends in Food Science & Technology, 105: 308-322.

ZHAO Z, DUAN Z, ZHU C, et al., 2024. Multicopy tandem bioactive peptides: A novel bioactivity enhancement strategy [J]. Journal of Agricultural and Food Chemistry, 72 (28): 15399-15400.